U0309529

轨道交通装备无损检测人员资格培训及认证系列教材

磁粉检测技术及应用

万升云　章文显　贾　敏　郑小康　李来顺　孙元德

段怡雄　高金生　周庆祥　宋以冬　石胜平　丁守立

姜　岩　尹　利　程志义　徐　伟　鲁传高　祁三军

桑劲鹏　李广立　葛佳棋　林正帅　钱政平

编著

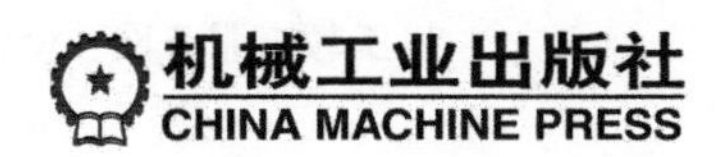

机械工业出版社

CHINA MACHINE PRESS

本书是由中国中车焊接和无损检测培训中心组织编写的磁粉检测人员资格鉴定考核的培训教材，按照ISO/TR 25107《无损检测　无损检测人员培训大纲》、GB/T 9445《无损检测　人员资格鉴定与认证》和EN 473/ISO 9712《无损检测　人员资格鉴定与认证》标准要求编写。

本书共10章，主要内容包括：磁粉检测物理基础、磁化技术、磁粉检测设备、磁粉检测器材、磁粉检测工艺、磁痕分析、常用零部件磁粉检测、轨道交通装备典型零部件磁粉检测应用、磁粉检测质量控制与安全防护、实验等。为了更好地掌握教材内容，本书还收录了国内外磁粉检测标准目录以及常用材料的磁性参数与磁粉检测常用单位制及换算等内容。

本书的特点是，既注重理论与实践应用的结合，又紧跟现代科技技术的发展，并及时介绍国内、外磁粉检测的新观点和新技术。本书除作为磁粉检测人员资格鉴定考核培训教材外，也可供各企业生产一线人员、质量管理人员、安全监督人员、工艺技术人员、研究机构、大专院校相关专业师生学习参考。

图书在版编目（CIP）数据

磁粉检测技术及应用 / 万升云等编著. —北京：机械工业出版社，2018.3（2023.11重印）

轨道交通装备无损检测人员资格培训及认证系列教材

ISBN 978-7-111-59218-1

I. ①磁…　II. ①万…　III. ①磁粉检验－技术培训－教材　IV. ①TG115.28

中国版本图书馆CIP数据核字（2018）第035260号

机械工业出版社（北京市百万庄大街22号　邮政编码　100037）

策划编辑：张维官　　责任编辑：张维官

责任校对：王　颖　　责任印制：邓　博

版式设计：张　硕　　封面设计：桑晓东

北京盛通数码印刷有限公司印刷

2023年11月第1版 · 第7次印刷

185mm × 260mm · 17印张 · 396千字

ISBN 978-7-111-59218-1

定价：59.00元

电话服务　　　　　　　　　网络服务

客服电话：010-88361066　　机工官网：www.cmpbook.com

　　　　　010-88379833　　机工官博：weibo.com/cmp1952

　　　　　010-68626294　　金书网：www.golden-book.com

封底无防伪标均为盗版　　　机工教育服务网：www.cmpedu.com

前 言

磁粉检测是无损检测常规方法之一，也是应用最广泛、最成熟的方法。目前广泛应用于轨道交通、航空、军工、造船、冶金、机械等行业，在设备和装备制造、检修、运行、产品质量的保证、提高生产率、降低成本等领域正发挥着越来越大的作用。

磁粉检测应用的正确性、规范性、有效性及可靠性，一方面取决于所采用的技术和装备水平，另一方面更重要的是取决于检测人员的知识水平和判断能力。无损检测人员所承担的职责要求他们具备相应的无损检测理论知识和综合技术素质。因此，必须制订一定的规则和程序，对磁粉检测相关人员进行培训与考核，鉴定他们是否具备这种资格。

为进一步提高轨道交通装备行业无损检测技术保障水平和能力，研究并建立与国际惯例接轨，适应新时期发展需要的轨道交通行业无损检测人员合格评定制度势在必行。目前有关磁粉检测方面的著作，国内、外品种较多，但适用于轨道交通行业无损检测人员资格鉴定与认证要求的教材，尤其是供培训使用及参考的资料几乎没有。为此，中国中车焊接和无损检测培训中心组织行业专家编写了这本教材。

全教材共分磁粉检测物理基础、磁化技术、磁粉检测设备、磁粉检测器材、磁粉检测工艺、磁痕分析、常用零部件磁粉检测、轨道交通装备典型零部件磁粉检测应用、磁粉检测质量控制与安全防护、实验等10章。本书通俗易懂，简明扼要，图文并茂，是广大磁粉检测人员培训、日常检测必备工具书，也可作为设计、工艺、管理及检验人员了解磁粉检测的参考资料。

本教材结合技能操作人员的特点，力求实用，并尽量与欧盟及国际上通行的各国无损检测等级技术培训及认证要求相适应。

本书编写过程中，中车科技质量部、中车戚墅堰机车车辆工艺研究所有限公司各级领导及中车无损检测技术委员会各位委员提供了宝贵的建议和各方面支持，在此向他们表示真诚的谢意。

由于作者水平有限，难免存在诸多不足和错误之处，恳请培训教师和学员以及读者不吝指正。愿本教材能够为轨道交通装备行业无损检测人员水平的提高，保证无损检测技术的正确应用和促进无损检测专业的发展起到积极的推动作用。

本教材参考了国内同类教材和培训资料，谨此致谢前人及同行。

编者

2017年12月16日

目录

1 磁粉检测物理基础

1.1 磁学的基本概念

1.1.1 磁场

磁体与磁体之间、磁体与铁磁性物体之间，即便是不直接接触也有磁力吸引作用，这是由于磁体周围存在着磁场，磁体间的相互作用是通过磁场来实现的。磁场是磁体或通电导体周围具有磁力作用的空间。磁场存在于磁体或通电导体的内部和周围。一般用磁力线、磁感应线、磁场强度、磁感应强度和磁通量来表示磁场的方向和大小。

1.1.2 磁力线和磁感应线

为了形象地描述磁场的大小、方向和分布情况，可以在磁场范围内，借助小磁针描述条形磁铁的磁场分布，画出许多条假想的连续曲线，称为磁力线或者磁感应线，如图1-1~图1-4所示。在真空中称为磁力线，在磁介质中称为磁感应线。

磁力线（磁感应线）具有以下特性：①具有方向性的闭合曲线。在磁体内，由S极到N极；在磁体外，由N极出发，穿过空气进入S极的闭合曲线。②互不相交。③可描述磁场的大小和方向。④沿磁阻最小路径通过。

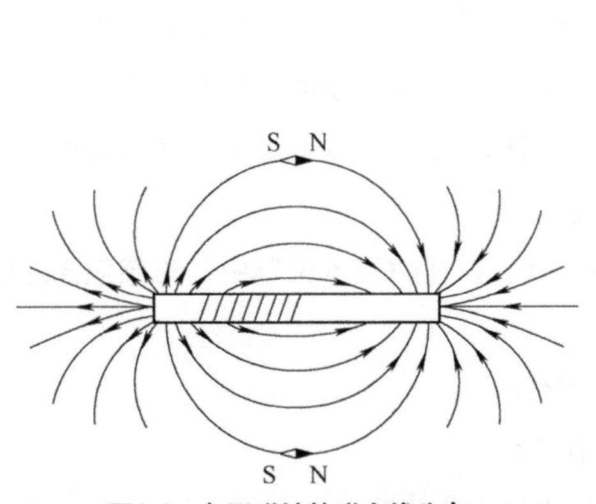

图1-1 条形磁铁的磁力线分布

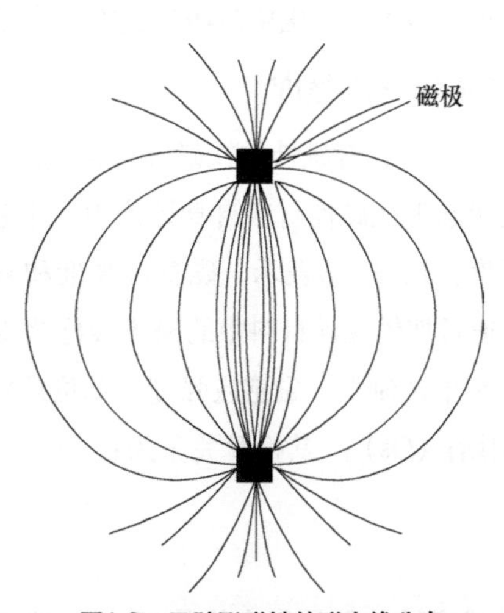

图1-2 马蹄形磁铁的磁力线分布

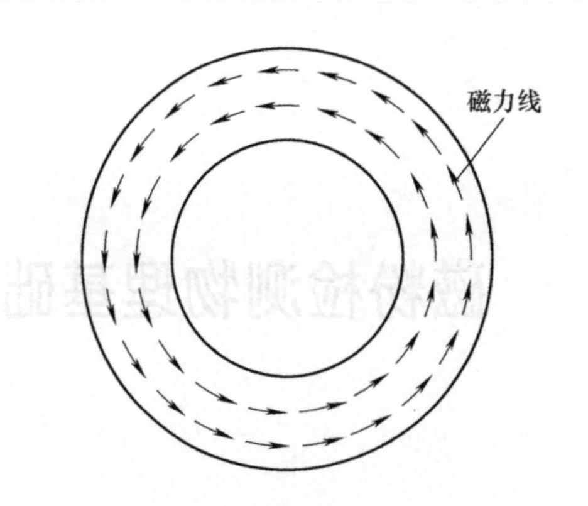

图1-3　圆周磁场的磁力线分布

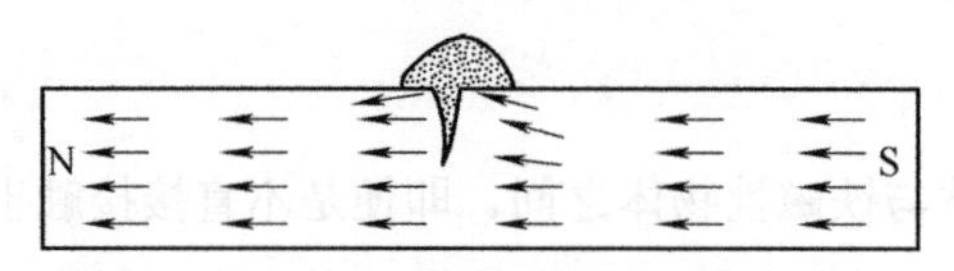

图1-4　纵向磁场的磁力线分布

1.1.3 磁场强度

表征磁场大小和方向的物理量称为磁场强度。磁场强度用符号H来表示，在SI单位制中，磁场强度的单位是安[培]/米（A/m），在CGS单位制中，磁场强度的单位是奥[斯特]（Oe），其换算关系为：

$$1\ \mathrm{A/m} = 4\pi\times10^{-3}\ \mathrm{Oe} \approx 0.0125\ \mathrm{Oe}$$

$$1\ \mathrm{Oe} = \frac{10^3}{4\pi} = 80\ \mathrm{A/m}$$

为了形象地表示磁场中H矢量的分布，常用磁力线（磁感应线）表示。磁力线（磁感应线）上任一点的切线方向和该点H矢量的方向相同，磁力线（磁感应线）的疏密程度代表H矢量的大小，磁力线（磁感应线）越密，表示H越大，磁力线（磁感应线）越疏，表示H越小。

1.1.4 磁感应强度

将原来不具有磁性的铁磁性材料放入外加磁场内得到磁化，它除了原来的外加磁场外，在磁化状态下铁磁性材料自身还产生一个感应磁场，这两个磁场叠加起来的总磁场，称为磁感应强度，用符号B表示。磁感应强度和磁场强度一样，具有大小和方向，可以用磁感应线表示。通常把铁磁性材料中的磁力线称为磁感应线。

在SI单位制中，磁感应强度的单位是特[斯拉]（T），在CGS单位制中，磁感应强度的单位是高[斯]（Gs），其换算关系为：

$$1\ \mathrm{T}=10^4\ \mathrm{Gs}$$

$$1\ \mathrm{Gs}=10^{-4}\ \mathrm{T}$$

地球磁场的数量级大约是10^{-4}T，地球表面的磁场在赤道处为0.3×10^{-4} T，在两极处为

0.6×10^{-4}T，大型的电磁铁能激发出约为2 T的恒定磁场，超导磁体能激发出高达25 T的磁场。

1.1.5 磁通量

在磁场中，垂直通过某一截面（或曲面）的磁力线的条数，称为通过该截面（或曲面）的磁通量，用Φ表示，如图1-5a所示。在曲面上的面积单元dS，如图1-5b所示，dS的法线方向与该点处磁感应强度方向之间的夹角为θ，则通过面积单元dS的磁通量为

$$d\Phi=B\cos\theta dS$$

所以，通过有限曲面S的磁通量为

$$\Phi=\int_s d\Phi=\int_s \vec{B}\cdot d\vec{S}$$

磁通量的单位为$T\cdot m^2$，叫做韦伯（Wb）。

在SI单位制中，磁通量的单位是韦[伯]（Wb），在CGS单位制中，磁通量的单位是麦[克斯韦]（Mx），1麦[克斯韦]表示通过1根磁力线，两者间换算关系为：

1韦[伯]（Wb）$=10^8$麦[克斯韦]（Mx）

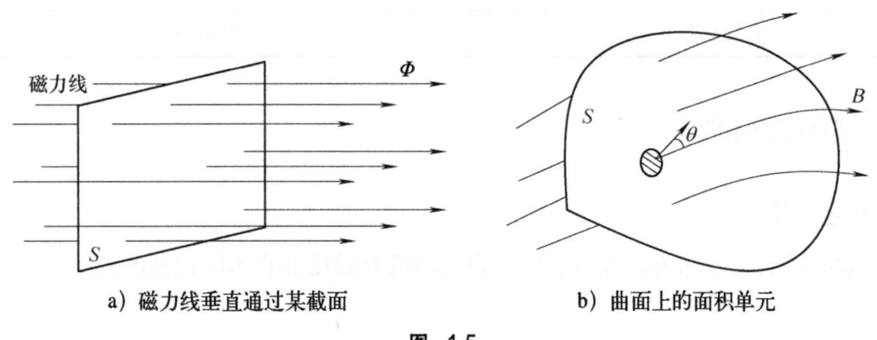

a）磁力线垂直通过某截面　　b）曲面上的面积单元

图 1-5

磁感应线上每点的切向方向代表该点的磁感应强度的方向，磁感应强度的大小等于垂直穿过单位面积上的磁通量，因此磁感应强度又称为磁通密度。

1.1.6 磁导率

磁感应强度B与磁场强度H的比值称为磁导率，或称为绝对磁导率，用符号μ表示，$B=\mu H$。磁导率表示材料被磁化的难易程度，它反映了材料的导磁能力。在SI单位制中，磁导率的单位是亨[利]/米（H/m），在CGS单位制中磁导率是纯数。磁导率μ不是常数，而是随磁场大小不同而改变的变量，有最大值和最小值。

真空磁导率是一个恒定值，用μ_0表示，在SI单位制中，$\mu_0=4\pi\times10^{-7}$ H/m，在CGS单位制中，$\mu_0=1$。

为了比较各种材料的导磁能力，把任何一种材料的磁导率和真空磁导率的比称为该物质的相对磁导率，用符号μ_r表示，μ_r为一纯数，无量纲。

$$\mu_r=\mu/\mu_0 \tag{1-1}$$

表1-1为不同材料的相对磁导率。

表1-1　不同材料的相对磁导率

材料名称	相对磁导率 μ_r
空气	1.000 003 6
铝	1.000 021
硬橡胶	1.000 014
奥氏体钢（不含δ铁素体）	1.001～1.1
奥氏体钢（含5%δ铁素体）	约1.3
铜	0.999 993
铅	0.999 847
玻璃	0.999 99
工业纯铁	5000
铸铁	350～1400
铁钴合金	2000～6000
铁镍合金	15 000～300 000

1.2 铁磁性材料

1.2.1 磁介质

能影响磁场的物质称为磁介质。各种宏观物质对磁场都有不同程度的影响，一般都是磁介质。

磁介质分为顺磁性材料（顺磁质）、抗磁性材料（抗磁质）和铁磁性材料（铁磁质），抗磁性材料又叫逆磁性材料。

顺磁性材料——相对磁导率μ_r略大于1，在外加磁场中呈现微弱磁性，并产生与外加磁场同方向的附加磁场，顺磁性材料如铝、铬、锰，能被磁体轻微吸引（如：铝μ_r=1.000 021，空气μ_r=1.000 003 6）。

抗磁性材料——相对磁导率μ_r略小于1，在外加磁场中呈现微弱磁性，并产生与外加磁场反方向的附加磁场，抗磁性材料如铜、银、金，能被磁体轻微排斥（如：铜μ_r=0.999 993）。

铁磁性材料——相对磁导率μ_r远远大于1，在外加磁场中呈现很强的磁性，并产生与外加磁场同方向的磁场，铁磁性材料如铁、镍、钴、钆及其合金，能被磁体强烈吸引（如：工业纯铁μ_r=5000左右）。

1.2.2 磁畴

在铁磁质中，相邻铁原子中的电子间存在着非常强的交换耦合作用，这个相互作用促使相邻原子中电子磁矩平行排列起来，形成一个自发磁化达到饱和状态的微小区域，这些自发磁化的微小区域，称为磁畴。在没有外加磁场作用时，铁磁性材料内各磁畴的磁矩方向相互抵消，对外显示不出磁性，如图1-6a 所示。当把铁磁性材料放到外加磁场中去时，磁畴就会受到外加磁场的作用，一是使磁畴磁矩转动，二是使畴壁（畴壁是相邻磁畴的分界面）发生位移。最后全部磁畴的磁矩方向转向与外加磁场方向一致，如图1-6b 所示，铁磁性材料被磁化。铁磁性材料被磁此后，就变成磁体，显示出很强的磁性。去掉外加磁场之后，磁矩出现局部转动，但仍保留一定的剩余磁性，如图1-6c 所示。

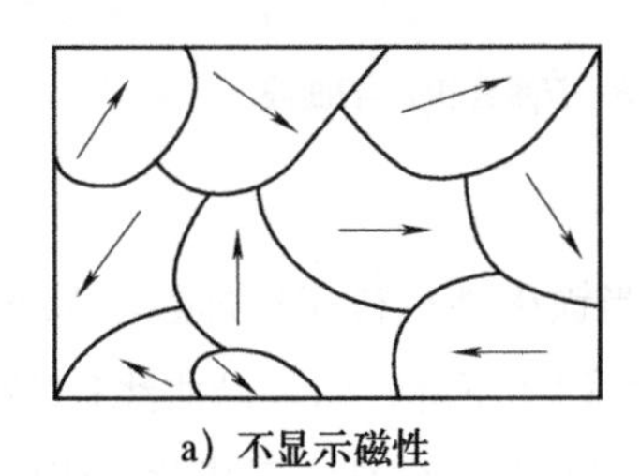

a）不显示磁性

b）磁化

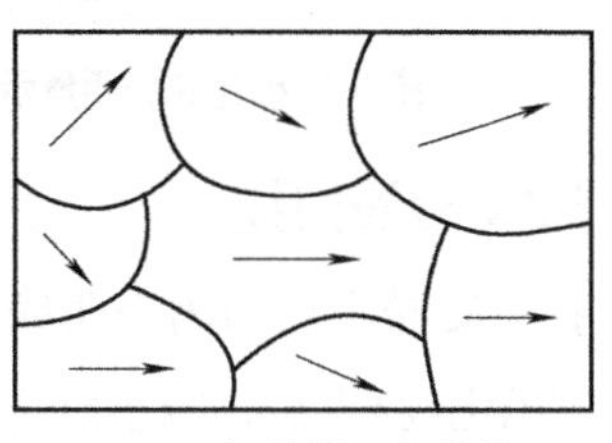

c）保留一定剩磁

图1-6　铁磁性材料的磁畴方向

永久磁铁中的磁畴，在一个方向占优势，因而形成N极和S极，能显示出很强的磁性。

在高温情况下，磁体中的分子热运动会破坏磁畴的有规则排列，使磁体的磁性削弱。超过某温度后，磁体的磁性也就全部消失而呈现顺磁性，实现了材料的退磁。铁磁性材料在此温度以上不能再被外加磁场磁化，铁磁性材料失去原有磁性的临界温度称为居里点或居里温度。从居里点以上的高温冷却下来时，只要没有外磁场的影响，材料仍然处于退磁状态。

部分铁磁性材料的居里点如表1-2所示。

表1-2　部分铁磁性材料的居里点

材料	居里点/℃
铁	769
镍	365
钴	1150
铁（硅5%）	720
铁（铬10%）	740
铁（锰4%）	715
铁（钒6%）	815

1.2.3 磁化曲线

磁化曲线是表征铁磁性材料磁特性的曲线，用以表示B—H的关系。将铁磁性材料做成环形样品，绕上一定匝数的线圈，线圈经过换向开关S和可变电阻器R接到直流电源上，其电路如图1-7所示。通过测量线圈中的电流I，算出材料内部的磁场强度H值。用冲击检流计或磁通计测量此时穿过环形样品横截面的磁通量Φ，从而计算出磁感应强度B值。根据计算结果画出$B-H$曲线和$\mu-H$曲线，如图1-8所示，它反映了材料磁化程度随外加磁场变化的规律。

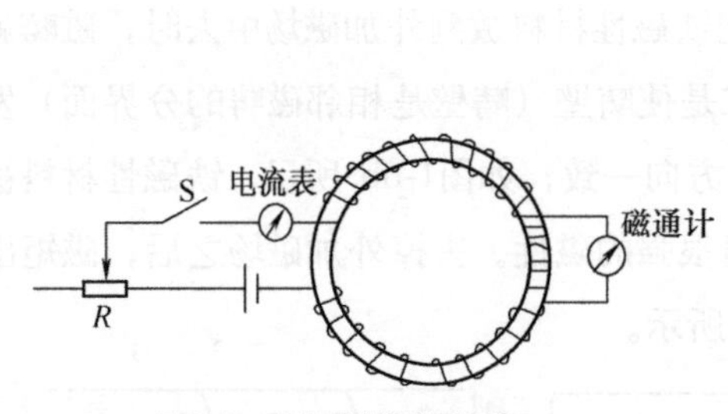

图1-7　磁化曲线测量示意

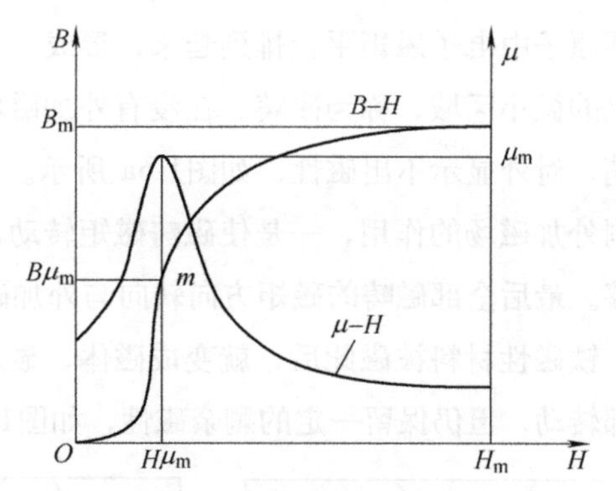

图1-8　$B-H$曲线和$\mu-H$曲线

1.2.4 磁滞回线

描述磁滞现象的闭合曲线叫做磁滞回线，如图1-9所示，当铁磁性材料在外加磁场强度作用下磁化到1点后，减小磁场强度到零，磁感应强度并不沿曲线1-0下降，而是沿曲线1-2降到2点，这种磁感应强度变化将滞后于磁场强度变化的现象叫磁滞现象，它反映了磁化过程的不可逆性。当磁场强度增大到1点时，磁感应强度不再增加，得到的0-1曲线称为初始磁化曲线，当外加磁场强度H减小到零时，保留在材料中的磁性，称为剩余磁感应强度，简称剩磁，用B_r表示，如图1-9中的0-2和0-5。为了使剩磁减小到零，必须施加反向磁场强度，使剩磁降为零所施加的反向磁场强度称为矫顽力，用H_c表示，如图1-9中的0-3和0-6。

如果反向磁场强度继续增加，材料就呈现与原来方向相反的磁性，同样可达到饱和点m'，当H从负值减小到零时，材料具有反方向的剩磁$-B_r$，即0-5。磁场经过零值后再向正方向增加时，为了使$-B_r$减小到零，必须施加个反向磁场强度，如图1-9中的0-6。磁场在正方向继续增加时曲线回到m点，完成一个循环，如图1-9中的1-2-3-4-5-6-1，即材料内的磁感应强度是按照一条对称于坐标原点的闭合磁化曲线变化的，这条闭合曲线称为磁滞回线。只有交流电才产生这种磁滞回线。

图1-9中，$\pm B_m$为饱和磁感应强度，表示工件在饱和磁场强度$\pm H_m$磁化下B达到饱和，不再随H的增大而增大，对应的磁畴全部转向与磁场方向一致。

根据上面的阐述，可归纳出铁磁性材料具有以下特性：

1）　高导磁性——能在外加磁场中强烈地磁化，产生非常强的附加磁场，它的磁导率很高，相对磁导率可达数百、数千以上。

2）　磁饱和性——铁磁性材料由于磁化所产生的附加磁场，不会随外加磁场增加而无限地增加，当外加磁场达到一定程度后，全部磁畴的方向都与外加磁场的方向一致，磁感应强度B不再增加，呈现磁饱和。

3）　磁滞性——当外加磁场的方向发生变化时，磁感应强度的变化滞后于磁场强度的变化。当磁场强度减小到零时，铁磁性材料在磁化时所获得的磁性并不完全消失，而保留了剩磁。

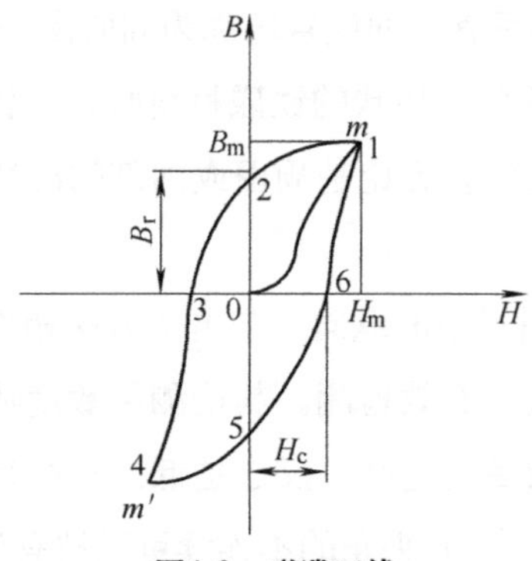

图1-9　磁滞回线

根据铁磁性材料矫顽力的大小可分为软磁材料和硬磁材料两大类：H_c≤400 A/m（5 Oe）认为是典型的软磁材料，其磁滞回线如图1-10a所示；H_c≥8000 A/m（100 Oe）认为是典型的硬磁材料，其磁滞回线如图1-10c所示。一般磁粉检测的铁磁性材料，矫顽力在软、硬磁之间，称为半硬磁材料，其磁滞回线如图1-10b所示。

软磁材料和硬磁材料具有以下特征：

第一，软磁材料是指磁滞回线狭长，具有高磁导率、低剩磁、低矫顽力和低磁阻的铁磁性材料，软磁材料磁粉检测时容易磁化，也容易退磁。软磁材料有电工用纯铁、低碳钢和软磁铁氧体等材料。

第二，硬磁材料是指磁滞回线肥大，具有低磁导率、高剩磁、高矫顽力和高磁阻的铁磁性材料。硬磁材料磁粉检测时难以磁化，也难以退磁。硬磁材料有铝、镍、钴、稀土钴和硬磁铁氧体等材料。

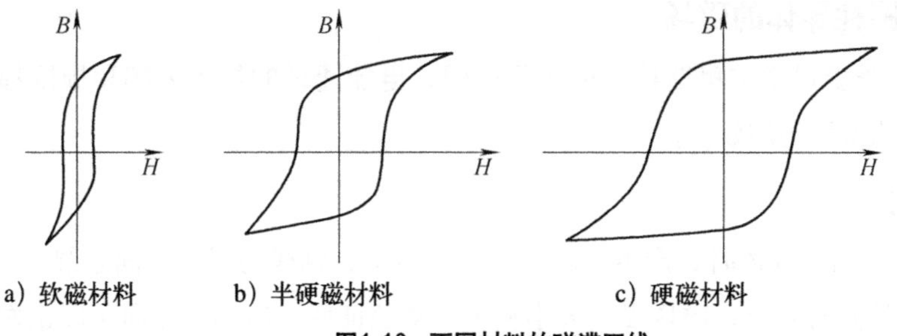

a）软磁材料　b）半硬磁材料　c）硬磁材料

图1-10　不同材料的磁滞回线

1.3 电流的磁场

1.3.1 磁粉检测中常用的电流磁场

磁粉检测中常用的电流磁场有以下三种：

1. 周向磁场（环形磁场）

如图1-11所示的通电导线周围的磁场是典型的周向磁场。通电导体所产生的磁场若其磁力线、磁通量方向与电流方向相垂直，则该磁场称为周向磁场（环形磁场）。

当电流通过圆形、方形、管状、环状的铁磁材料时，不但在材料的周围产生周向磁场，在材料的内部也同样产生周向磁场。无论是周围或内部的磁场，都可以用右手定则来确定磁力线的方向。

周向磁场可以有效地检测材料中的纵向（与电流方向相平行）不连续，而对横向（与电流方向相垂直）不连续则无法进行有效检测。其检测灵敏度随着不连续与电流方向之间夹角的变化而变化，夹角越小检测灵敏度越高，反之越低。一般来讲：周向磁场对于电流方向呈0~30°（与磁力线方向呈90°~30°）夹角的不连续可以被有效地检测。

2. 纵向磁场

铁磁材料放入通电螺旋线圈中后，材料则被沿着它的长度方向被磁化，在材料内形成纵向磁场。棒状磁铁的磁场是典型的纵向磁场，在磁铁的一端是N极，另一端为S极。

产生纵向磁场最常用的方法是采用螺旋线圈。当线圈中有电流通过则在线圈内产生磁场，放入线圈内的材料也被磁化，在材料内产生纵向磁场。

由于纵向磁场的方向与材料长度方向相一致，所以纵向磁场只能有效检测材料的横向不连续，而对纵向不连续则无法进行有限检测。

3. 旋转磁场

采用相位有一定差异的交流电对工件进行周向和纵向磁化，在工件中就可以产生交流周向磁场和交流纵向磁场，这两个磁场在工件中产生磁场的叠加形成复合磁场。由于所形成的复合磁场的方向是以一个椭圆形的轨迹随时间变化而变化，这种磁场就称为旋转磁场。

1.3.2 通电圆柱导体的磁场

在1820年，丹麦科学家奥斯特通过实验证明，电流通过的导体内部和周围都存在着磁场，这种现象称为电流的磁效应。

1. 磁场方向

当电流流过长圆柱导体时，产生的磁场是以导体中心轴线为圆心的同心圆，如图1-11所示。在半径相等的同心圆上，磁场强度大小相等。实验证明，磁场的方向可以由右手定则确定：用右手握住导体使拇指指向电流方向，其余四指卷曲的指向就是磁场的方向，如图1-12所示。

2. 两平行通电导体间的磁场

通电导体中正电荷受电场作用，正电荷沿电流方向运动。运动电荷在磁场中所受到的力，称为洛伦兹力。

根据左手定则：四指指向电流方向，磁感线穿过手心时，大拇指方向为洛伦兹力方向，则两通电导体通相同方向的电流时，导体所受的洛伦兹力使导体相互吸引，而两通电导体通

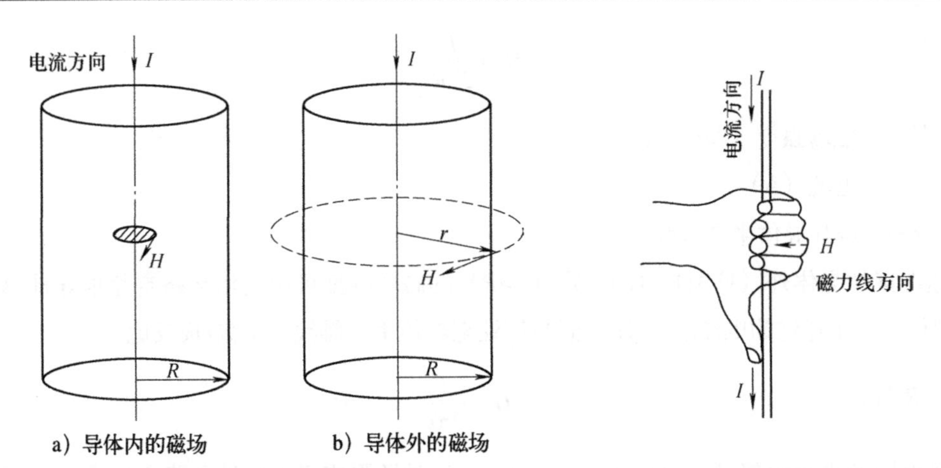

图1-11　通电圆柱导体的磁场　　　　图1-12　通电圆柱导体的右手定则

相反方向的电流时，导体所受的洛伦兹力使导体相互排斥，如图1-13所示。

3. 磁场强度计算

通电圆柱导体表面的磁场强度可由安培环路定律推导，若采用SI单位制，因圆周对称，所以沿圆周积分得：$2\pi RH=I$，

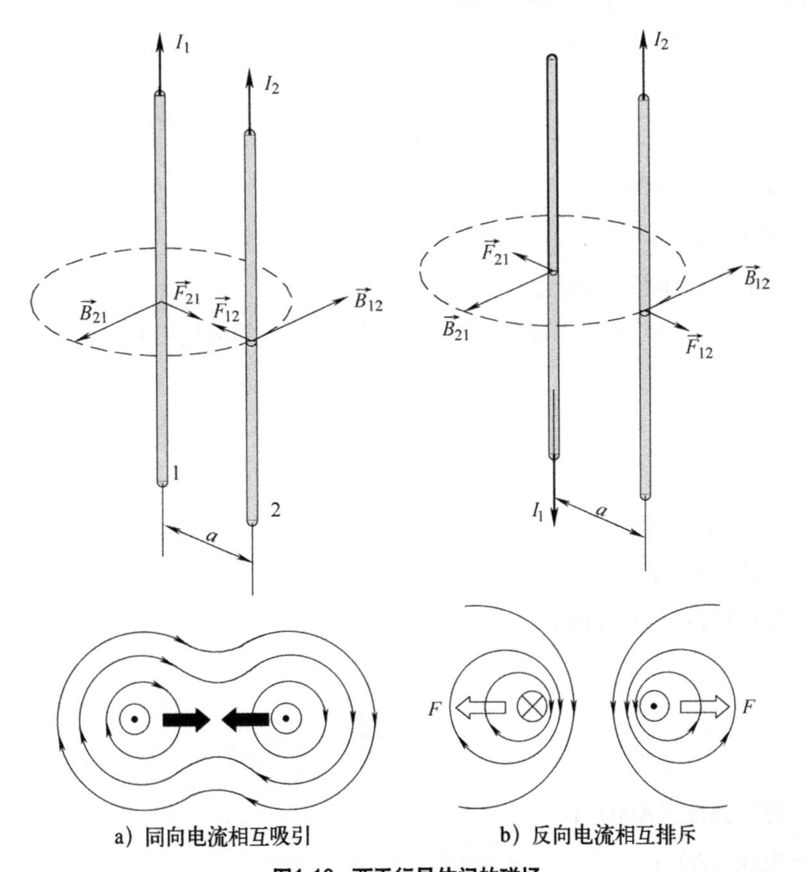

图1-13　两平行导体间的磁场

$$H = \frac{I}{2\pi R} \tag{1-2}$$

式中　H——磁场强度（A/m）；

I——电流（A）；

R——圆柱导体半径（m）。

通电圆柱导体外（见图1-11b）r处（$r>R$）的磁场强度可由安培环路定律推导计算出，它与圆柱导体中通过的电流I成正比，而与该处至导体中心轴线的距离r成反比。

$r>R$ 时：
$$H = \frac{I}{2\pi r} \tag{1-3}$$

通电圆柱导体内部（见图1-11a）r处（$r<R$）磁场强度可由安培环路定律推导计算出，它与圆柱导体中通过的电流I成正比，与至圆柱导体中心轴线的距离r成正比，而与圆柱导体半径R的平方成反比。

$r<R$时：
$$H = \frac{Ir}{2\pi R^2} \tag{1-4}$$

当$r=R$时，式（1-3）和式（1-4）相同。

若采用CGS单位制，因1 Oe≈80 A/m，半径R的单位用cm表示，带入式（1-2）得：

$$H = \frac{1}{80} \times \frac{I}{(2\pi R)/100} = \frac{100}{80 \times 2\pi} \times \frac{I}{R} \approx \frac{0.2I}{R} \quad 或\ I=5RH \tag{1-5}$$

式中　H——磁场强度（Oe）；

I——电流（A）；

R——圆柱导体半径（cm）。

若将式（1-5）中圆柱导体半径R用直径D代替，并将D的单位用mm表示，则得出以下两公式：

$$I = \frac{HD}{4} \tag{1-6}$$

式中　H——磁场强度（Oe）；

I——电流（A）；

D——圆柱导体直径（mm）。

或

$$I = \frac{HD}{320} \tag{1-7}$$

式中　H——磁场强度（A/m）；

I——电流（A）；

D——圆柱导体直径（mm）。

在连续法检测时，一般要求工件表面的磁场强度至少达到2400 A/m（30 Oe），代入式（1-6）或式（1-7）中，得

$$I=\frac{HD}{4}=\frac{30D}{4}=7.5D\approx 8D \text{ 或 } I=\frac{HD}{320}=\frac{2400D}{320}=7.5D\approx 8D$$

在剩磁法检测时，一般要求工件表面的磁场强度至少达到8000 A/m（100 Oe），代入式（1-6）和式（1-7）中，得

$$I=\frac{HD}{4}=\frac{100D}{4}=25D \text{ 或 } I=\frac{HD}{320}=\frac{8000D}{320}=25D$$

这就是对圆柱导体磁化时，磁化规范的经验公式I=8D和I=25D的来源。

例题1：

一圆柱导体直径为20 cm，通以5000 A的直流电，求与导体中心轴相距5 cm，10 cm，40 cm及100 cm各点处的磁场强度，并用图示法表示出导体内、外和表面磁场强度的变化？

解：

四个点到导体中心的距离分别是0.05 m、0.1 m、0.4 m和1 m，导体半径R为0.1 m，分别代入公式（1-3）和（1-4），有

$$H_1=\frac{Ir}{2\pi R^2}=\frac{5000\times 0.05}{2\times 3.14\times 0.1^2}\text{ A/m}\approx 3980\text{A/m}$$

$$H_2=\frac{I}{2\pi R}=\frac{5000}{2\times 3.14\times 0.1}\text{A/m}\approx 7962\text{A/m}$$

$$H_3=\frac{I}{2\pi r}=\frac{5000}{2\times 3.14\times 0.4}\text{A/m}\approx 1990\text{A/m}$$

$$H_4=\frac{I}{2\pi r}=\frac{5000}{2\times 3.14\times 1}\text{A/m}\approx 796\text{A/m}$$

其内、外和表面的磁场强度分布如图1-14所示。

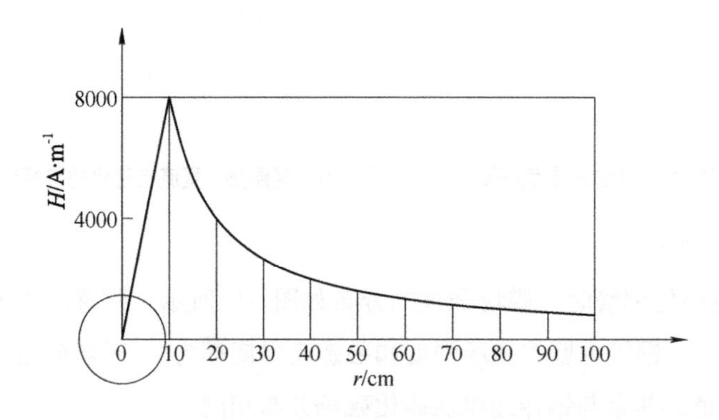

图1-14　圆柱导体内、外和表面的磁场强度分布

例题2：

一圆柱导体，长1000 mm，直径为100 mm，进行磁粉检测，要求导体表面的磁场强度达到 2400 A/m，求需要的磁化电流。

解：

导体半径$R=D/2=100/2=50$ mm=0.05 m，代入式（1-3）中，得

$$I=2\pi RH=2\times3.14\times0.05\times2400\ \text{A}=753.6\ \text{A}$$

4. 应用特点

用交流电和直流电通电对同一钢棒磁化时，磁场强度和磁感应强度的分布如图1-15和图1-16所示，其共同点是：

第一，在钢棒中心处，磁场强度为零。

第二，在钢棒表面，磁场强度达到最大。

第三，离开钢棒表面，磁场强度随r的增大而下降。

其不同点是：直流电磁化，从钢棒中心到表面，磁场强度是直线上升到大值；交流电磁化，由于趋肤效应，只有在钢棒近表面才有磁场强度，并缓慢上升，而在接近钢棒表面时，迅速上升达到最大值。

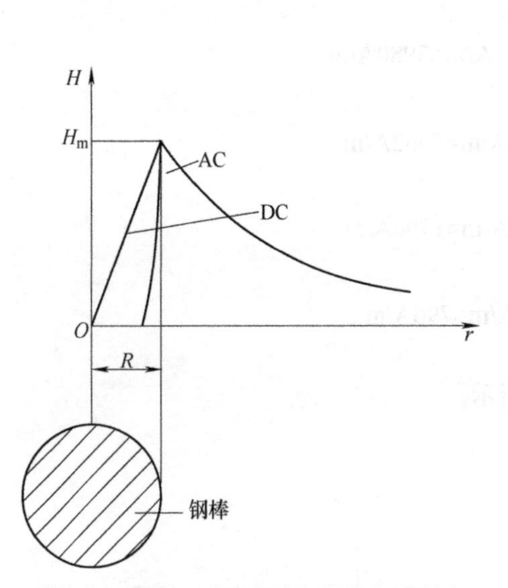

图1-15　钢棒交、直流电磁化的磁场强度分布

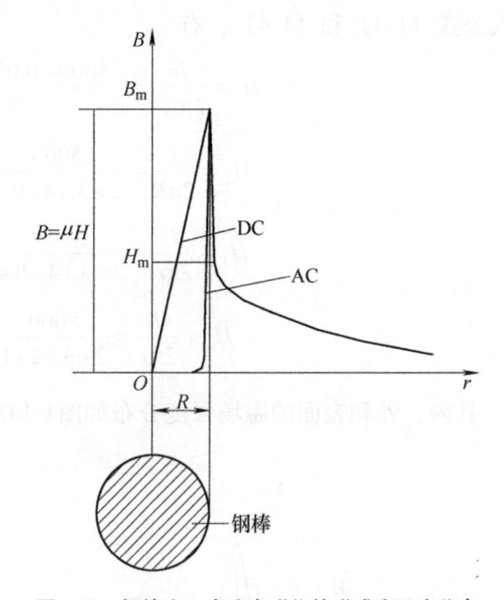

图1-16　钢棒交、直流电磁化的磁感应强度分布

1.3.3 通电钢管的磁场

用交流电或直流电磁化钢管时，磁场强度的分布如图1-17所示，磁感应强度的分布如图1-18所示。由图可以看出，钢管内壁的磁场强度和磁感应强度都为0，磁场分布是从钢管内壁到表面逐渐上升到最大值。其余与钢棒通电法磁化磁场分布相同。

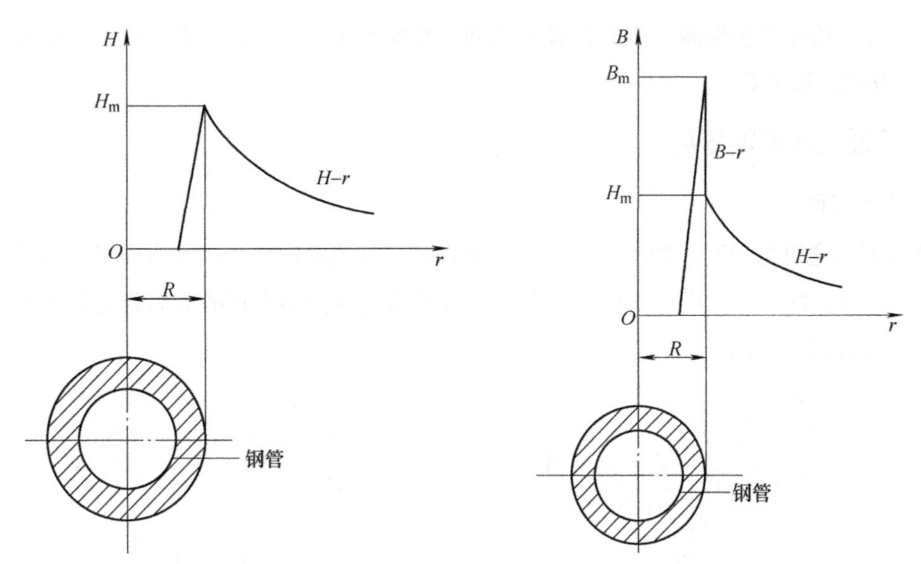

图1-17　钢管交、直流电磁化的磁场强度分布　　图1-18　钢管交、直流电磁化的磁感应强度分布

1.3.4 钢管中心导体法磁化

用直流电中心导体法磁化钢管时，磁场强度和磁感应强度的分布如图1-19所示，从图中可以看出，在通电中心导体（铜棒）内、外磁场分布与图1-15相同。在钢管内是空气，由于中心导体$\mu_r \approx 1$，所以只存在磁场强度H。在钢管上由于$\mu_r >> 1$，所以能感应产生较大的磁感应强度，根据式（1-3），且钢管内半径比外半径r小，因而钢管内壁磁场强度和磁感应强度较

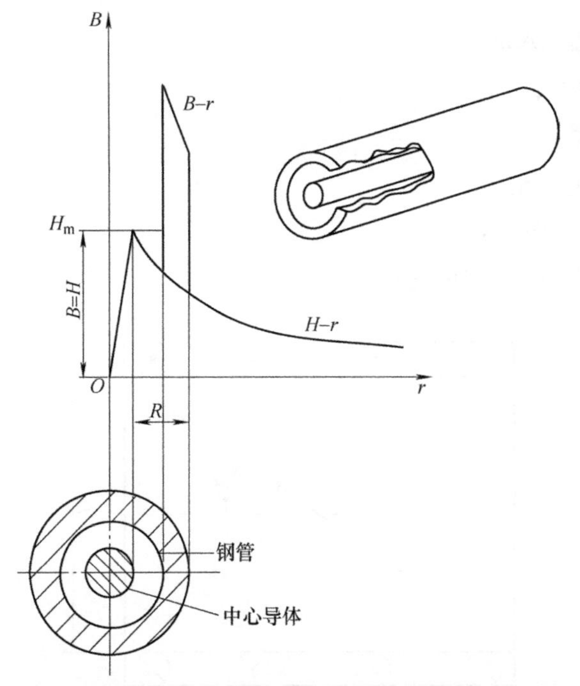

图1-19　直流电中心导体法磁化钢管的磁场强度和磁感应强度分布

外壁面都大，检测灵敏度高。离开钢管外表面，在空气中，$\mu_0 \approx 1$，$B \approx H$，所以磁感应强度突降后，与H曲线基本重合。

1.3.5 通电线圈的磁场

1. 磁场方向

在线圈中通以电流时，线圈内产生与线圈轴相平行的纵向磁场。其方向可用右手定则确定：用右手握住线圈使四指指向电流方向，与四指垂直的拇指所指的方向就是线圈内部的磁场方向，如图1-20所示。

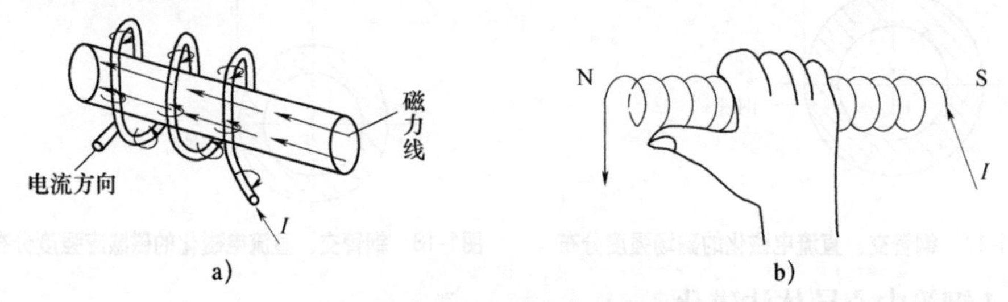

图1-20 通电线圈产生的纵向磁场

2. 磁场强度计算

图1-21为空载通电线圈中心的磁场强度，其公式为：

$$H = \frac{NI}{L}\cos\alpha = \frac{NI}{\sqrt{L^2 + D^2}} \tag{1-8}$$

式中 H——磁场强度（A/m）；

I——电流（A）；

N——线圈匝数；

L——线圈长度（m）；

D——线圈直径（m）；

α——线圈对角线与轴线的夹角。

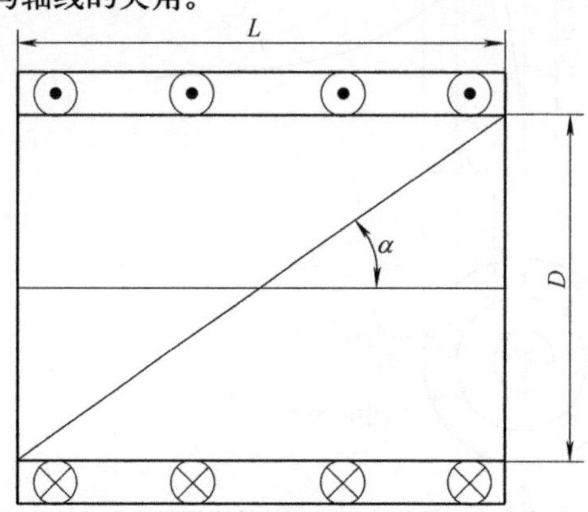

图1-21 空载通电线圈中心的磁场强度

3. 线圈分类

（1）按通电线圈的结构分　第一，用软电缆缠绕在工件上的缠绕线圈。

第二，将绝缘导线绕在骨架内的螺管线圈，螺管线圈是具有螺旋绕组的圆筒形线圈，分单层和多层绕组两种。单层螺管线圈是单根绝缘导线均匀而紧密排列的同轴线圈；多层螺管线圈相当于若干个半径不等的同轴螺管线圈。

（2）按线圈横截面积与被检工件横截面积的比值——充填因数（也叫填充系数）分　第一，低充填因数线圈：线圈横截面面积与被检工件横截面面积之比≥10时。

第二，中充填因数线圈：线圈横截面面积与被检工件横截面面积之比>2且<10时。

第三，高充填因数线圈：线圈横截面面积与被检工件横截面面积之比≤2时。

（3）按通电线圈的长度L和内径D的比分　第一，短螺管线圈（$L<D$）：在短螺管线圈内部的中心轴线上，磁场分布很不均匀，中心比两端强。在线圈横截面上，靠近线圈内壁的磁场强度较线圈中心强，如图1-22、图1-24和图1-26所示。

第二，有限长螺管线圈（$L>D$）：在有限长螺管线圈内部的中心轴线上，磁场分布较均匀，磁感应线方向大体上与中心轴线平行，线圈两端处的磁场强度为中心的1/2左右。在线圈横截面上，靠近线圈内壁的磁场强度较线圈中心强，如图1-23、图1-25和图1-26所示。

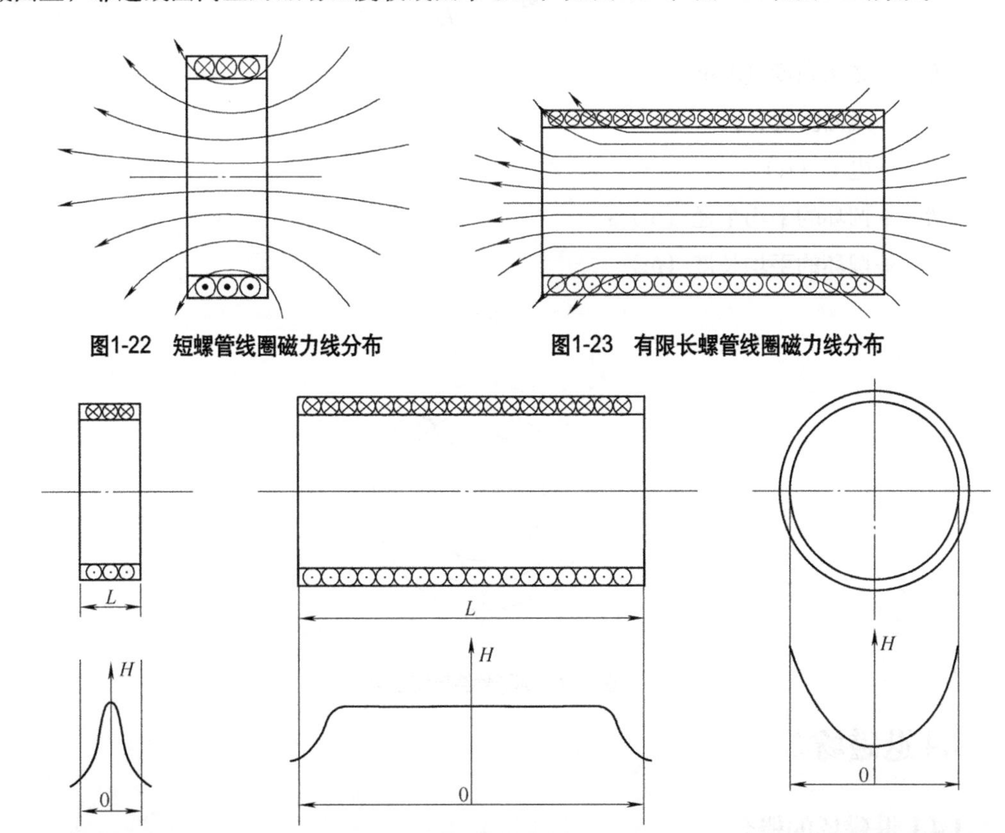

图1-22　短螺管线圈磁力线分布

图1-23　有限长螺管线圈磁力线分布

图1-24　短螺管线圈中心轴线上的磁场分布

图1-25　有限长螺管线圈中心轴线上的磁场分布

图1-26　螺管线圈横截面上的磁场分布

第三，无限长螺管线圈（$L>>D$）：在无限远处头尾相接的线圈，无限长螺管线圈内部磁场分布均匀，并且磁场只存在于线圈内部，磁感应线方向与线圈的中心轴线平行。

4. 应用

（1）开路磁化　把需要磁化的工件放在线圈中进行磁化或对大型工件进行绕电缆磁化，常称为线圈法开路磁化。线圈法磁化的磁动势一般用安匝数（NI）表示。线圈法磁化工件时，由于在工件两端产生磁极，因而会产生退磁场。

采用短螺管线圈对工件进行纵向磁化时，要注意有效磁化区域。

（2）闭路磁化　把线圈绕在铁心上构成电磁轭或交叉磁轭对工件进行的磁化，常称为磁轭法闭路磁化。磁轭法磁化时，以提升力来衡量导入工件的磁感应强度或磁通。磁轭法磁化工件不产生磁极，因而没有退磁场的影响。

1.3.6 环形件绕电缆的磁场

磁粉检测时，对环形工件的磁化一般是通过缠绕通电电缆（也可称为螺线环）来实现，如图1-27所示。所产生的磁场沿着环的圆周方向，其大小可近似地用下式计算：

$$H=\frac{NI}{2\pi R} \text{ 或 } H=\frac{NI}{L} \tag{1-9}$$

式中　H——磁场强度（A/m）；

N——线圈匝数；

I——电流（A）；

R——圆环的平均半径（m）；

L——圆环的平均长度（m）。

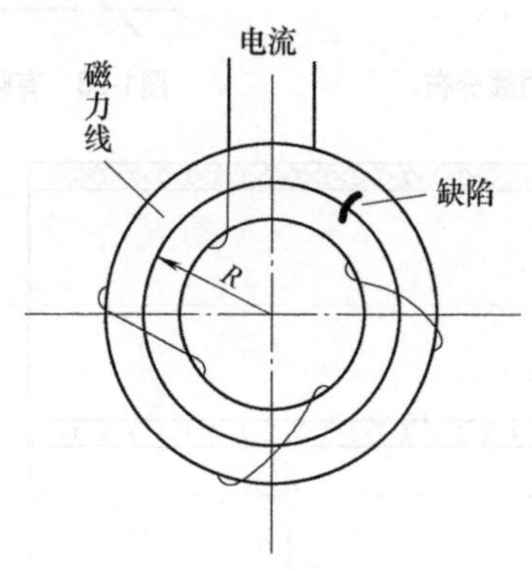

图1-27　环形件绕电缆示意

1.4 退磁场

1.4.1 退磁场的概念

将直径相同、长度不同的几根圆钢棒，放在同一线圈中用相同的磁场强度分别磁化，将标准试片贴在圆钢棒中部表面。或用特斯拉计测量圆钢棒中部表面的切向磁场强度，会发现长径比大的圆钢棒比长径比小的圆钢棒上磁痕显示清晰，磁场强度也大。出现这种现象的原因是：圆钢棒在外加磁场中磁化时，它的端头产生了磁极，这些磁极形成的磁场方向与外加磁场方向相反，因而削弱了外加磁场对圆钢棒的磁化作用。所以把铁磁性材料磁化时，由于工件端头所产生的磁场称为退磁场，也叫反磁场。它对外加磁场有削弱作用，用符号ΔH表示，如图1-28所示。

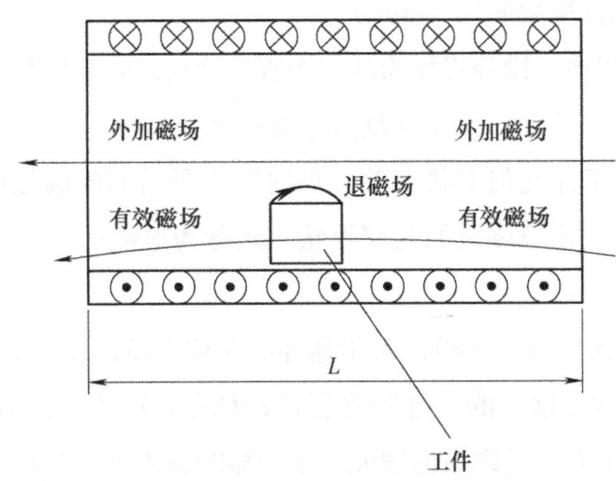

图1-28　退磁场示意

利用线圈法进行纵向磁化时，真正用于磁化工件的磁场（称为有效磁场，用H表示）等于外加磁场H_0减去退磁场ΔH：

$$H = H_0 - \Delta H = H_0 - N\left(\frac{B}{\mu_0} - H\right) = H_0 - N\left(\frac{\mu H}{\mu_0} - H\right) = H_0 - NH(\mu_r - 1)$$

于是有

$$H = \frac{H_0}{1 + N(\mu_r - 1)} \tag{1-10}$$

式中　H——有效磁场（A/m）；

H_0——外加磁场（A/m）；

ΔH——退磁场（A/m）。

磁性材料磁化时，如果在工件端部不产生磁极（如周向磁化时），就不产生退磁场。

1.4.2 影响退磁场大小的因素

退磁场使工件上的有效磁场减小，也使磁感应强度减小，直接影响工件的磁化效果。为了保证工件磁化效果，必须克服退磁场的影响。退磁场的大小主要和下面的因素有关：

（1）与外加磁场强度的大小有关。外加磁场强度越大，工件磁化得越好，退磁场也越大。

（2）与工件的长径比L/D值有关。工件的L/D值越大，退磁场越小。

计算L/D时：

对于实心工件，若为圆柱形工件，D为圆柱形的外直径。若为非圆柱形工件，D为横截面最大尺寸。还可以采用有效直径代替，设横截面积为A，单位为mm²，则$D_{eff}=2\sqrt{\frac{A}{\pi}}$。

对于中空的非圆筒形工件，应采用有效直径D_{eff}代替，即

$$D=D_{eff}=2\sqrt{\frac{A_t-A_h}{\pi}} \tag{1-11}$$

式中 A_t——工件总的横截面积（mm^2）；

A_h——工件中空部分横截面积（mm^2）。

对于中空的圆筒形工件，设外直径为D_0，内直径为D_i，应采用有效直径代替，即

$$D=D_{eff}=\sqrt{D_0^2-D_i^2} \tag{1-12}$$

（3）退磁因子N与工件几何形状有关。纵向磁化所需的磁场强度大小与工件的几何形状及L/D值有关。这种影响磁场强度的几何形状因素称为退磁因子，用N表示，它是L/D的函数。

对于完整闭合的环形试样，N=0；对于球体，N=0.333；长短轴比值等于2的椭圆体，N=0.14；对于圆钢棒，N与钢棒的长度和直径比L/D的关系是，L/D越小，N越大，也就是说，随着L/D的减小，N增大，退磁场也增大，圆钢棒的退磁因子与L/D的关系如表1-3所示。

表1-3 圆钢棒的退磁因子（N）与长径比（L/D）的关系

L/D	N		L/D	N	
	SI单位制	CGS单位制		SI单位制	CGS单位制
1	0.27	3.39	10	0.017	0.215
2	0.14	1.76	20	0.006	0.07
5	0.04	0.50	–	–	–

（4）磁化尺寸相同的钢管和钢棒，钢管比钢棒产生的退磁场小。设钢棒外直径为D，与钢管外直径D_0相等，同时钢管内直径为D_i。钢管为空心，应采用有效直径D_{eff}。由式

$$D_{eff}=\sqrt{D_0^2-D_i^2}$$

显然$D>D_{eff}$，所以，$L/D_{eff}>L/D$。

（5）交流电比直流电产生的退磁场小。磁化同一工件，交流电比直流电产生的退磁场小。因为交流电有趋肤效应，在钢棒端部形成的磁极磁性小，所以退磁场也小。

例题1：

一长度为100 mm的钢棒，截面为正方形，边长为20 mm，求L/D值。

解：

截面最大尺寸为对角线，即$D=20\sqrt{2}$ mm=28.3 mm，因此

$$L/D=100/28.3=3.5$$

例题2：

对长为1 m，直径分别为0.1 m，0.2 m和0.5 m的三个钢棒用通电线圈磁化，要使钢棒上

的有效磁场强度达到2400 A/m，则要求必要的外加磁场强度H为多少？（从该钢的磁化曲线查到，磁场强度为2400 A/m时，磁感应强度为0.8 T）

解：

由表1-3可知；

当L/D=1/0.1=10时，N=0.017

当L/D=1/0.2=5时，N=0.04

当L/D=1/0.5=2时，N=0.14

$$\mu=B/H=0.8/2400\ \text{H/m}=0.00033\ \text{H/m}$$

$$\mu_r=\mu/\mu_0=0.00033/(4\pi\times10^{-7})=263$$

要使钢棒的有效磁场强度达到2400 A/m，则要求

当L/D=10时，

$$H_0=H[1+N(\mu_r-1)]=2400\times[1+0.017\times(263-1)]\ \text{A/m}=13\ 090\ \text{A/m}=163\ \text{Oe}$$

当L/D=5时，

$$H_0=H[1+N(\mu_r-1)]=2400\times[1+0.04\times(263-1)]\ \text{A/m}=27\ 552\ \text{A/m}=344\ \text{Oe}$$

当L/D=2时，

$$H_0=H[1+N(\mu_r-1)]=2400\times[1+0.14\times(263-1)]\ \text{A/m}=90\ 432\ \text{A/m}=1130\ \text{Oe}$$

结果讨论：从L/D=10、5和2时，求出的必要外加磁场H_0可以看出，退磁场与工件形状即L/D关系极大，N随着L/D的增大而下降，退磁场影响也减小，磁化需要的外加磁场强度亦小得多。当$L/D\leqslant2$，退磁场影响很大，工件磁化需要很大的外加磁场强度。只有外加磁场强度H_0远远大于有效磁场强度H时，才足以克服退磁场的影响，对工件进行有效的磁化。实际上由于通电线圈很难产生上千奥斯特的外加磁场强度，所以对$L/D\leqslant2$的工件通常采用延长块将工件接长，以增大L/D值，减小退磁场的影响。

1.5 磁路与磁感应线的折射

1.5.1 磁路

磁感应线所通过的闭合路径叫磁路。铁磁材料被磁化后，不仅能产生附加磁场，而且还能把绝大部分磁感应线约束在一定的闭合路径上，如图1-29所示。

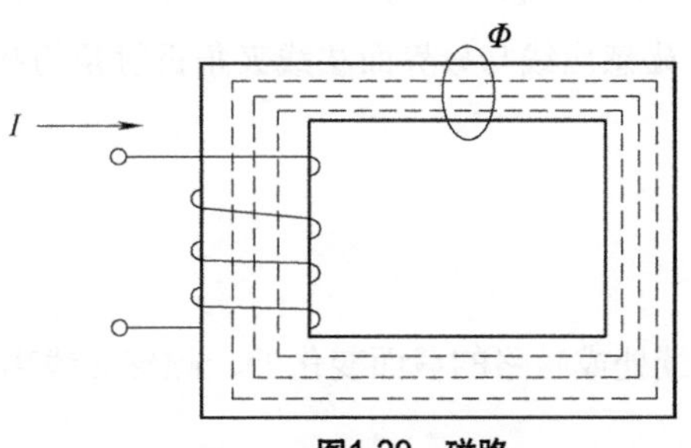

图1-29　磁路

磁路定律：磁通量等于磁动势与磁阻之比。磁力线与电流一样，沿磁阻最小的路径形成磁路。

1.5.2 磁感应线的折射

当磁通量从一种介质进入另一种介质时，它的量不变。但是如果这两种介质的磁导率不同，那么这两种介质中的磁感应强度就会不同，方向也会改变，这称为磁感应线的折射，并遵循折射定律：

$$\tan\alpha_1/\tan\alpha_2=\mu_1/\mu_2=\mu_{r1}/\mu_{r2}$$

磁场强度的切向分量连续，磁感应强度的法向分量连续。

分四种情况讨论：

1）$\mu_1<\mu_2$，$\alpha_1<\alpha_2$。

2）$\mu_1>\mu_2$，$\alpha_1>\alpha_2$。

3）$\mu_1<<\mu_2$，$\tan\alpha_1<<\tan\alpha_2$，$\alpha_2\approx 90°$。

即从磁导率特别低的介质（非磁性物质）中进入磁导率特别高的介质（铁磁性物质）中，不论第一介质中的入射角度为多少，第二介质中的磁感应线几乎与界面平行，而且变得密集，如图1-28所示。

4）$\mu_1>>\mu_2$，$\tan\alpha_1>>\tan\alpha_2$，$\alpha_2\approx 0$。

即从磁导率特别高的介质（铁磁性物质）中进入磁导率特别低的介质（非磁性物质）中，不论第一介质中的入射角度为多少，第二介质中的磁感应线几乎与界面垂直，而且变得稀疏。

当磁感应线由钢铁进入空气，或者由空气进入钢铁，在空气中磁感应线实际上是与界面几乎垂直的（见图1-30）。这是由于钢铁和空气的磁导率相差10^2~10^3的数量级的缘故。

例题1：

已知钢的相对磁导率μ_r=2000。在钢中，磁感应线的方向与分界面S的法线n成88°角，求在空气中磁感应线与分界面法线所成的角度？

解：

已知α_1=88°，μ_{r1}=2000。设空气的相对磁导率μ_{r2}=1，

由 $\tan\alpha_2=(\mu_{r2}/\mu_{r1})\tan\alpha_1=(1/2000)\times\tan 88°=0.0143$

得α_2=49′。即在空气中，磁感应线与分界面法线夹角折射角为49′，如图1-31所示。

1.6 漏磁场

1.6.1 漏磁场的形成

漏磁场——在磁铁的不连续处或磁路的截面变化处，磁感应线离开或进入表面时所形成的磁场。

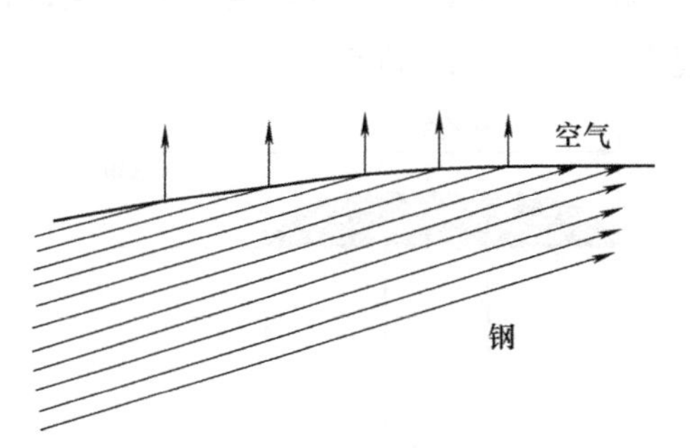

图1-30　磁感应线由钢进入空气

图1-31　磁感应线在钢-空气界面的折射

漏磁场形成的原因是由于空气的磁导率远远低于铁磁性材料的磁导率。如果在磁化了的铁磁性工件表面存在不连续，则磁感应线优先通过磁导率高的工件，这就迫使部分磁感应线从不连续下面绕过，形成磁感应线的压缩。但是，工件上这部分可容纳的磁感应线数目也是有限的，又由于同性磁感应线相斥，所以一部分磁感应线从不连续性中穿过，另一部分磁感应线遵从折射定律几乎从工件表面垂直地进入空气中去绕过不连续又折回工件，形成了漏磁场。

1.6.2 不连续的漏磁场分布

假设不连续为一矩形，在矩形的中心，水平分量有一极大值，垂直分量为零，离开中心后，水平分量迅速减小，垂直分量达到一极大值后逐渐减小。图1-32a所示为水平分量，图1-32b所示为垂直分量，如果将两个分量合成则可得到如图1-32c所示的漏磁场。

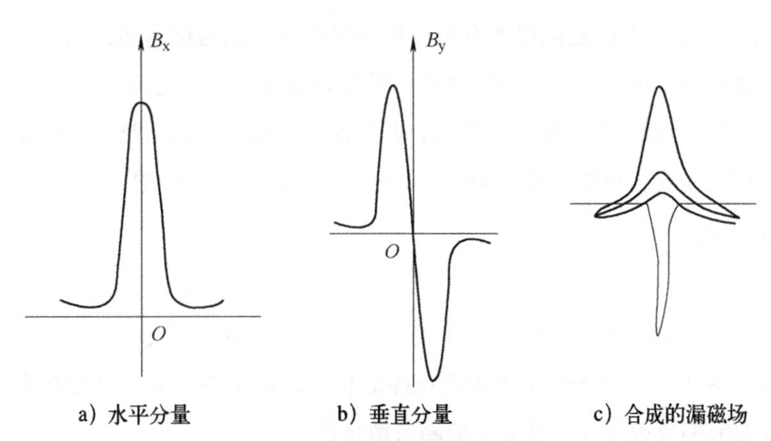

a）水平分量　　b）垂直分量　　c）合成的漏磁场

图1-32　不连续的漏磁场分布

由于不连续处产生的漏磁场是看不见的，所以就必须有显示或检测漏磁场的手段，磁粉检测就是在工件表面施加磁粉或磁悬液通过磁粉的聚集来显示漏磁场的存在。漏磁场对磁粉的吸引可看成是磁极的作用，磁感应线离开和进入磁性材料的区域形成N极和S极，如果有磁粉在磁极区通过，则将被磁化，也呈现N极和S极。这样磁粉的两极就与漏磁场的两极相互作用（同性磁极相斥，异性磁极相吸），磁粉就被吸引到漏磁场区，显示不连续的形状和大小。由于漏磁场吸附磁粉形成磁痕的宽度比不连续的实际宽度放大数倍至数十倍，所以磁痕比实际不连续宽很多，将不连续放大，很容易观察出来，如图1-33所示。

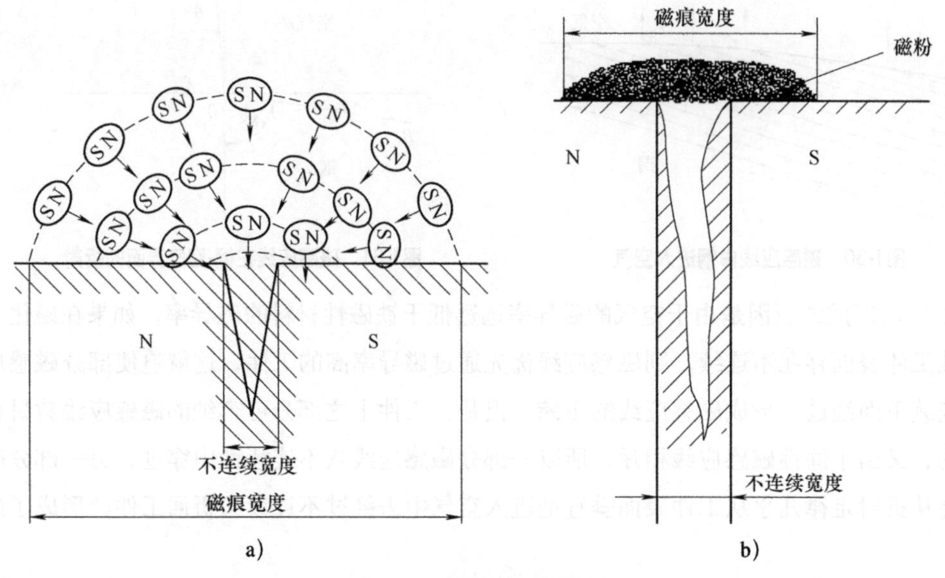

图1-33　磁粉受漏磁场吸引

1.6.3 影响漏磁场的因素

不连续处吸引磁粉的多少取决于漏磁场的强弱，漏磁场的强弱与下列因素有关。

1. 外加磁场的影响

不连续漏磁场大小与工件磁化程度有关，从铁磁性材料的磁化曲线得知，外加磁场大小和方向直接影响磁感应强度的变化。一般说来，外加磁场强度一定要大于$H_{\mu m}$，即选择在产生最大磁导率μ_m对应的$H_{\mu m}$点右侧的磁场强度值，此时磁导率减小，磁阻增大，漏磁场增大。当铁磁性材料的磁感应强度达到饱和值的80%左右时，漏磁场便会迅速增大。

2. 不连续的影响

（1）位置的影响　不连续的埋藏深度，即不连续上端距工件表面的距离，对漏磁场产生有很大的影响。同样的不连续，位于工件表面时，产生的漏磁场大；位于工件的近表面，产生的漏磁场显著减小；若位于距工件表面很深的位置，则工件表面几乎没有漏磁场存在。即在检测时，表面缺陷灵敏度高，近表面缺陷灵敏度低。

（2）取向的影响　不连续的可检出性取决于不连续延伸方向与磁场方向的夹角。如图1-34为显现不连续方向的示意图，当不连续垂直于磁场方向时，漏磁场最大，也最有利于不连续的检出，灵敏度最高，随着夹角由90°减小，灵敏度下降；当不连续与磁场方向平行或夹角小于30°时，则几乎不产生漏磁场，不能检出缺陷。

（3）深宽比的影响　同样宽度的表面不连续，如果深度不同，产生的漏磁场也不同。在一定范围内，漏磁场的增加与不连续深度的增加几乎呈线性关系；但当深度增大到一定值

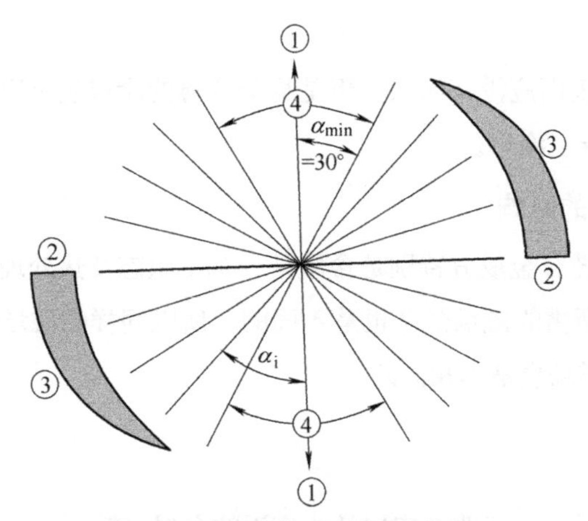

图1-34 漏磁场与不连续倾角的关系

注：①为磁场方向，②为最佳灵敏度，③为灵敏度降低，④为灵敏度不足，

α_i为磁场与不连续方向夹角，α_{min}为不连续最小可检角。

后，漏磁场的增加变得缓慢下来。

当不连续的宽度很小时，漏磁场随着宽度的增加而增加，并在不连续中心形成一条磁痕；但当不连续的宽度很大时，漏磁场反而下降，如表面划伤又浅又宽，产生的漏磁场就很小，只在不连续两侧形成磁痕，不连续根部则没有磁痕显示。

不连续的深宽比是影响漏磁场的一个重要因素，不连续深宽比越大，漏磁场越大，不连续越容易检出。

3. 表面覆盖层的影响

试件表面覆盖层极易导致漏磁场的下降，当零件表面有镀层、氧化皮、油污、油漆等覆盖时，将使检测灵敏度降低，如图1-35、图1-36所示。

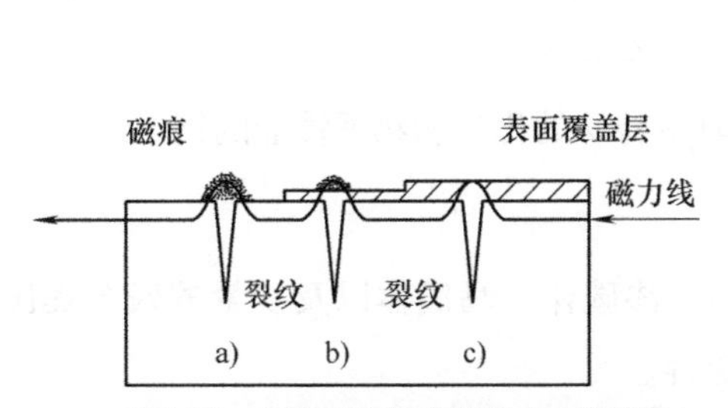

图1-35 表面覆盖层对磁痕显示的影响

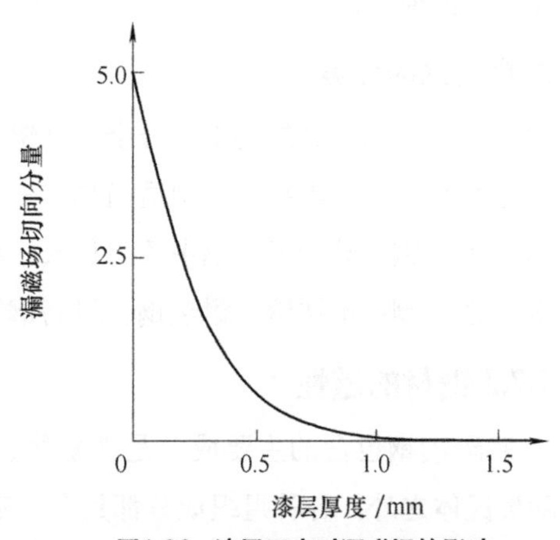

图1-36 漆层厚度对漏磁场的影响

除此之外，零件表面粗糙度差（光洁度差）、表面凹凸不平（平整度差或有油污、锈斑等脏物），均会影响磁粉或磁悬液的流动性，使检测灵敏度下降，甚至造成非相关显示、杂

乱显示。

一般要求被检试件表面应没有涂层，但是均匀的薄的涂层也可以检测。如果需要电极接触，则必须除掉这些非导电涂层。

4. 工件材料及状态的影响

钢材的磁化曲线是随合金成分特别是含碳量、加工状态及热处理状态而变化的，因此各种材料要达到饱和状态所需的磁场强度也是不同的。所以同样的磁场强度下，由于材料的磁特性不同，不连续的漏磁场也是不相同的。

1.7 钢材磁性

钢铁材料是现代机械制造工业中应用最为广泛的金属材料。

1.7.1 钢材的分类

碳素钢：铁和碳的合金。

合金钢：在碳素钢中加入各种合金元素。

1. 碳素钢的分类

（1）按钢的含碳量　低碳钢（小于0.25%）、中碳钢（0.25%~0.6%）、高碳钢（大于0.6%）。

（2）按用途分类　碳素结构钢：主要用于制造机械零件（如：齿轮、轴、螺钉、曲轴、连杆等）和各种工程构件（如：桥梁、船舶、建筑等的构件），这种钢一般属于低碳钢和中碳钢。

碳素工具钢：主要用于制造各种刀具（车刀、铣刀）、量具（量块、千分尺样板）、模具（冲模、锻模）。

2. 合金钢的分类

合金钢可分为合金结构钢、合金工具钢、特殊性能钢。

合金结构钢：碳素结构钢中适当加入一种或几种合金元素（Cr、Mn、Si、Ni、Ti）。

合金工具钢：碳素工具钢中适当加入一种或几种合金元素。

特殊性能钢：不锈钢、耐热钢、耐磨钢等一些具有特殊的化学和物理性能的钢。

1.7.2 钢材的磁性

一般碳素钢包含的主要成分是铁素体、珠光体、渗碳体、马氏体以及少量的残余奥氏体，除奥氏体之外，各种组织成分都具有一定的铁磁性。

铁素体：具有铁磁性。

珠光体：铁素体与渗碳体的机械混合物，因此也具有一定的铁磁性。

渗碳体：呈现微弱的铁磁性。

马氏体：呈现铁磁性。

碳素钢随着含碳量不同，各种组织成分的比例也不同，它们的铁磁性也就不同；含碳量相同，由于热处理状况不同，各种组织成分的比例也会发生变化，铁磁性随之也有所区别；除此之外，加入合金元素、冷加工都会影响钢材的磁性。

上述这些因素，也就是不同钢种、不同热处理零件具有不同磁化曲线的缘故。

1.7.3 影响钢材磁性的主要因素

（1）晶粒大小的影响　晶粒大，磁导率大，矫顽力小；相反，晶粒小，磁导率小，矫顽力大；晶粒大，磁畴大，边界少，磁化时磁畴容易转动，所以磁导率大，容易磁化。

（2）含碳量的影响，加入合金元素的影响　含碳量增加，H_c几乎成线性增加，而最大磁导率降低，随着含碳量的增加，钢材逐渐变硬，不容易磁化，也不容易退磁。

加入合金元素，也会使材料变硬，H_c增加，μ_m下降。

当钢种的热处理状态相同或近似的情况下，随着钢中含碳量和合金组元及其含量的增加，各磁性参数及部分磁特性曲线基本符合如下的变化规律：①最大磁导率μ_m下降。②矫顽力增大。③出现最大磁导率所对应的磁场$H_{\mu m}$增大。④最大磁感应强度B_m有下降的趋势。⑤磁滞回线变得肥大。

（3）热处理状态的影响　在化学成分相同的情况下，不同的热处理状态对磁性参数及部分磁特性曲线的影响如下：

第一，退火状态的最大磁导率μ_m和最大磁感应强度B_m比正火或淬火后回火状态下μ_m和B_m的高，而矫顽力H_c、最大磁能积（HB）$_{max}$和出现最大磁导率所对应的磁场强度$H_{\mu m}$等参数，其退火状态均较正火状态或淬火后回火状态相应的参数低。

第二，淬火后随回火温度的升高，各参数及部分磁特性曲线基本符合如下变化规律：①最大磁导率μ_m增大。②矫顽力下降。③出现最大磁导率所对应的磁场$H_{\mu m}$减小。④最大磁感应强度B_m有增大的趋势。⑤磁滞回线变得狭窄。

（4）冷加工的影响　压缩变形率增加，剩磁增大，矫顽力增大。

1.8 磁粉检测的光学基础

1.8.1 光度量术语及单位

光是能够直接引起视觉的电磁辐射，光度学是有关视觉效应评价辐射量的学科，磁粉检测观察和评定磁痕显示必须在可见光或黑光下进行，其光源的发光强度、光通量、[光]照度、辐[射]照度和[光]亮度都与检测结果直接相关。

（1）发光强度　发光强度是指光源在给定方向上单位立体角内传输的光通量，用符号I表示，单位是坎[德拉]（cd）。

$$I=\mathrm{d}\Phi/\mathrm{d}\Omega \tag{1-13}$$

式中　I——发光强度（cd）。

国际计量大会对发光强度单位坎德拉定义为："坎德拉是发出频率为540×10^{12} Hz 的单色辐射光源在给定方向的发光强度，该方向的辐射强度为1/683瓦特每球面度（W/sr）"。

球面度是一个立体角，其顶点位于球心，而它在球面上所截取的面积等于以球半径为边长的正方形的面积。

（2）光通量　光通量是指能引起眼睛视觉强度的辐[射能]通量。用符号Φ表示，单位是流明（lm）。

流明（lm）是光强度为1 cd的均匀点光源在1球面度立体角内发射的光通量。

（3）[光]照度　[光]照度亦称照度，是单位面积上接收的光通量，用符号E表示，单位是勒[克斯]（lx），1 lx=1 lm/m^2，1勒[克斯]是1 lm的光通量均匀分布在1 m^{2}表面上产生的光照度。

照度单位曾经使用英尺坎德拉（f·cd）和英尺烛光（f·c），1 f·cd=l f·c =10.76 lm/m^2。

从定义式$E=\mathrm{d}\Phi/\mathrm{d}A$ 可以看出，当面积A一定时，光通量Φ越大，则这个表面照度E就越大；当光通量Φ一定时，被均匀照射的表面积A越大，表面照度E就越小。

另外还可以导出，由一个发光强度为I的点光源，在相距1 m处的平面上产生的照度与这个光源的发光强度成正比，与距离的平方成反比，即

$$E=I/l^2 \tag{1-14}$$

式中　E——照度（lx）；

I——光源发光强度（cd）；

l——光源到接收面的距离（m）。

（4）辐[射]照度　辐[射]照度亦称辐照度。表面上一点的辐照度是入射在包含该点的面元上的辐[射能]通量dΦ除以该面元面积dA之商，用符号E_e（或E）表示，即$E_e=\mathrm{d}\Phi/\mathrm{d}A$，单位是瓦[特]/米^2，1 W/m^2=100 μW/cm^2。

（5）[光]亮度　[光]亮度亦称亮度，是指在给定方向单位立体角的垂直光照度，用符号L表示，单位是坎德拉每平方米（cd/m^2）。

1.8.2 发光

发光的物体称为光源，也称为发光体。

非荧光磁粉检测时，在波长为400~760 nm的可见光下观察磁痕。可见光是目视可见的光，即包括红、橙、黄、绿、青、蓝、紫七种颜色的光。荧光磁粉检测时，采用波长为320~400 nm 的紫外光（被称为黑光）激发荧光磁粉的磁痕，产生波长为510~550 nm的黄绿色荧光。

许多原来在可见白光下不发光的物质，在紫外线的照射下却能够发光，这种现象称为光致发光。光致发光的物质，在外界光源移去后，经过很长时间才停止发光，这种光称为磷光，这种物质称为磷光物质；在外界光源移去后立即停止发光，这种光称为荧光，这种物质

称为荧光物质。由于荧光磁粉表面包覆一层荧光染料，当黑光照射到荧光磁粉上时，荧光物质便吸收黑光的能量，处于较低能级离原子核较近的轨道上的电子，受激发而跳跃到离原子核较远的轨道上去，使原子能量升高而处于激发状态。处在激发状态的原子很不稳定，其高能级上的电子要自发地跳跃到失去电子的较低能级上去，电子由高能级跳到低能级将发出一个光子，这个光子的能量等于高低能级的能量差，该光子的波长在510~550 nm范围内，发黄绿色的荧光。

1.8.3 紫外线

紫外线是指波长为100~400 nm的不可见光，其电磁波谱图位于可见光和X射线之间，如图1-37所示。不是所有的紫外线都可以用于荧光磁粉检测，只有波长为320~400 nm的黑光才能用于荧光磁粉检测。

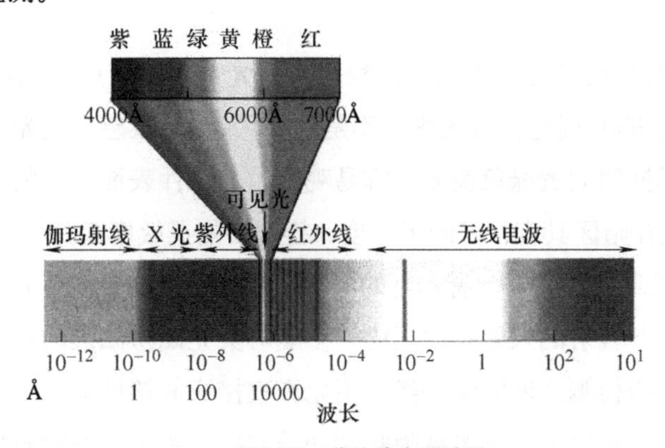

图1-37 紫外线电磁波谱

国际照明委员会把紫外线分成如下三个范围：

波长320~400 nm的紫外线称为UV—A、黑光或长波紫外线。UV—A 波长的紫外线适用于荧光磁粉检测，它的峰值波长约为365 nm。

波长280~320 nm的紫外线称为UV—B或中波紫外线，又叫红斑紫外线。UV—B具有使皮肤变红的作用，还可引起晒斑和雪盲，不能用于磁粉检测。

波长100~280 nm的紫外线称为UV—C或短波紫外线。UV—C具有光化和杀菌作用，能引起猛烈的烧伤，还伤害眼睛，也不能用于磁粉检测，医院使用UV—C 紫外线来杀菌。

1.8.4 人眼对光的响应

人眼对于波长<400 nm的辐射响应并不敏感，但是在不存在长波可见光情况下，人眼的敏感程度往往会提高。

在暗室中，平均照度为10 lx，暗室不可能达到完全黑暗，这是由于黑光灯本身产生一些蓝色或紫色的可见光，检测场所的一些荧光源，如检测人员的衣着也产生荧光。人眼对380~400 nm波长范围内的辐射变得很灵敏，几乎比亮光下的灵敏度高30倍。380~400 nm波长还会在眼中引起深蓝色的感觉，并大大提高蓝色范围405 nm波长黑光灯的灵敏度，在这种可见光下适应了黑暗的检测人员，可在检测场所来回走动，准确地进行检测。

在完全黑暗的暗室中，平均照度为1 lx，这是磁粉检测难得的环境，眼睛的灵敏度将提高800倍，且能对波长直至350 nm的光线作出响应。在本底水平较低时，人眼对波长较长的可见光存在更易于检测。

人眼瞳孔的尺寸随光线强度变化而变化并进行调整，故视觉灵敏度在不同光线强度下有所不同。如人的眼睛在强光下，对光强度的微小差别不敏感，而对颜色和对比度的差别辨别能力很高。在暗光下，人的眼睛辨别颜色和对比度的本领很差，却能看出微弱的发光物体或光源。因为在暗光下，眼睛的瞳孔会自动放大，能吸收更多的光。当人从明亮处进入暗区时，短时间内，眼睛看不见周围的东西，必须过一段时间才能看见，这种现象称为黑暗适应。进行荧光磁粉检测时，黑暗适应时间需要3~5 min，同样，从暗区到明亮的地方，也需要足够的恢复时间。

人的眼睛对各色光的敏感性是不同的，根据标准光度观测者的测定结果，只有波长为555 nm的黄绿色光，它的明视觉光谱光视效率是1，对人眼最敏感。荧光磁粉的磁痕在黑光的照射下，能发出色泽鲜明的黄绿色荧光，容易观察，与工件表面形成的紫色本底有很高的对比度，因而缺陷磁痕在暗区具有很好的可见度，检测缺陷灵敏度高。

磁粉检测人员佩戴眼镜观察磁痕有一定的影响，如光敏（光致变色）眼镜在黑光辐射时会变暗。由于变暗程度与辐射的入射量成正比，影响对荧光磁粉磁痕的观察和辨认，因此不允许使用。由于荧光磁粉检测区域的紫外线，不允许直接或间接地射入人的眼睛，所以为避免人的眼睛暴露在紫外线辐射下，可佩戴吸收紫外线的护目眼镜，它能阻挡紫外线和大多数紫光与蓝光。但应注意，不得降低对黄绿色荧光磁粉磁痕的检出能力。

2 磁化技术

2.1 磁化电流

在电场作用下，电荷有规则的运动形成电流。电流通过的路径称为电路，一般由电源、连接导线和负载组成。单位时间内流过导体某一截面的电量叫电流，用I表示，单位是安培（A）。

磁粉检测常用不同的电流产生磁场对工件进行磁化，这种电流称为磁化电流。由于不同电流随时间变化的特性不同，在磁化时所表现出的性质也不一样，因此在选择磁化设备与确定工艺参数时应考虑不同电流种类的影响。磁粉检测采用的磁化电流有交流电、整流电（包括单相半波整流电、单相全波整流电、三相半波整流电和三相全波整流电），其波形、电流表指示及换算关系如表2-1所示，电流有效值、峰值和平均值分别用符号I、I_m和I_d表示。其中最常用的磁化电流有交流电、单相半波整流电和三相全波整流电三种。

表2-1 磁化电流的波形、电流表指示及换算关系

电流类型	波形	电流表指示	换算关系	峰值为100 A时电流表读数/A
直流电	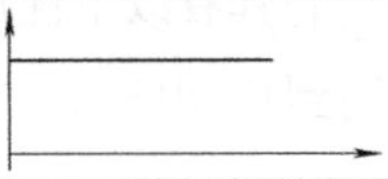	平均值	$I_m = I_d$	100
交流电	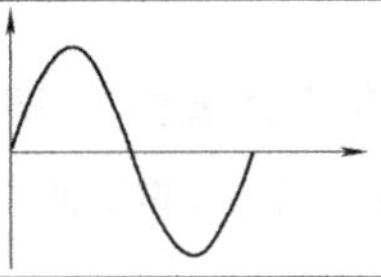	有效值	$I_m = \sqrt{2}I$	71
单相半波整流电	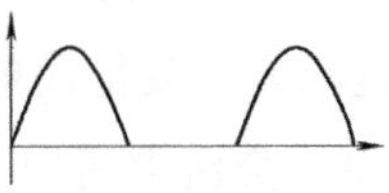	平均值	$I_m = \pi I_d$	32
单相全波整流电	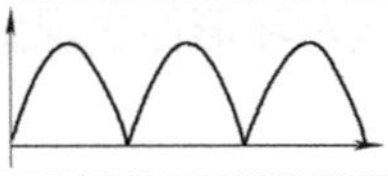	平均值	$I_m = \frac{\pi}{2}I_d$	64
三相半波整流电	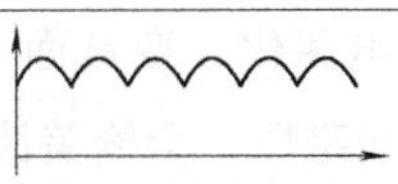	平均值	$I_m = \frac{2\pi}{3\sqrt{3}}I_d$	83
三相全波整流电	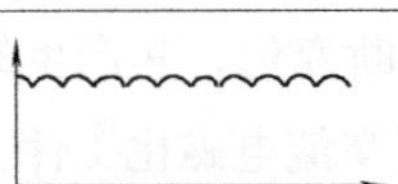	平均值	$I_m = \frac{\pi}{3}I_d$	95

2.1.1 交流电

大小和方向随时间按正弦规律变化的电流称为正弦交流电，简称交流电，用符号AC表示。

1. 趋肤效应

交变电流通过导体时，导体表面的电流密度较大而内部电流密度较小的现象称为趋肤效应（或集肤效应），如图2-1所示。这是由于导体在变化的磁场中因电磁感应而产生涡流，在导体表面附近，涡流方向与原来的电流方向相同，使电流密度增大；而在导体轴线附近，涡流方向则与原来的电流方向相反，使导体的电流密度减弱，如图2-2所示。

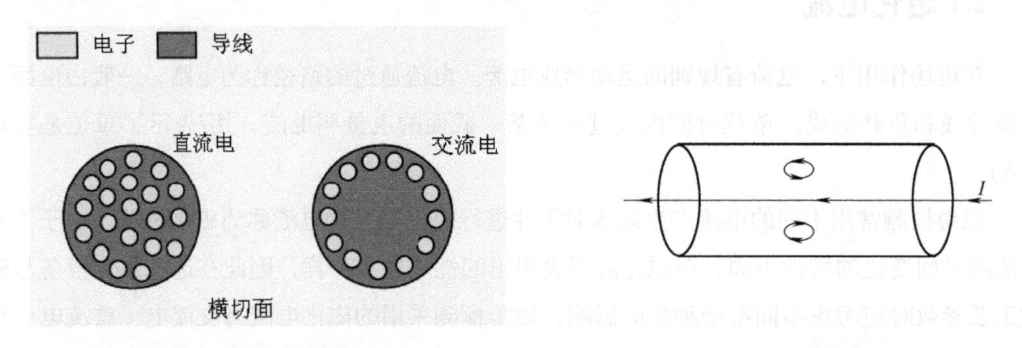

图2-1 直流电和交流电　　图2-2 趋肤效应

材料的电导率和相对磁导率增加时，或交流电的频率提高时，都会使趋肤效应更加显著。通常50 Hz交流电的趋肤深度，也称为交流电的渗入深度δ，大约为2 mm。

2. 交流电的优点

在磁粉检测中，交流电被广泛用于磁化工件，是由于它具有以下优点：

（1）电源设备结构简单。交流电源可以方便地输送到检测场所，交流检测设备不需要整流装置，结构简单。

（2）对表面缺陷检测灵敏度高。由于趋肤效应，在工件表面电流密度最大，磁通密度也最大，有助于表面缺陷产生漏磁场，从而提高了工件表面缺陷的检测灵敏度。

（3）易退磁。交流电磁化的工件，磁场集中在工件表面，用交流电容易将工件上的剩磁退掉；同时，由于交流电本身不断地变换方向，也使退磁方法变得简单、容易实现。

（4）能够实现感应电流法磁化。根据电磁感应定律，交流电可以在磁路里产生交变磁通，交变磁通又可以在回路里产生感应电流，可以方便地对环形件实现感应电流法磁化。

（5）可以实现多向磁化。

（6）磁化变截面工件时磁场分布较均匀。用交流电磁化，变截面工件表面上的磁场分布比较均匀；若用直流电磁化，截面突变处有较多的泄漏磁场，会掩盖该部位的缺陷显示。

（7）有利于磁粉的迁移。由于交流电的方向在不断变化，其产生的磁场方向也不断改变，这有利于扰动磁粉，利于磁粉向漏磁场处迁移。用交流电磁化工件，对在役工件表面疲劳裂纹的检测灵敏度高，而且设备简单轻便，有利于现场操作。

（8）交流电磁化时工序间可以不退磁。

3. 交流电的局限性

（1）剩磁法检测时受交流电断电相位影响。剩磁大小不稳定或偏小，易造成质量隐患，因此使用剩磁法检测的交流检测设备，一般应配备断电相位控制器。

（2）探测缺陷深度小。对于钢件ϕ1 mm的人工孔，交流电的探测深度，剩磁法约为1 mm，连续法约为2 mm。

4. 交流断电相位的影响

交流电的大小和方向随时间周期变化。当用剩磁法检测工件，在不同相位断电时工件中的剩磁也不同，有时大、有时小，甚至为零，易造成缺陷漏检。为了保证每次断电都能获得稳定的最大剩磁，因此用于剩磁法的交流检测设备，必须加装断电相位控制器，确保交流电一定在π或2π处断电，以保证检测结果。

2.1.2 直流电

直流电是磁粉检测应用最早的磁化电流，它的大小和方向都不变，用符号DC表示。直流电通常是通过蓄电池组或直流发电机供电的。使用蓄电池组，需要经常充电，电流大小调节和使用也不方便，退磁又困难，所以现在磁粉检测很少使用。

1. 直流电的优点

1）磁场渗入深度大（检测缺陷的深度最大）。

2）剩磁稳定，便于磁痕评定。

3）适用于镀铬层下裂纹的检测，以及闪光电弧焊中的近表面裂纹和焊接件根部的未焊透和未熔合的检测。

2. 直流电的局限性

1）退磁最困难。

2）不适用于干法检测。

3）退磁场大。

4）工序间要退磁。

2.1.3 整流电

整流电是通过对交流电整流而获得的，主要有单相半波整流电、单相全波整流电、三相半波整流电和三相全波整流电四种类型。四种类型电流中，按交流分量大小递减，排列顺序为：单相半波、单相全波、三相半波、三相全波；按检测缺陷深度大小排列顺序为：三相全波、三相半波、单相全波、单相半波。其中最常用的是单相半波和三相全波整流电。

1. 单相半波整流电

单相半波整流电是通过整流将单相正弦交流电的负向去掉，只保留正向电流，形成直流脉冲，每个脉冲持续半周，在各脉冲的时间间隔里没有电流流动，用符号HW表示。

单相半波整流电是磁粉检测中最常用的磁化电流类型之一，其优点和局限性分别为：

（1）优点　第一，兼有直流电的渗入性和交流电的脉动性。直流电能渗入工件表面下，单相半波整流电也具有这种性质，因此能检测工件表面下较深的缺陷。同时，由于单相半波整流电的交流分量较大，所产生的磁场具有强烈的脉动性，对表面缺陷检测也有一定的灵敏度。

第二，剩磁稳定。单相半波整流电所产生的磁场是同方向的，磁滞回线是非对称的，如图2-3所示。无论在何点断电，在工件上总会获得稳定的剩磁。

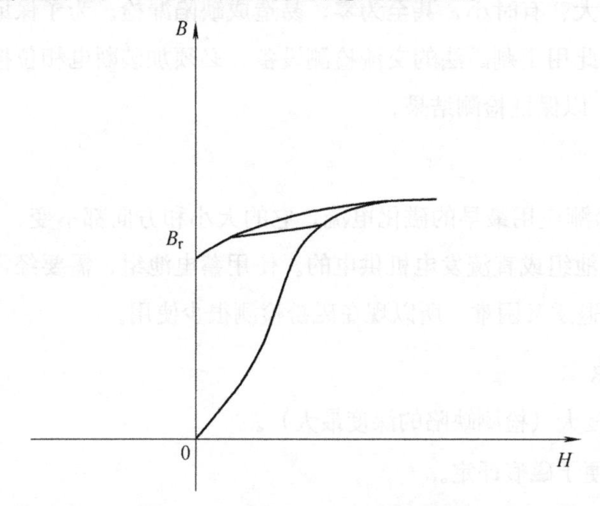

图2-3　单相半波整流电的磁滞回线

第三，有利于磁粉的迁移。单相半波整流电是单方向脉冲电流，可以搅动干磁粉，有利于磁粉的迁移，检测近表面气孔、夹杂和裂纹等缺陷的效果很好。

第四，能提供较高的灵敏度和对比度。单相半波整流电结合湿法检测对细小裂纹有一定的灵敏度。同时，由于磁场不过分集中于表面，所以即使采用较严格的磁化规范，缺陷上的磁粉堆积量也不会大量增加，所以缺陷轮廓清晰，本底干净，便于缺陷的观察和分析。

（2）局限性　第一，退磁困难，由于电流渗入深度大于交流电，所以较交流电退磁困难。

第二，其检测深度也不如三相全波整流电和直流电。

2. 三相全波整流电

三相全波整流电的各相正弦曲线的负向部分都倒转为正向，产生一个接近直流电的整流电，用符号FWDC表示。

三相全波整流电是磁粉检测最常用的磁化电流类型之一，其优点和局限性分别为：

（1）优点 第一，具有很大的渗透性和很小的脉动性。三相全波整流电已接近直流电，磁场具有很大的渗入性，可以检测近表面埋藏较深的缺陷。同时，因交流分量很小，所以只有很小的脉动性。

第二，剩磁稳定。

第三，适用于检测焊接件、带镀层工件、铸钢件和球墨铸铁毛坯的表面和近表面缺陷。

第四，设备需要输入的功率小。

（2）局限性 第一，退磁困难、退磁场大。用三相全波整流电或直流电磁化的工件，如果用交流电退磁，只能将表层的剩磁去掉，内部仍然有剩磁存在。要彻底退磁，就要使用超低频或直流换向衰减退磁设备，设备复杂，退磁效率低。

第二，变截面工件磁化不均匀。在工件截面变化处会产生磁化不足或过量磁化，磁化不均匀。

第三，不适用于干法检测。

第四，周向和纵向磁化的工序之间一般要退磁。

2.1.4 冲击电流

冲击电流一般是由电容器充放电而获得的电流。一般情况下，只有在需要的磁化电流值特别大，常规设备又不能满足时，才使用冲击电流。

使用冲击电流的优点是探伤机可以做得很小，但需要输出的磁化电流却很大。其局限性是只适用于剩磁法磁粉检测，因为通电时间很短，一般是1/100 s，所以在通电时间内完成施加磁粉并向缺陷处的迁移很困难。

2.1.5 磁化电流的选用原则

（1）交流电的渗入深度，小于整流电和直流电。

（2）用交流电磁化湿法检测，对工件表面微小缺陷检测灵敏度高。

（3）整流电流中包含的交流分量越大，检测近表面较深缺陷的能力越小。

（4）单相半波整流电磁化干法检测，对工件近表面缺陷的检测灵敏度高。

（5）三相全波整流电可检测工件近表面较深的缺陷。

（6）冲击电流只能用于剩磁法检测和专用设备。

（7）直流电可检测工件缺陷的深度最深。

（8）交流电磁化连续法检测主要与有效值电流有关，而剩磁法检测主要与峰值电流有关。

2.2 磁化方法

磁粉检测的能力，不仅取决于外加磁场的大小和缺陷的延伸方向，还与缺陷的位置、大小和形状等因素有关。磁粉检测时，当磁场方向与缺陷延伸方向垂直时，缺陷处的漏磁场最大，检测灵敏度最高。当磁场方向与缺陷延伸方向平行时，不产生磁痕显示，即使存在缺陷也检测不出来。由于工件中的缺陷有各种方向的取向，难以预知，因此应根据工件的几何形状，采用不同的方法进行周向、纵向或多向磁化，以便在工件上建立不同方向的磁场，发现各个方向上的缺陷，于是就产生了各种不同的磁化方法。

选择磁化方法应考虑的因素有：工件尺寸的大小；工件的外形结构；工件的表面状态。并根据工件过去断裂的情况和各部位的应力分布，分析可能产生缺陷的部位和方向，选择合适的磁化方法。

2.2.1 磁化方法的分类

根据建立磁场的方向分为：周向磁化、纵向磁化、复合磁化或多向磁化、辅助磁化等，所谓周向和纵向，是相对被检工件上的磁场方向而言的。

（1）周向磁化　是指给工件直接通电，或者通电导体贯穿空心工件孔，在工件中产生一个环绕工件的，并与工件轴向垂直的周向磁场的方法，主要发现与工件轴线平行的缺陷及与工件轴线夹角小于45°的缺陷。周向磁化一般无磁极产生，即没有退磁场，如图2-4所示。

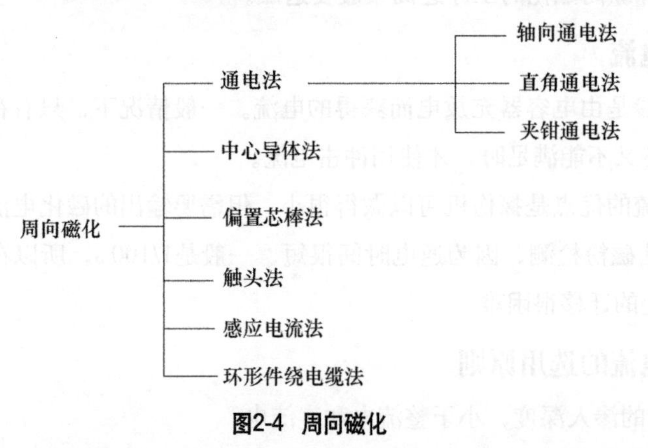

图2-4　周向磁化

（2）纵向磁化　是指将电流通过环绕工件的线圈，沿工件长度方向磁化方法，磁化后工件中的磁力线平行于线圈的中心轴线。用于发现与工件轴向垂直的缺陷及与工件轴线夹角大于45°的缺陷。纵向磁化一般都有磁极产生，如图2-5所示。

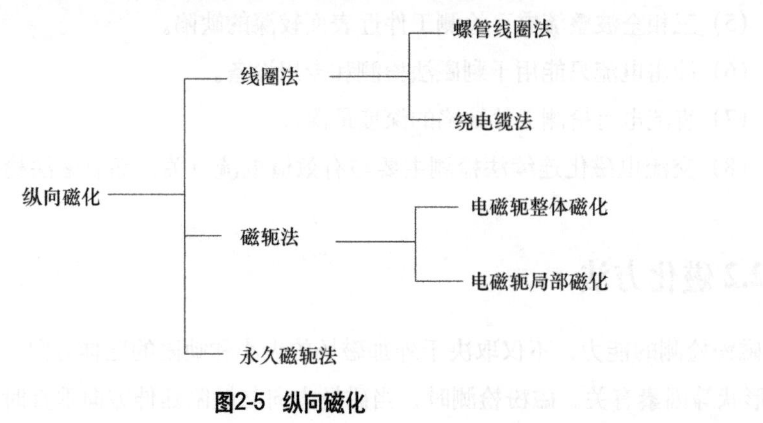

图2-5　纵向磁化

（3）多向磁化　是指通过复合磁化，在工件中产生一个大小和方向随时间成圆形、椭圆形或螺旋形变化的磁场。由于磁场方向在工件上不断地变化，因此可以发现工件上各个方向的缺陷，如图2-6所示。

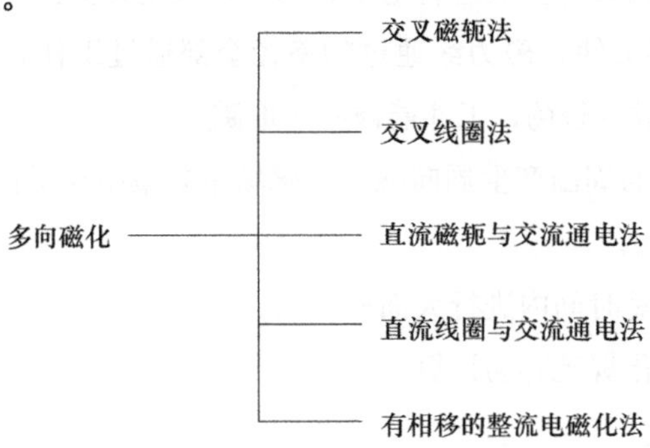

图2-6　多向磁化

（4）辅助磁化　是指将通电导体置于工件受检部位而进行局部磁化的方法，如近体导体法和铜板磁化法，仅用于常规磁化方法难以磁化的工件和部位，一般情况下不推荐使用。

2.2.2 各种磁化方法的特点

1. 周向磁化

（1）直接通电法　直接通电法是使电流直接流过工件，相当于通电导体的磁场。它在工件表面产生周向磁场，因而可以检测出与电流流向（工件轴线）平行的缺陷，如图2-7所示。这种方法适合于检测实心和空心的销、轴类工件，如棒材、管材、轴类、销类及杆件等结构形式的工件中的纵向缺陷。

电流垂直于工件轴向通过的方法，称为直角通电法；若工件不便于夹持在探伤机两夹头之间时，可采用夹钳通电法，如图2-8所示，夹钳通电法不适用于大电流磁化。

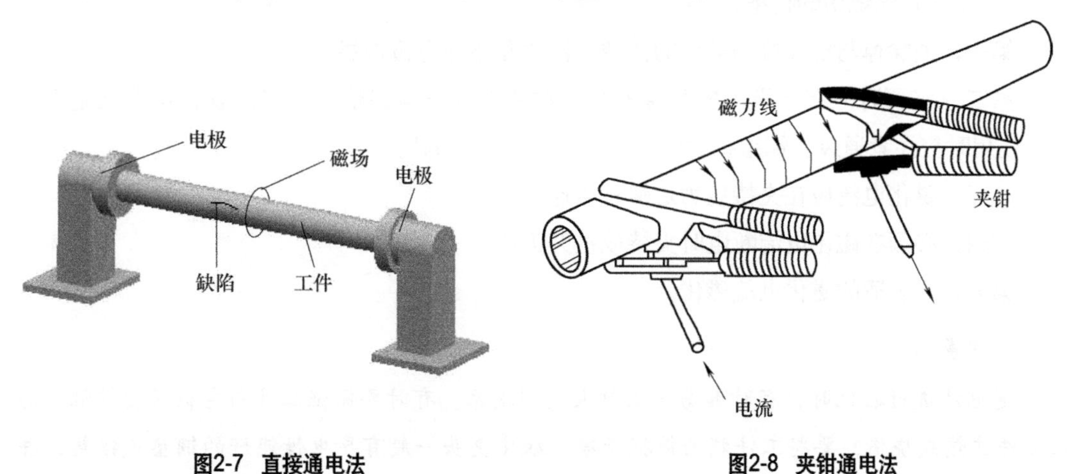

图2-7　直接通电法　　　　图2-8　夹钳通电法

1）直接通电法的优点：

第一，工艺方法简单，检测效率高。

第二，对于简单工件，一次通电即可对工件进行磁化。

第三，对于形状复杂工件，也可通过多次通电对工件进行磁化。

第四，两端通电即可对工件全长进行通电，与工件长度无关。

第五，如果是圆柱形工件，磁力线通过的路径全部通过工件，磁场封闭在工件的轮廓内，不形成磁极，也不形成退磁场，工件能被有效地磁化。

第六，整个电流通路的周围产生周向磁场，磁场主要集中在工件的表面和近表面，有利于表面、近表面缺陷的检出。

第七，用大电流可在短时间内进行大面积磁化。

第八，对简单工件磁化规范容易计算。

第九，检测灵敏度高。

2）直接通电法的缺点：

第一，电极和工件接触不良时，会产生电弧烧伤工件。

第二，空心工件内表面的磁感应强度为零，所以不能检测空心工件内表面缺陷。

第三，对于细长工件，夹持时工件容易变形。

第四，由于电流直接流过工件，为达到检测所需要的磁场强度，电流一般较大，因此通电时间不宜过长。

3）轴向通电法产生打火烧伤的原因主要有：

第一，工件与两磁化夹头接触不良，如有铁锈、氧化物及脏物。

第二，磁化电流过大。

第三，夹持压力不足。

第四，在磁化夹头通电时夹持或松开工件。

4）预防打火烧伤的措施：

第一，消除掉与电极接触部位的铁锈、油漆和不导电覆盖层。

第二，必要时应在电极上安装接触垫，如铅垫或铜编织垫；应当注意，铅蒸气是有害的，使用时应注意通风，铜编织物仅适用于冶金上允许的场合。

第三，磁化电流应在夹持压力足够时接通。

第四，必须在磁化电流断电时夹持或松开工件。

第五，用合适的磁化电流磁化。

注意事项：

通电法进行磁化时，有时容易产生打火烧伤现象。有时要保证工件与电极紧密接触，防止工件过热或烧伤，要将工件端面擦拭干净；磁化夹头一般有导电性能好的铜垫或铅垫，并注意及时更换。磁化规范：$I=HD/320$。

如果不是圆柱截面，则计算当量直径D=周长/π。

如果是变截面工件，直径采用最大直径计算磁化电流（小直径部分灵敏度高），如果截面变化太大，可分两次磁化。

(2) 中心导体法　中心导体法是将导体穿入空心工件的孔中，并置于孔的中心，电流从导体上通过，形成周向磁场，所以又叫电流贯通法、穿棒法和芯棒法。由于是感应磁化，中心导体法可用于检查空心工件内、外表面与电流平行的纵向不连续性和端面的径向不连续性，如图2-9所示。空心件用直接通电法不能检查内表面的不连续性，因为内表面的磁场强度为零。但用中心导体法能更清晰地发现工件内表面的缺陷，因为内表面比外表面具有更大的磁场强度。

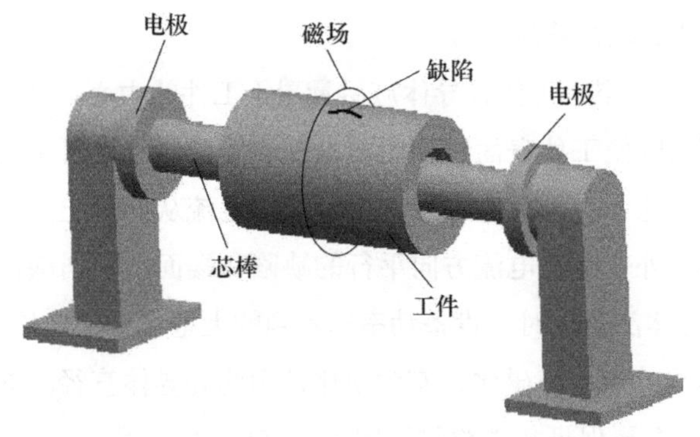

图2-9　中心导体法

注意：穿棒法导体材料一般用铜棒或铝棒，当采用钢棒时，应避免与工件接触而产生磁泻。

中心导体法用交流电进行外表面检测时，会在筒形工件内产生涡电流I_e，因此工件的磁场是中心导体中的传感电流I_t和工件内的涡电流I_e产生的磁场的叠加。由于涡电流有趋肤效应，因此导致工件内、外表面检测灵敏度相差很大，给磁化规范的确定带来困难。

国内有资料介绍，对某一规格铜管分别通交、直流电磁化，为达到管内、外表面相同大小的磁场，通直流电时二者相差不大，而通交流电时，检测外表面时的电流值将会是检测内表面电流值的2.7倍，因此，用中心导体法进行外表面检测时，一般不用交流电而尽量使用直流电和整流电。

对于一端有封头（亦称盲孔）的工件，可将铜棒穿入盲孔中，铜棒为一端，封头作为另一端（保证封头内表面与铜棒端头有良好的电接触），夹紧后进行中心导体法磁化。

对于内孔弯曲的工件，可用软电缆代替铜棒进行中心导体法磁化。

中心导体材料通常采用导电性能良好的铜棒，也可用铝棒。在没有铜棒采用钢棒作中心导体磁化时，应避免钢棒与工件接触产生磁泻，所以最好在钢棒表面包上一层绝缘材料。

1）中心导体法的优点：

第一，磁化电流不从工件上直接流过，不会产生电弧。

第二，在空心工件的内、外表面且端面都会产生周向磁场。

第三，重量轻的工件可用芯棒支撑，多个工件可穿在芯棒上一次磁化。

第四，一次通电，工件全长都能得到周向磁比。

第五，工艺方法简单、检测效率高。

第六，有较高的检测灵敏度，因而是最有效、最常用的磁化方法之一。

2）中心导体法的缺点：

第一，对于厚壁工件，外表面缺陷的检测灵敏度比内表面低很多。

第二，仅适用于有孔工件的检测。

中心导体法适用于管子、管接头、空心焊接件和各种有孔的工件，如轴承圈、空心圆柱、齿轮、螺帽及环形件的磁粉检测。

(3) 偏置芯棒法　对于空心工件，导体应尽量置于工件的中心，若工件直径太大，探伤机所提供的磁化电流不足以使工件表面达到所要求的磁场强度时，可采用偏置芯棒法磁化，即将导体穿入空心工件的孔中，并贴近工件内壁放置，电流从导体上通过形成周向磁场，用于局部检测空心工件内、外表面与电流方向平行的缺陷和端面的径向缺陷。偏置芯棒法如图2-10所示，适用于中心导体法检测时，设备功率达不到的大型环形磁粉检测。

偏置芯棒法采用适当的电流值磁化，有效磁化范围约为导体直径d的4倍。检测时要转动工件，以检测整个圆周，并要保证相邻检测区域至少有10%的重叠。

(4) 支杆法（触头法）　支杆法（触头法）是用两个活动电极将电流通入工件中，在电流的周围产生磁场。支杆法（触头法）产生的磁场是一个畸变的周向磁场，凡和磁场方向垂直的缺陷都有较高的检测灵敏度。由于电流流过工件易烧伤工件，因此不适合表面粗糙度要求高的工件，如图2-11所示。

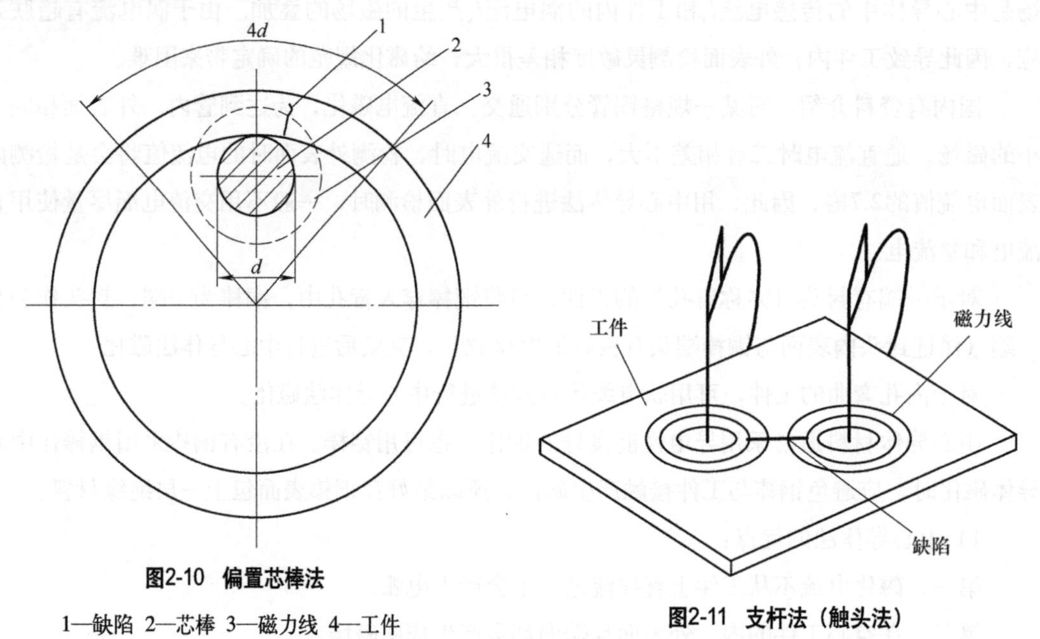

图2-10　偏置芯棒法

1—缺陷　2—芯棒　3—磁力线　4—工件

图2-11　支杆法（触头法）

支杆电极尖端材抖宜用铅、钢或铝，最好不用铜，以防铜沉积于被检工件表面而影响材料的性能。

电极间距一般要求为75~200 mm，触头周围25 mm为磁化盲区，因为在触头附近25 mm范围内，电流密度过大，会产生过度背景，有可能掩盖相关显示。触头间距也不宜过大，因为间距增大，电流流过的区域就变宽，使磁场减弱，磁化电流必须随着间距的增大相应地增加。在两触头的连线上，产生的磁场强度最大，越远离该连线，磁场强度越小。支杆法的有效的磁化区域为（*d*–50）× *d*/2，有效磁化范围还可以通过实测工件表面磁场强度或用标准试片上的磁痕显示来验证，如图2-12所示。

1）支杆法的优点：

第一，设备轻便，可携带到现场检测，灵活方便。

第二，可将周向磁场集中在经常出现缺陷的局部区域进行检测（检测灵敏度高）。

2）支杆法的缺点：

第一，一次磁化只能检测较小的区域。

第二，接触不良会引起工件过热和打火烧伤。

第三，大面积检测时，要求分块累积检测，效率较低。

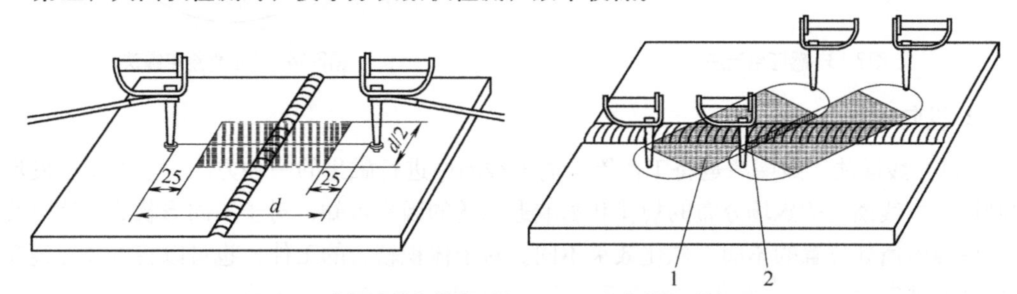

图2-12 支杆法的有效检测区（阴影）和有效区域的覆盖

注：1为磁场检测区，2为重合区。

（5）感应电流法 感应电流法是将铁心插入环形工件内，把环形工件当作变压器的二次绕组，通过铁心中磁通量的变化，使交变磁场在工件上产生感生周向电流，从而磁化工件的方法。这种方法，工件不与电源装置接触，也不受机械压力，适合检测薄壁环形工件，如图2-13所示。

感应电流与磁通量的变化率成正比。只有激磁绕组容量大，铁心面积也足够大才能感应产生足够的磁化电流，在工件表面产生足够大的磁化场。工件表面的磁场强度与环形工件径向尺寸成反比，与宽度关系不大。

1）感应电流法的优点：

第一，非电接触可避免烧伤工件。

第二，工件不受机械压力，不会产生变形。

第三，能有效地检出环形工件内、外圆周方向的缺陷。

感应电流法适用于薄壁环形工件、齿轮和不允许产生电弧烧伤的工件的磁粉检测。

（6）环形件绕电缆法　环形件绕电缆法是用软电缆穿绕环形件，通电磁化，形成沿工件圆周方向的周向磁场，用于发现与磁化电流平行的横向缺陷，如图2-14所示。

1）环形件绕电缆法的优点：

第一，由于磁路是闭合的，无退磁场产生，容易磁化。

第二，非电接触，可避免烧伤工件。

2）环形件绕电缆法的缺点：

第一，效率低，不适用于批量检测。

第二，环形件绕电缆法适用于尺寸大的环形件的磁粉检测。

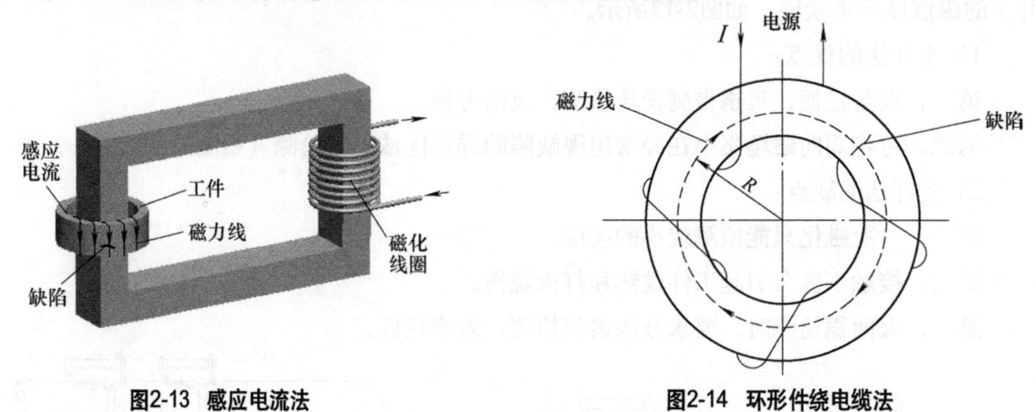

图2-13　感应电流法　　图2-14　环形件绕电缆法

2. 纵向磁化

（1）线圈法　线圈法是将工件置于通电线圈中进行磁化的一种方法，主要用于发现横向缺陷。由线圈内的磁场分布的规律和影响退磁场的因素可知，对于不同形状的工件以及工件在线圈中所处位置的不同，磁化效果不同。对于体积较大的工件，也可以将电缆缠绕在工件的外面进行磁化。

线圈法包括螺管线圈法和绕电缆法两种，如图2-15所示。

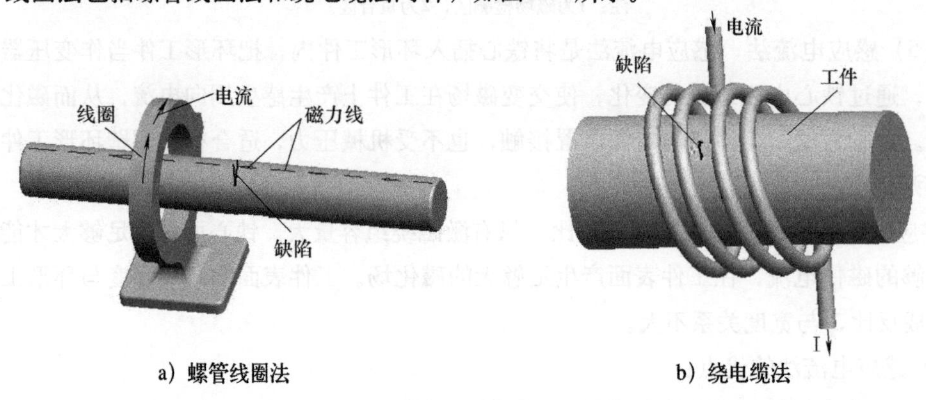

a）螺管线圈法　　b）绕电缆法

图2-15　线圈法

1）线圈法纵向磁化的要求：

第一，线圈法纵向磁化，会在工件两端形成磁极，因而产生退磁场，工件在线圈中磁化与工件的长度L和直径D之比（L/D）有密切关系，L/D越小越难磁化，所以一般要求$L/$

$D \geqslant 2$，ISO 9934和GB/T 15822要求采用螺管线圈时，$L/D<5$时，推荐采用磁性延伸块。

第二，工件的纵轴平行于线圈的轴线。

第三，可将工件紧贴线圈内壁放置磁化。

第四，长工件应分段磁化，并有10%的重叠区域。

第五，工件置于线圈中开路磁化，能够获得满足磁粉检测磁场强度要求的区域称为线圈的有效磁化区。线圈的有效磁化区是从线圈端部向外延伸150mm的范围，超过150mm以外区域、磁化强度应采用标准试片确定。

第六，对于不能放进螺管线圈的大型工件，可采用绕电缆法进行磁化。

2）线圈法的优点：

第一，非接触，方法简单。

第二，大型工件可采用绕电缆的方法。

第三，较高的检测灵敏度。

3）线圈法的缺点：

第一，受L/D的影响。

第二，工件端面的缺陷检测灵敏度低，但可采用“快速断电法”进行弥补。

三相全波整流电磁化线圈，磁化长条形工件时，磁场在线圈横截面上分布不均匀，在其轴线附近变化较为平缓，靠近内壁变化增大。在线圈端部和端部外附近，磁场的径向分量很大，对工件磁化时，这部位的磁感应线外溢较严重，有可能造成工件端部（有效磁化区端部）磁化不足，此时可采用快速断电的方法来补偿。

快速断电：快速切断施加于线圈中的三相全波整流电，使通过工件中的磁场迅速消逝为零，在工件内部形成非常大的低频涡流，同时在工件表面建立一种封闭的环形磁场，称为“快速断电效应”。利用这种效应，有利于检测工件端面的径向不连续。

(2) 磁轭法　磁轭法是将线圈围绕在磁心周围，然后用磁心磁化工件的一种方法，用固定式电磁轭两磁极夹住工件进行整体磁化，或用便携式电磁轭两磁极接触工件表面进行局部磁化，即磁轭法又分为整体磁化和局部磁化，如图2-16所示，用于发现与两磁极连线垂直的缺陷。在磁轭法中，工件是闭合磁路的一部分，由于是用磁极间对工件感应磁化，所以磁轭法也称为极间法，属于闭路磁化。

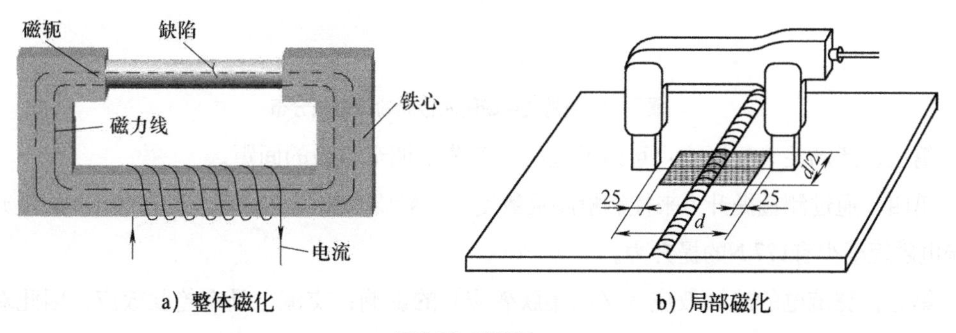

a）整体磁化　　b）局部磁化

图2-16　磁轭法

1）采用整体磁轭法要注意：

第一，磁极截面要大于工件截面，只有磁极截面大于工件截面时，才能获得较好的检测效果。相反，工件中便得不到足够的磁化，在使用直流电磁轭时比交流电磁轭时更为严重。

第二，工件与电磁轭之间应无空气间隙，空气间隙会降低磁化效果。

第三，磁极间距>1 m时，磁化效果不好，工件不能得到必要的磁化。

第四，形状复杂且较长的工件，不宜采用整体磁化。

磁轭法局部磁化时，电磁轭的两磁极与工件接触，使工件得到局部磁化。两磁极间的磁力线大体上平行两磁极的连线，有利于发现与两磁极连线垂直的缺陷。

2）局部磁轭法时要注意：

第一，有效磁化范围的确定：磁极间距一般为75～200 mm，有效的磁化区域为（d–50）× d/2。磁极周围有25 mm的磁化盲区，因为磁极附近25 mm范围内，磁通密度过大会产生过度背景，有可能掩盖相关显示。在磁路上总磁通量一定的情况下，由于工件表面的磁场强度随着两极间距的增大而减小，所以磁极间距也不能太大。

第二，工件上的磁场分布：磁极周围的磁场强度最大，不适合用于磁粉检测。在两磁极的连线上，产生的磁场强度最大，越远离该连线，磁场强度越小，如图2-17所示。

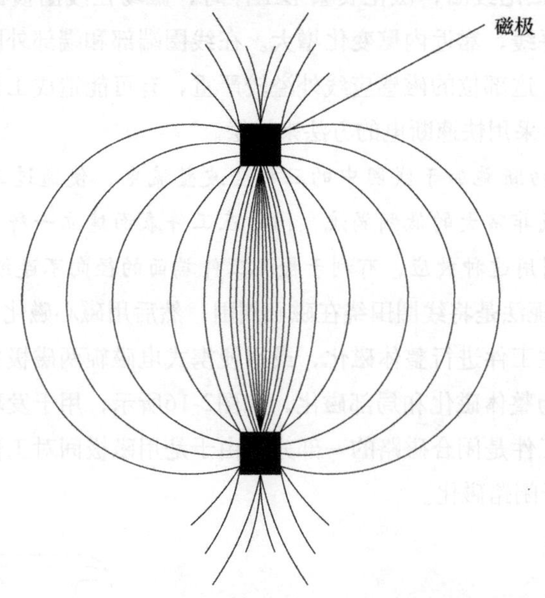

图2-17　便携式电磁轭两极间的磁力线分布

第三，活动关节的影响：可以通过活动关节来调节磁极的间距。

第四，通过测量提升力来控制检测灵敏度，一般要求交流电磁轭至少有44.1 N的提升力，直流电磁轭至少有177 N的提升力。

第五，交流电的趋肤效应（又叫集肤效应）的影响：交流电具有趋肤效应，因此对表面缺陷有较高的灵敏度，又因交流电方向在不断地变化，使交流电磁轭产生的磁场方向也不断地变化，这种方向变化可扰动磁粉，有助于磁粉迁移，从而提高磁粉检测的灵敏度。

第六，直流电对近表面的灵敏度较高：直流电磁轭产生的磁场能渗入工件表面较深，有利于发现较深层的缺陷。

第七，直流电磁轭不适用厚工件的检测（表面灵敏度低），因为在同样的磁通量时，探测深度越大，磁通密度就越低，测量工件表面的磁场强度和在A1型标准试片上的磁痕显示往往都达不到要求，尤其在厚钢板中比在薄钢板中这种现象更明显，如图2-18所示。为此建议，对厚度大于6 mm的工件不要使用直流电磁轭检测。

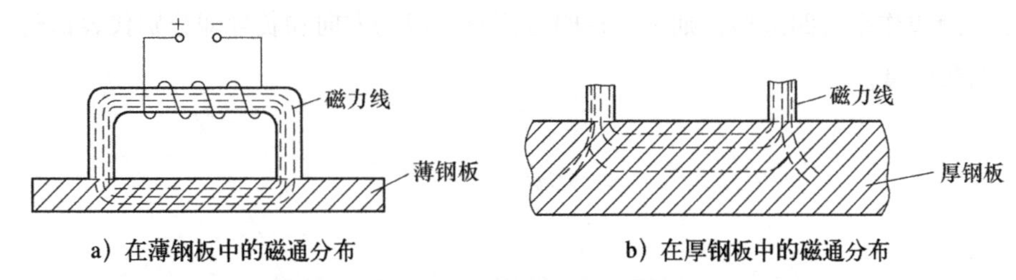

a）在薄钢板中的磁通分布　　b）在厚钢板中的磁通分布

图2-18　整流电磁轭在钢板中的磁通分布

一般说来，工件表面和近表面缺陷的危害程度较内部缺陷要大得多，所以对工件进行磁粉检测时，多采用交流电磁轭。但对于薄壁（小于6 mm）工件来说，利用直流电磁轭既可发现较深层的缺陷，又兼顾表面及近表面缺陷的检测，弥补了交流电磁轭的不足，所以对于小于6 mm的薄壁工件，常采用直流电磁轭。

3）磁轭法的优点：

第一，非电接触。

第二，改变磁轭方位，可发现任何方向的缺陷。

第三，便携式磁轭可带到现场检测，灵活方便。

第四，可用于检测带涂层的工件（当涂层厚度允许时）。

第五，检测灵敏度较高。

4）磁轭法的缺点：

第一，几何形状复杂的工件检测比较困难。

第二，磁轭必须放到有利于缺陷检测的方向。

第三，用便携式磁轭一次磁化只能检测较小的区域，大面积检测时，要求分区域累积，效率很低。

第四，磁轭磁化时应与工件接触良好，尽量减小间隙的影响。

（3）永久磁轭法　永久磁铁可用于对工件局部磁化，适用于无电源和不允许产生电弧（即存在易燃易爆物品）的场所。它的缺点是在检测大面积工件时，不能提供足够的磁场强度，不易得到清晰的磁痕显示，磁场强度大小也不能调节。由于永久磁铁磁场强度太大时，吸在工件上难以取下来，磁极上吸附的磁粉不容易消除掉，还易把缺陷磁痕弄模糊，所以使用永久磁铁磁化一般需要得到批准。

3. 磁场叠加和复合磁化

（1）平行四边形法则　当对工件进行磁化时，实际上就是在工件表面建立起一个磁场，磁场的方向和大小与磁化电流或磁化方式有关。当用不同的磁化方法同时对工件磁化时，工件表面会存在多个不同的磁场，分别与各自的磁化方法相对应。这些不同的磁场会按照平行四边形法则相互叠加，最终合并成一个磁场。工件表面实际的磁场，是这些磁场叠加后的结果。图2-19给出了两个磁场相互叠加时的平行四边形法则：以某时刻两磁场的磁场强度矢量为两边作平行四边形，则该平行四边形对角线的方向和长度即分别代表该时刻复合磁场的方向和强度。

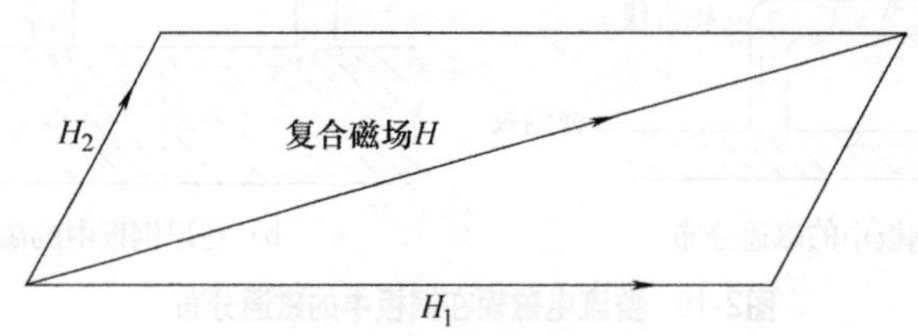

图2-19　磁场叠加示意

(2) 复合磁化　复合磁化是指同时使用两种或两种以上的磁化方法对工件进行磁化，磁场的方向随时间的变化而变化，从而可检测出各个不同方向的缺陷。

常用的复合磁化方法有两种，即旋转磁场法和摆动磁场法。

1）旋转磁场：在相互垂直的方向上分别进行交流磁化，两磁化方式会在工件表面建立起两个相互垂直的交流磁场，其方向和强度都随时间变化。由于相位不同，两磁场叠加后的合成磁场的方向会随时间的变化而变化。如果两磁场的频率相同，相位差恒定，合成磁场会在两交流磁场决定的平面内旋转，形成圆形或椭圆形磁场，如图2-20所示。特别是，当两交流磁场的幅度相等，相位差为90° 时，复合磁场会在一个圆内旋转，对任何方向的缺陷检测效果都一样。

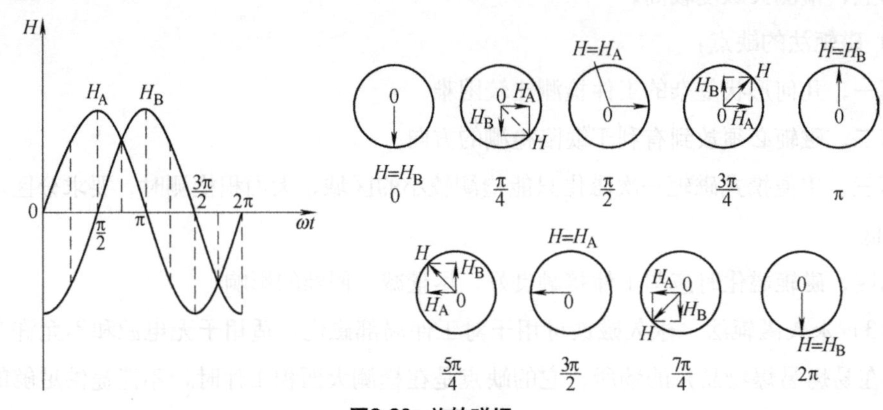

图2-20　旋转磁场

交叉磁轭是旋转磁场的典型应用。电磁轭有两个磁极，进行磁化只能发现与两极连线垂直的和成一定角度的缺陷，对平行于两极连接方向缺陷则不能发现。使用交叉磁轭，如图2-21所示，可在工件表面产生旋转磁场。这种多向磁化技术可以检测出非常小的缺陷，因为在磁化循环的某时刻都使磁场方向与缺陷延伸方向相垂直，所以一次磁化可检测出工件表面所有方向的缺陷，检测效率高。

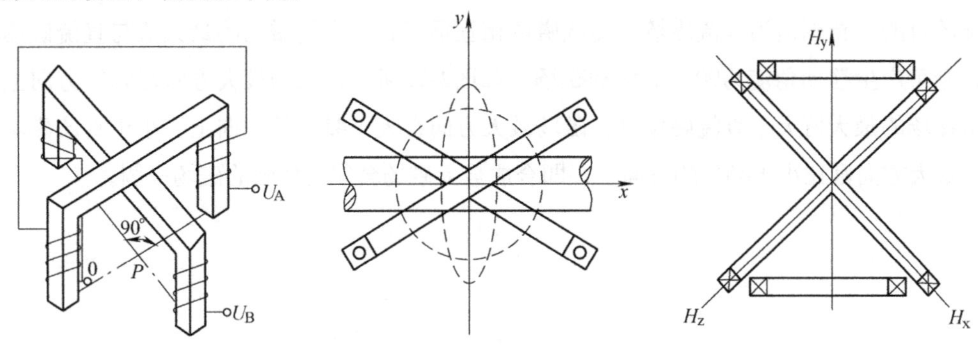

图2-21 交叉磁轭和交叉线圈

交叉磁轭的正确使用方法是：

第一，交叉磁轭磁化检测只适用于连续法，必须采用连续移动的方式进行工件磁化，且边移动交叉磁轭进行磁化，边施加磁悬液。最好不采用步进式的方法移动交叉磁轭。

第二，为了确保灵敏度和不会造成漏检，磁轭的移动速度不能过快，不能超过标准规定的每分钟4 m的移动速度，可通过标准试片上的磁痕显示来确定。当交叉磁轭的移动速度过快时，对表面裂纹的检测影响不是很大，但是对近表面裂纹，即使是埋藏深度只有零点几毫米，也难以形成缺陷磁痕。

第三，磁悬液的施加至关重要，必须在有效磁化范围内始终保持润湿状态，以利于缺陷磁痕的形成。尤其对有埋藏深度的裂纹，由于磁悬液的喷洒不当，会使已经形成的缺陷磁痕被磁悬液冲刷掉，造成缺陷漏检。

第四，磁痕观察必须在交叉磁轭通过后立即进行，避免已形成的缺陷磁痕遭到破坏。

第五，交叉磁轭的外侧也存在有效磁化场，可以用来磁化工件，但必须通过标准试片确定有效磁化区的范围。

第六，交叉磁轭磁极必须与工件接触好，特别是磁极不能悬空，最大间隙应≤1.5 mm，否则会导致检测失效。

交叉磁轭磁化的优点、缺点及适用范围：

第一，交叉磁轭磁化的优点：一次磁化不仅可检测出工件表面任何方向的缺陷，而且检测灵敏度和效率都很高。

第二，交叉磁轭磁化适用于大面积板和对接焊缝的磁粉检测。

第三，交叉磁轭磁化的缺点：不适用于剩磁法磁粉检测，操作要求严格。

交叉线圈是旋转磁场的另一个应用，空间内两个或者三个频率相同的磁场，相位差恒定，合成磁场会在空间内旋转，形成球形或椭球形磁场。

2）摆动磁场：如果在工件某一方向上进行直流（或整流）磁化，另一方向进行交流磁化时，工件表面的两磁场一个为直流（或单向变化）磁场，另一个为交流磁场，复合后的磁场为摆动磁场。复合磁场会在交流磁场的两个正负方向之间摆动，达到对不同取向缺陷进行检测的目的。特别是当直流磁场和交流磁场相互垂直，且交流磁场的最大值与直流磁场相同时，则可产生摆动角度为90°的摆动磁场，如图2-22所示，磁场最大方向在45°方向上。当交流磁场的最大值大于直流磁场时，磁场最大方向在大于45°的方向上，小于直流磁场时，磁场最大方向则在小于45°的方向上，即合成最大磁场会偏向较强的磁场一侧。

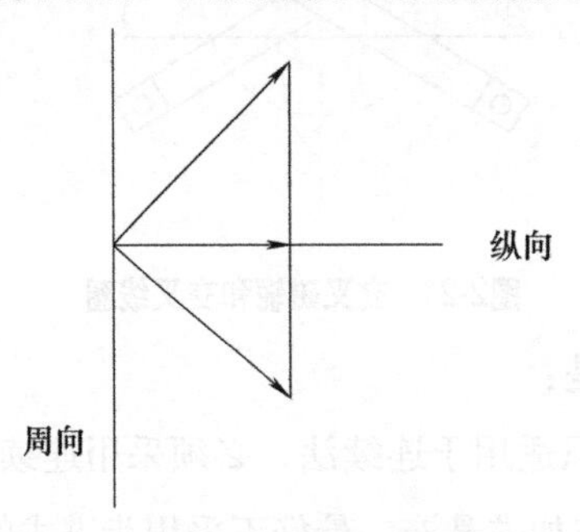

图2-22 摆动磁场

纵向直流磁化和周向交流磁化的复合：工件用直流电磁轭进行纵向磁化，并同时用交流通电法进行周向磁化，其原理及特点如图2-23所示，在某一瞬时间，工件不同部位的磁场大小和方向并不相同，可用于发现工件上任何方向的缺陷。

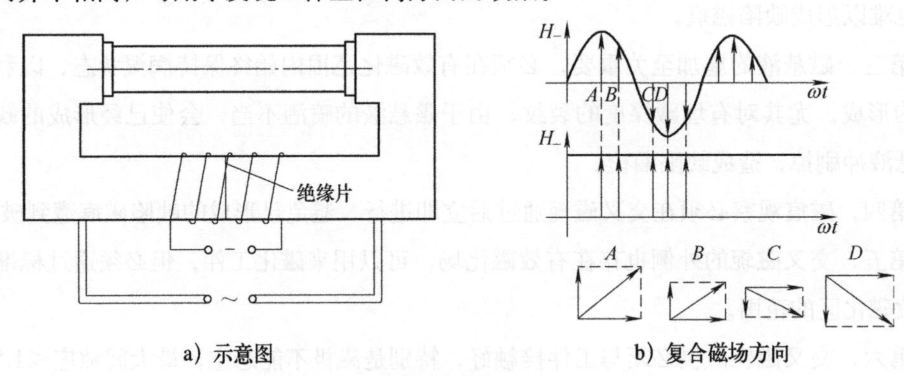

a）示意图　　b）复合磁场方向

图2-23 纵向直流和周向交流的磁化

4. 辅助磁化

（1）近体导体法　近体导体法是将导体放在被检部位附近进行局部磁化的方法，如图2-24所示，用于发现与导体平行的缺陷。使用此方法时应注意：①导体应紧邻被检工件表面或焊缝边缘。②返回电流的导体应尽量远离受检表面，以防止不同方向的磁场互相抵消。③导体应绝缘并防止与工件接触。

近体导体法的优点是：①与工件非电接触，避免了工件的烧伤或机械损伤。②检测范围大。它的缺点是：近体导体法虽能在被检工件中产生感应磁场，但由于磁力线的一部分通过空气闭合，并可能与缺陷的延伸方向平行，只能检测出部分纵向缺陷，所以使用应经过允许，并应进行试验。

(2) 铜板平行磁化法　有些工件，采用通电法磁化时，在夹持处易产生变形或通电时尖端容易烧损，所以可以采用将原铜板放在两磁化夹头之间夹紧，再将被检工种排列在铜板上后，对铜板通电磁化，如图2-25所示，亦可检测出工件上下表面部分纵向缺陷。它与近体导体法一样，不能保证把工件上所有缺陷都检测出来。为了提高磁化效果，可以在铜板背面镶嵌一块电磁软铁，被磁化工件厚度也不能太大。

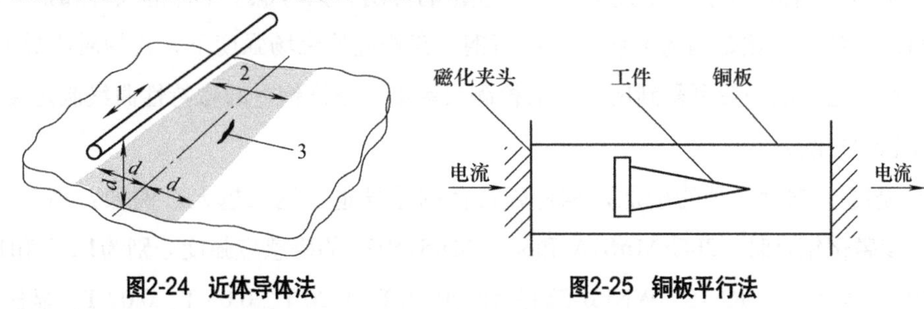

图2-24　近体导体法　　**图2-25　铜板平行法**

注：d为导体到工件表面的间距，1为电流，2为磁化区域，3为不连续。

2.3 磁化规范

2.3.1 国内磁化规范及其制定

对工件磁化，选择磁化电流值或磁场强度应遵循的规则称为磁化规范，磁粉检测应使用既能检测出所有的有害缺陷，又能区分磁痕显示的最小磁场进行检测。因磁场强度过大易产生过度背景，会掩盖相关显示；磁场强度过小，磁痕显示不清晰，难以发现缺陷。

1. 制定磁化规范应考虑因素

首先根据工件的材料、热处理状态和磁特性，确定采用连续法还是剩磁法检测，制定相应的磁化规范；还要根据工件的尺寸、形状、表面状态和要检出缺陷的种类、位置、形状及大小，确定磁化方法、磁化电流种类和有效磁化区，制定相应的磁化规范。显然这些变动因素范围很大，对每个工件制定一个精确的磁化规范进行磁化是困难的。但是人们在长期的理论探讨和实践经验的基础上，摸索出将磁场强度控制在一个较合理的范围内，使工件得到有效磁化的方法。

2. 制定磁化规范的方法

制定磁化规范的方法主要有经验数据法、磁场测量法、标准试块法、磁特性曲线法。

(1) 经验数据法　对于工件形状规则的，磁化规范可用经验公式计算，例如：据经验，对某种材料，工件的$B=0.8$ T，可发现各种缺陷。连续法：$H=2400$ A/m，$B=0.8$ T；剩磁法：$H=8000$ A/m，$B=0.8$ T。

（2）磁场测量法　用特斯拉计测量工件表面的切向磁场强度，凡能产生2.4~4.8 kA/m磁场强度的磁化电流，可以代替经验公式算出的电流值。该方法比较可靠。

（3）标准试片法　该方法是使标准灵敏度试片磁痕显示的磁化电流，优点是简单、直观、快捷，尤其是对于形状复杂的工件，难以用计算法求得磁化规范时，把标准试片贴在被磁化工件不同部位，可确定大致的磁化规范。标准试片也可用于局部检测。缺点是只表明试片材质和刻槽的漏磁场达到灵敏度要求，不表明工件表面磁场强度达到要求，更不表明可发现同样大小的缺陷。

（4）磁特性曲线法　上述制定磁化规范的方法，只考虑了工件的尺寸和形状，而未考虑材料的磁特性，这是因为大多数工程用钢，在相应的磁场强度下，其相对磁导率均在240以上，用上述方法一般可得到所要求的检测灵敏度。根据钢材的磁特性曲线制定磁化规范是比较理想的方法。

但是随着钢材品种的增加，钢材磁特性的差异也会越来越大。例如：用2400 A/m的磁场强度磁化钢材时，30CrMnSiA 和30CrMnSiNi2A的磁感应强度分别为1.3 T和1.2 T，而65Si2WA、WNi-3、9Cr18、WNiSi-5则分别为0.66 T、0.20 T、0.05 T、0.02 T。显然，它们用同规范磁化是不合适的，并不能保证大体上一致的检测灵敏度。因此，对于那些与普通结构钢的磁特性差别较大的钢材，最好是在测绘它的磁特性曲线后制定磁化规范，方可获得理想的检测灵敏度。

利用钢材的磁特性曲线制定周向磁化规范时，可将磁特性曲线分成五个区域（初始磁化区、激烈磁化区、近饱和区、基本饱和区、饱和区），如图2-26所示。对于标准磁化规范：连续法所用的磁场强度一定要大于$H_{\mu m}$，保证工件表面的切向磁场强度达到2400 A/m，磁化到饱和磁感应强度的80%左右，剩磁法要磁化到基本饱和（$H_2 \sim H_4$）。对于严格磁化规范：连续法要磁化到接近饱和（$H_1 \sim H_2$），保证工件表面的切向磁场强度达到4800 A/m，剩磁法要磁化到饱和（H_3以后）。

总之，一般周向磁化时，剩磁法所用的磁场强度约为连续法的3倍。

一般周向磁化规范的分级如表2-2所示。

表2-2　周向磁化规范的分级

规范类型	磁感应强度选择
放宽规范	连续法：$B=B_{\mu m}$激烈饱和区
	剩磁法：$B=0.9B_s$基本饱和区
标准规范	连续法：$B=0.8B_s$近饱和区
	剩磁法：$B=B_s$饱和区
严格规范	连续法：$B=0.9B_s$基本饱和区
	剩磁法：$B=B_s$饱和区

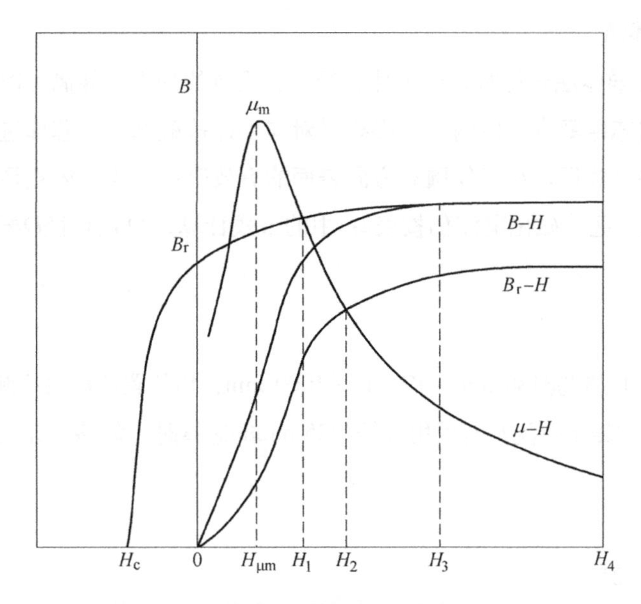

图2-26　按磁特性曲线制定磁化规范

2.3.2 各种方法的磁化规范

1. 轴向通电法和中心导体法磁化规范

轴向通电法和中心导体法的磁化规范如表2-3所示，中心导体法可用于检测工件内、外表面与电流平行的纵向缺陷和端面的径向缺陷。外表面检测时应尽量使用直流电或整流电。

磁化规范公式的来源：磁感应强度$H=I/(\pi D)$。一般钢材H_1=1360~3680 A/m，H_2=2400~6400 A/m，H_3=6400~12 000 A/m，H_m=14 880~16 000 A/m，因此有表2-3所示规范。

表2-3　轴向通电磁化法和中心导体法磁化规范

检测方法	磁化电流计算公式	
	AC	FWDC
连续法	I=（8~15）D	I=（12~32）D
剩磁法	I=（25~45）D	I=（25~45）D

注：I为磁化电流，单位为A；圆柱形工件D为工件直径，单位为mm；对于非圆柱形工件，D为工件截面上的最大尺寸，或取当量直径D=周长/π，单位为mm。

例题：

有一截面为50 mm × 50 mm，长为1000 mm 的方钢，要求工件表面磁场强度为8000 A/m，求所需的磁化电流值。

解：

当量直径$D=50 \times 4/\pi$ mm ≈ 64 mm

$I=8000 \times 64/320$ A=1600 A

2. 偏置导体法

当采用中心导体法磁化时，若工件直径大、设备的功率不能满足时，可采用偏置芯棒法磁化。应依次将芯棒紧靠工件内壁（必要时对与工件接触部位的芯棒进行绝缘）停放在不同位置，以检测整个圆周。在工件圆周方向表面的有效磁化区为芯棒直径d的4倍，并应有不小于10%的磁化重叠区。磁化电流仍按表2-3中的公式计算，只是直径D要按芯棒直径加两倍工件壁厚之和计算。

例题：

有一钢管，规格为ϕ180 mm×17 mm×1000 mm，用偏置芯棒法检测管内、外壁的纵向缺陷，应采用多大的磁化电流？若采用直径为25 mm的芯棒时，需移动几次才能完成全部表面的检测?

解：

芯棒直径D=25 mm，

当采用直流电或整流电连续法时I=（12~32）×（25+2×17）A=708~1888 A

又因为检测范围为$4D$=4×25 mm=100 mm

钢管外壁周长$L=\pi\phi$=3.14×180 mm≈570 mm

考虑到检测区10%的重叠，所以完成全部表面的检测需移动芯棒次数为

$$N=\frac{L}{4D(1\text{-}10\%)}=\frac{570}{100\times0.9}\approx6.3$$

取整数N=7

3. 支杆法

支杆间距L：一般控制在75~200 mm之间。

有效磁化宽度：触头中心线的两侧1/4间距。

磁化区域：两次磁化间应不少于10%的磁化重叠区。连续法检测的磁化规范按表2-4计算。

表2-4 支杆法（触头法）磁化规范

工件厚度/mm	磁化电流计算公式/A
T<19	I=（3.5～4.5）L
T⩾19	I=（4～5）L

注：I为磁化电流，单位为A；L为两触头间距，单位为mm。

4. 线圈法

（1）用连续法检测的线圈法磁化规范　一般线圈法的有效磁化区是从线圈两端向外延伸150 mm的范围内，超过150 mm之外区域，磁化强度应采用标准试片确定。当被检工件太长时，应进行分段磁化并且应有一定的重叠区。重叠区应不小于分段检测长度的10%，检测时，磁化电流应根据标准试片实测结果来确定。

第一，低填充系数——线圈横截面积与被检工件横截面积之比≥10时

工件置于线圈内壁：

$$IN = \frac{K}{L/D} \tag{2-1}$$

当电流为FWDC（三相全波整流电）时：K=45 000

当电流为HW（单相半波整流电）时：K=22 000

当电流为AC（交流电）时：K=32 000

式中　N——为线圈匝数；

L——为工件长度（mm）；

D——为工件直径或横截面上任意两点之间的最大距离（mm）。

工件置于线圈中心：

$$IN = \frac{1690}{6(L/D)-5} \tag{2-2}$$

式中　N——为线圈匝数；

L——为工件长度（mm）；

D——为工件直径或横截面上任意两点之间的最大距离（mm）。

第二，高填充系数——线圈横截面积与被检工件横截面积之比≤2时

工件置于线圈中心：

$$IN = \frac{35000}{L/D+2} \tag{2-3}$$

式中　N——为线圈匝数；

L——为工件长度（mm）；

D——为工件直径或横截面上任意两点之间的最大距离（mm）。

第三，中填充系数——线圈横截面积与被检工件横截面积之比>2且<10时

$$IN = (IN)_h \frac{10-Y}{8} + (IN)_l \frac{Y-2}{8} \tag{2-4}$$

式中　$(IN)_h$——由（2-3）计算出的安匝数；

$(IN)_l$——由（2-1）或（2-2）计算出的安匝数。

Y——填充因数线圈横截面积与被检工件横截面积之比。如线圈直径为200 mm，工件为棒料，直径为100 mm，则Y=（$200^2 \times \pi$）/（$100^2 \times \pi$）= 4，为中填充因数。

注：填充因数的计算，无论工件是实心或空心工件，截面积为总的横截面积。

关于L/D中的直径D，若工件为实心件圆柱体，D为外直径。若为其他形状，D为横截面最大尺寸。若工件为空心件，应采用有效直径D_{eff}代替。

对于中空的非圆筒形工件，D_{eff}的计算如下。

$$D_{eff} = 2\sqrt{\frac{A_t - A_h}{\pi}} \tag{2-5}$$

式中　A_t——工件总的横截面积（mm^2）；

A_h——工件中空部分的横截面积（mm^2）。

对于中空的圆筒形工件，D_{eff}的计算如下。

$$D_{\text{eff}} = 2\sqrt{D_0^2 - D_i^2} \tag{2-6}$$

式中　D_0——圆筒外直径（mm）；

D_i——圆筒内直径（mm）。

式（2-1）和式（2-2）在$L/D>2$时有效；当$L/D<2$时，应在工件两端连接与被检工件材料接近的磁极块以使$L/D>2$或采用标准试片实测来决定电流值。当$L/D \geqslant 15$时，L/D值仍按15计算。

式（2-1）和式（2-4）中的电流I为放入工件后的电流值。

（2）用剩磁法检测的线圈法磁化规范　剩磁法应用较少，但对于紧固件，如螺栓螺纹根部的横向缺陷应采用线圈磁化剩磁法检测。因为紧固件螺栓螺纹用的材料经过淬火后，其剩磁和矫顽力值一般都符合剩磁法检测的条件。如果用连续法检测，螺纹本身就相当横向裂纹，纵向磁化后，螺纹吸附磁粉形成的过度背景，使缺陷难以观察，所以宜采用剩磁法检测。

进行剩磁法检测时，考虑L/D的影响，推荐采用空载线圈中心的磁场强度应不小于表2-5所列的数值。

表2-5　空载线圈中心的磁场强度值

L/D	磁场强度/$kA \cdot m^{-1}$
＞2~5	28
＞5~10	20
＞10	12

5. 磁轭法

磁轭法磁化时，两磁极间距一般控制在75~200 mm之间，两次磁化间应有≥10%的磁化重叠区。

磁轭法磁化时，检测灵敏度可根据标准试片上的磁痕显示和电磁轭的静重提升力来确定，当两磁极间距为50~150 mm时，交流电磁轭至少应有44.1 N的提升力，直流电磁轭至少应有177 N的提升力。

＞6 mm 的厚板工件，建议不要采用直流电磁轭磁化。

交叉磁轭至少应有88 N的提升力（也有标准要求是118 N），或用其他方法验证磁化规范。

6. 感应电流法

感应电流法的磁化规范可用下式计算：

连续法磁化　　$I=5C$　　(2-7)

剩磁法磁化　　$I=16C$　　(2-8)

式中　I——变压器输入电流（A）；

C——工件径向截面周长（mm）。

感应电流法磁化规范也可用标准试片上磁痕显示或用毫特斯拉计测量工件表面切向磁场强度来验证。

2.3.3 ISO 9934标准关于磁化规范的要求

（1）轴向通电法和穿过导体法磁化规范　所需电流I由下式给出：

$$I=Hp \tag{2-9}$$

式中　I——电流（A）；

　　p——工件周长（mm）；

　　H——切向场强（kA/m）。

对于截面变化的工件，只有在工件截面的最大值与最小值之比小于1.5：1的情况下，才能以单一电流值来磁化。以单一电流值进行磁化时，电流值应根据最大截面来确定。

（2）触头法磁化规范　在检测触头法的矩形被检区域时，有效电流I由下式给出：

$$I=2.5Hd \tag{2-10}$$

式中　I——电流（A）；

　　d——触头间距（mm）；

　　H——切向场强（kA/m）。

此式所适用的最大d值为200mm。

另外，该检测区域也可以是两触头间的内切圆，但分别不包括距两个触头25 mm范围的区域，这时：

$$I=3Hd \tag{2-11}$$

只有在被检表面的曲率半径大于触头间距的一半时，上述两式才可用。

（3）感应电流　所需电流I_{ind}由下式给出：

$$I_{ind}=Hp \tag{2-12}$$

式中　I_{ind}——电流（A）；

　　p——工件（截面）周长（mm）；

　　H——切向场强（kA/m）。

对于截面变化的工件，只有在工件截面的最大值与最小值之比小于1.5：1的情况下，才能以单一电流值来磁化。以单一电流值进行磁化时，电流值应根据最大截面来确定。

注：感应电流不能轻易地通过初级电流计算得出。

（4）近体导体　为了达到所要求的磁化，电缆安放时应使其中心线与被检表面距离为d。

有效的检测区域为电缆中心线两侧各d的范围，电缆中所需电流有效值为：

$$I=4\pi dH \tag{2-13}$$

式中　I——电流有效值（A）；

d——电缆与被检表面的距离（mm）；

H——切向场强（kA/m）。

当检测圆柱形工件或支管接头（如：管座与集箱焊缝）的圆弧状拐角时，电缆可缠绕在支管或工件表面，并且可紧密地绕数圈。在这种情况下，被检表面距电缆或线圈的距离应在d范围内，这时$d=NI/(4\pi H)$，NI为安匝数。

（5）刚性线圈　当工件截面小于线圈截面的10%，并且工件靠近线圈内壁沿轴向放置时，应采用下列计算式，每次检测应按线圈长度递进。

$$IN=\frac{0.4HK}{L/D} \tag{2-14}$$

式中　N——线圈有效匝数；

I——电流（A）；

H——切向场强（kA/m）；

D——圆形截面工件的长度与直径之比（当工件为非圆形截面时，D=周长/π）；

K——22 000，适用于交流电（有效值）和全波整流电（平均值）；

K——11 000，适用于半波整流电（平均值）。

注：当工件长径比$L/D>20$时，L/D取20。

对于短工件（$L/D<5$），用上式会导致很大电流。为使电流最小化，应使用延长块以增加工件有效长度。

（6）柔性线圈　用直流或整流电来达到所需磁化时，电缆中电流有效值应至少为

$$I=3H[T+(Y^2/4t)] \tag{2-15}$$

式中　I——电流有效值（A）；

H——切向场强（kA/m）；

T——工件壁厚，或者为实心圆形件的半径（mm）；

Y——线圈相邻两匝的间距（mm）。

用交流电来达到所需磁化时，电缆中电流有效值应至少为：

$$I=3H[10+(Y^2/40)] \tag{2-16}$$

3 磁粉检测设备

3.1 磁粉探伤机的命名方法

磁粉检测设备是产生磁场、对工件实施磁化并完成检测工作的装置，是磁粉检测中不可缺少的部分。磁粉检测设备通常称为磁粉探伤机。采用统一的磁粉探伤机标准命名方法，能够比较直观地了解磁粉探伤机的主要性能。

GB/T 32196—2015《无损检测仪器　型号编制方法》明确规定了各类产品型号编制规则及型号如表3-1所示。

表3-1　各类产品型号组成

Ⅰ（小类）		Ⅱ（组）		Ⅲ（型）		Ⅳ（主参数）		仪器名称
名称	代号	名称	代号	名称	代号	主要规格	单位	
磁粉探伤仪	C	直流	Z	固定（卧）式	W	额定周向磁化电流	A	直流磁粉探伤机
				移动式	D	额定周向磁化电流	A	移动式直流磁粉探伤机
				携带式	X	额定周向磁化电流	A	携带式直流磁粉探伤机
		交流	J	固定（卧）式	W	额定周向磁化电流	A	交流磁粉探伤机
				移动式	D	额定周向磁化电流	A	移动式交流磁粉探伤机
				携带式	X	额定周向磁化电流	A	携带式交流磁粉探伤机
				磁轭式	E	产品序号		磁轭式交流磁粉探伤机
		交直流两用	E	固定（卧）式	W	额定周向磁化电流	A	交直流两用磁粉探伤机
				移动式	D	额定周向磁化电流	A	移动式交直流两用磁粉探伤机
				携带式	X	额定周向磁化电流	A	携带式交直流两用磁粉探伤机
		半波整流	B	固定式	G	额定周向磁化电流	A	半波整流磁粉探伤机
				移动式	D	额定周向磁化电流	A	移动式半波整流磁粉探伤机
				携带式	X	额定周向磁化电流	A	携带式半波整流磁粉探伤机
		半波整流	Q	固定式	G	额定周向磁化电流	A	全波整流磁粉探伤机
				移动式	D	额定周向磁化电流	A	移动式全波整流磁粉探伤机
				携带式	X	额定周向磁化电流	A	携带式全波整流磁粉探伤机
		多种	D	固定式	G	额定周向磁化电流	A	多用磁粉探伤机
				移动式	D	额定周向磁化电流	A	移动式多用磁粉探伤机
				携带式	X	额定周向磁化电流	A	携带式多用粉探伤机
		旋转磁场	X	固定式	G	产品序号		旋转磁场磁粉探伤机
				移动式	D	产品序号		移动式旋转磁场磁粉探伤机
				携带式	X	产品序号		携带式旋转磁场粉探伤机

如CJW—4000型为交流固定式磁粉探伤机，额定周向磁化电流为4000 A； CJE—1为磁轭式交流磁粉探伤机，产品序号为1。

3.2 磁粉检测设备的分类

磁粉检测设备分类方法有很多，通常按组合方式可分为一体型和分立型两种；按设备的重量和可移动性分为固定式、移动式、便携式；按照用途功能可分为通用设备、专用设备。

一体型磁粉探伤机是将磁化电源、磁化装置、夹持装置、磁悬液喷洒装置、照明装置和退磁装置等部分组成一体的检测设备，有时还包括上下料、监控系统、摄影拍照等辅助装置。分立型磁粉检测装置是将各部分按照功能单独分立的装置，在检测时组合成系统使用，有时也会将两个或多个装置组合成一个单元。

固定式、专业检测设备通常属于一体型的，使用操作方便；移动式和便携式探伤机一般采用分立式，便于携带、移动和在室外、高空等场合作业。

3.2.1 固定式磁粉探伤机

这是一类安装在固定工作场所的磁粉探伤机，体积和重量都比较大。其额定磁化电流一般从1000~10 000 A，这类探伤机能进行通电法、中心导体法、感应电流法、线圈法、磁轭法整体磁化或复合磁化等，并带有照明装置、磁悬液搅拌和喷洒装置、退磁装置、夹持工件的磁化夹头和放置工件的工作台及格栅，适用于中小型工件的检测。固定式磁粉探伤机大多使用交流电，对于采用直流电的设备多数是用低电压大电流经过整流得到。随着电流的增大，设备的输出功率、外形尺寸和重量都相应增大。

在固定式探伤机中应用最多的是将各个主要部分，如：磁化电源、夹持装置、磁粉施加装置、观察装置、退磁装置等都紧凑地安装在一台设备上，也有根据实际情况需要，将磁粉探伤机中的各组成部分，按功能制成单独的分立的装置，在检测时组成系统使用，分立装置一般包括磁化电源、夹持装置、退磁装置、断电相位控制器等。

探伤机的夹头距离可以调节，以适应不同长度工件的夹持和检查。但是，所能检查的工件长度及最大外形尺寸受到磁化夹头的最大间距和夹头中心高的限制。

固定式磁粉探伤机通常用于湿法检查。探伤机有储存磁悬液的容器及搅拌用的液压泵和喷枪。喷枪上有调节的阀门，喷洒压力和流量可以调节。特殊情况下，设备还需配有支杆触头和电缆，以便对难于搬上工作台的大型工件实施支杆通电法或电缆缠绕法检测。

图3-1为部分探伤机采用交流电流的磁化原理。

随着电子技术的发展，国内外磁粉探伤机普遍采用了晶闸管整流技术和计算机或可编程序控制器（PLC）程控技术，使得磁粉探伤机体积向小型化、多功能化方向发展。大功率直流磁化装置、快速断电控制器、强功率紫外线灯、高稳定性LED紫外线灯及高亮度荧光磁粉的应用，使得固定式设备应用更为广泛，一些原来由人工控制的磁化电流调节及喷淋系统已

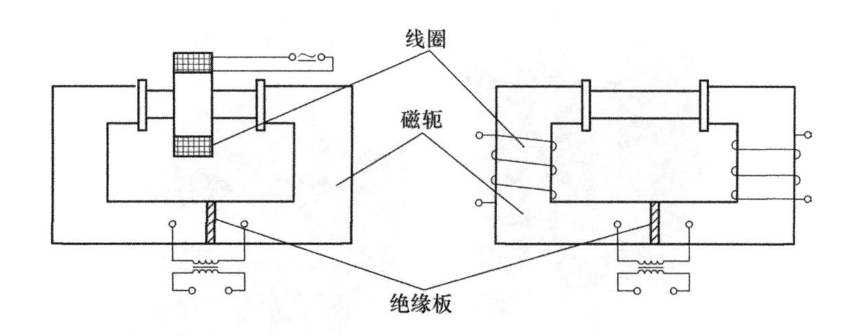

a）交流周向和线圈纵向磁化　　b）交流周向和磁轭纵向磁化

图3-1 磁化原理

实现自动控制，计算机化的数据采集和激光扫查组件在国外也开始使用。

常见的国产通用固定式磁粉探伤机有CJW、CEW、CXW、CZQ等多种形式，如图3-2所示。它们的功能比较全面，能采用多种方法对工件实施检查，但与专用半自动探伤机相比较，检测效率不如后者。

图3-2 固定式磁粉探伤机

3.2.2 移动式磁粉探伤机

移动式磁粉探伤机（见图3-3）与固定式探伤机相比较，具有体积小、重量轻，以及有较大的灵活性和良好的适应性的优点。能在许可范围内自由移动，便于适应不同检测需求的需要。移动式磁粉探伤机的磁化电流和退磁电流一般为500~8000 A，磁化电流可采用交流电和半波整流电，主体是一个用晶闸管控制的磁化电源，配合使用的附件为触头、电磁轭（或磁化线圈）、软电缆等，能进行通电法、线圈法、触头法等磁化方式。设备装有滚轮或配有移动小车，主要检查对象为不易搬动的大型工件。如对大型铸锻件及多层式高压容器环焊缝或管壁焊缝的质量检查。

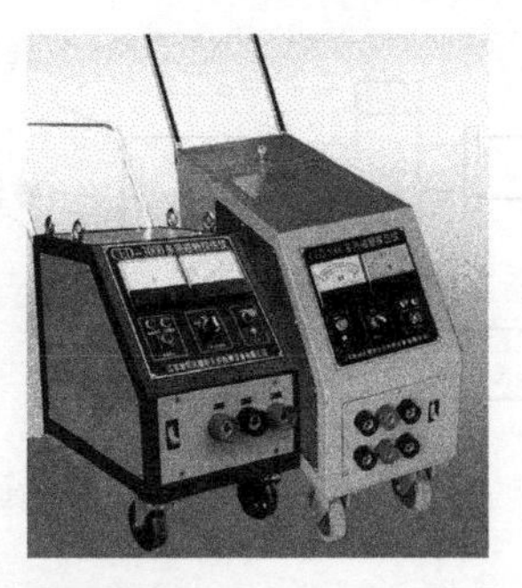

图3-3　移动式磁粉探伤机

3.2.3 便携（携带）式磁粉探伤机

便携式磁粉检测设备一般称磁粉探伤仪或便携式磁粉探伤仪，又可称为便携式磁粉探伤机，如图3-4所示。相比较移动式探伤机，其体积更小，重量更轻，可随身携带，使用更灵活，额定磁化电流一般为500~2000 A。这类探伤机适用于现场、高空和野外作业，一般多用于机车车辆配件和焊缝、飞机现场检测、锅炉和压力容器的焊缝检测，以及大中型工件的局部检测。便携式设备以磁轭法为主，也有用支杆触头方法的。磁轭有“Π”形及十字交叉旋转磁轭等多种，也有采用永久磁铁磁轭形式的。

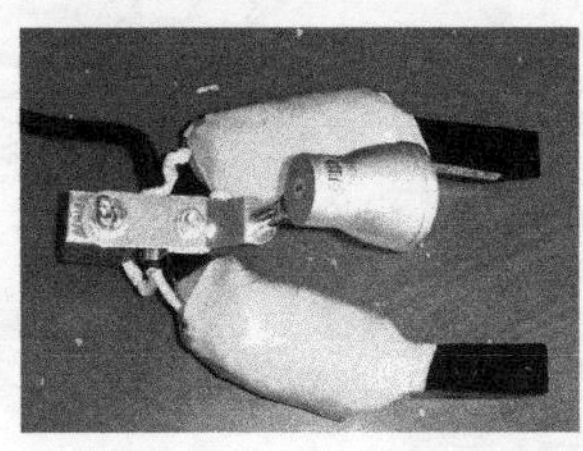
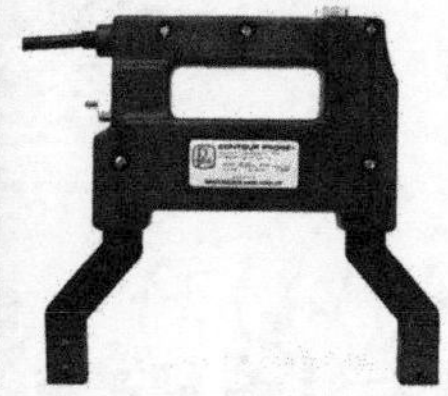

a）便携式电磁轭

b）交叉式电磁轭

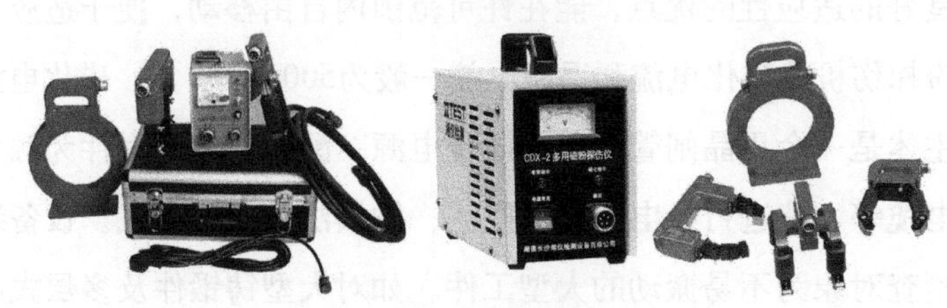

c）典型便携式设备

图3-4　便携式磁粉探伤机

（1）便携式电磁轭　又称马蹄形电磁铁，将线圈缠绕在U形铁心上，使用磁轭置于工件上，并给线圈通电，对工件实施局部磁化。要检查工件上不同方向的缺陷时，采用在同一位置实施两次相互垂直的交叉换位磁化、检查的方法进行。磁轭的两极间距一般是可调的，可以适应不同工件被检面的宽度。铁心由硅钢片叠成，磁极有活动关节，可以调整间距。

电磁轭有直流、交流电励磁两种，以安匝数和磁轭极间工件表面的磁场值表示，但通常都是以磁轭的提升力来表示。

电磁轭设备小巧轻便，不会烧损工件，对工件的形状没有严格的要求，应用较广。

（2）交叉磁轭　双磁极的电磁轭只能发现与两极连线成一定角度的缺陷，而且最少要进行两个方向的磁化，采用多磁极交叉磁轭磁化，只要一次检测，就可发现全方位的缺陷，提高检查速度。适用于大型构件的焊缝检测。相位相差90°产生圆形旋转磁场，相位相差120°产生椭圆形旋转磁场。为方便检测，在四个磁极上装有小滚轮，可在工件上既方便滚动，又可以保证磁极与工件的间隙（≤1.5 mm）。

这种仪器特别适合于大型钢结构件的平面检查，平板焊缝的检查，如：压力容器、船舶焊缝等。被检查过的表面随着磁轭的继续推进，有自动退磁的效果。

（3）永久磁轭型　永久磁轭用于没有电源的场合，由于磁场无法调节，而且磁化时不容易从工件取下来，因此应用较少。

（4）支杆型（小型磁粉探伤机）　磁化电源通过电缆与支杆连接，可采用局部磁化，功用与移动式基本相同，只是仪器更为轻便，受体积限制，磁化电流较移动式小，限于1000～2000 A。

3.2.4 专用及半自动磁粉探伤机

半自动磁粉检测设备多为专用的一体化固定磁粉探伤机，如图3-5所示。此类设备是除人工观察缺陷磁痕外，其余过程全部采用自动化。即工件的送入、传递、缓放、喷液、夹紧并充磁、退磁、送出等都是机械自动化处理，其特点是检查速度快，减轻了工人的体力劳动，适合于大批量生产的工件检查。但检查产品类型较单一，不能适用多种类型工件。

图3-5　微机控制半自动磁粉检测设备

半自动磁粉探伤机多采用逻辑继电器、单片机、可编程程序控制器（PLC）进行控制，使操作过程实现了自动化，检测检查速度大为提高。操作过程不仅可以手动分步操作，还可以实现自动操作及循环，或按规定程序单周期工作。随着工业生产的迅猛发展和科学技术的不断进步，半自动磁粉检测专业设备广泛使用，特别是在汽车、内燃机、铁道、兵器等行业中使用较多。

3.3 磁粉检测设备的主要组成

磁粉探伤机主要由磁化电源装置、夹持装置、指示与控制装置、磁粉/磁悬液施加装置、照明装置和退磁装置所组成。

3.3.1 磁化电源装置

磁化电源装置是磁粉探伤机的核心部分，它的作用是产生磁场，使工件磁化。

磁化电源装置包括：磁化电源、磁化装置、辅助装置等。磁化电源的作用是产生低压大电流，磁化装置包括：磁化线圈、交叉线圈、固定式或便携式磁轭；辅助装置包括：脉冲放电装置、断电相位控制器及快速断电试验器等。

在不同的磁粉探伤机中，由于磁化方式和使用方式的不同，可以采用不同电路和结构的磁化电源。常用的形式有：降压变压器式、电磁铁式、线圈式、磁轭式、电容充放电式及晶闸管控制单脉冲式等。

磁化电源的负载特性是评价磁化电源的最大工作能力，即在规定的条件下磁化电源能输出的最大功率。通过电流发生器的开路电压U_0，短路电流I_k和额定电流I_g（有效值）来表示。额定电流一般是电源暂载率为10%且通电时间为5s时的最大电流。开路电压和短路电流由电流发生器在最大功率（无任何反馈控制连接）时的负载特性导出。

1. 低压大电流产生装置

这种电路在固定式磁粉探伤机中广泛采用。它利用降压变压器将普通的工频交流电转化成低电压、大电流输出，主要实现对工件的周向磁化，也可以通过线圈实现对工件的纵向磁化。可以进行交流电磁化，也可以经过整流后实现直流电磁化。其基本组成如图3-6所示。

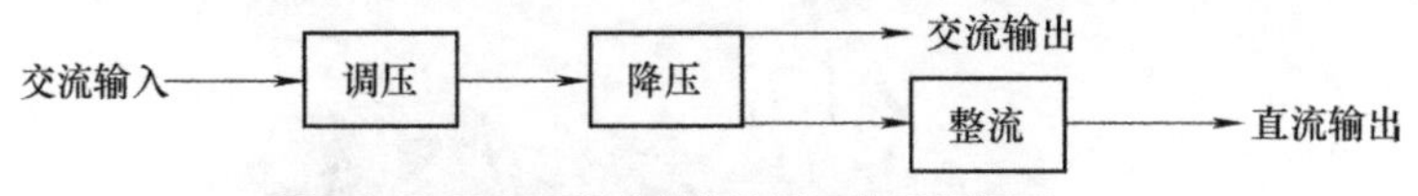

图3-6 降压变压器式磁化装置工作原理框图

其工作原理是：由普通电源输入的交流电（380V或者220V）通过调压器改变后供给降压变压器，降压变压器将其变为低电压大电流输出，可直接对工件进行交流磁化，也可以再通过整流器变成直流电对工件磁化。

降压变压器式磁化装置电流调节有三种方式：变压器分级抽头转换方式、感应电压调节（自耦变压器）方式以及晶闸管控制方式。三种调节方式的电路原理如图3-7所示。

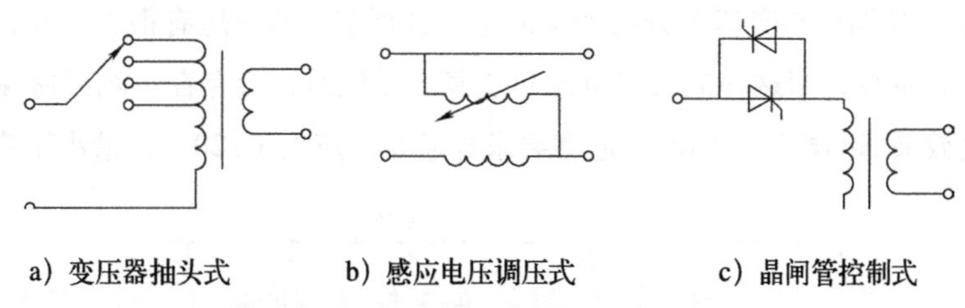

a）变压器抽头式　　b）感应电压调压式　　c）晶闸管控制式

图3-7 降压变压器式磁化装置电流调节原理

图3-7a是通过转换降压变压器输入端抽头的位置，改变变压器线圈的匝数比来调节磁化电压的大小。

图3-7b是将电压调节器与降压变压器串联，当改变它的电压时，便能改变降压变压器的一次电压，从而获得所需要的低压大电流。

图3-7c晶闸管控制式是在降压变压器一次侧接入晶闸管元件，利用调整晶闸管导通角的大小来调节磁化电流的大小。

晶闸管是由一个P-N-P-N四层半导体构成的，中间形成了三个PN结，如图3-8所示。当交流电通过晶闸管时，可以让交流电电流通过控制，使其在0～180°的任一角度处开始导通，即所谓可控整流，把晶闸管正向阻断期间的电角度α称为“控制角”，将导通期间的电角度θ称为“导通角”，θ=180°－α。

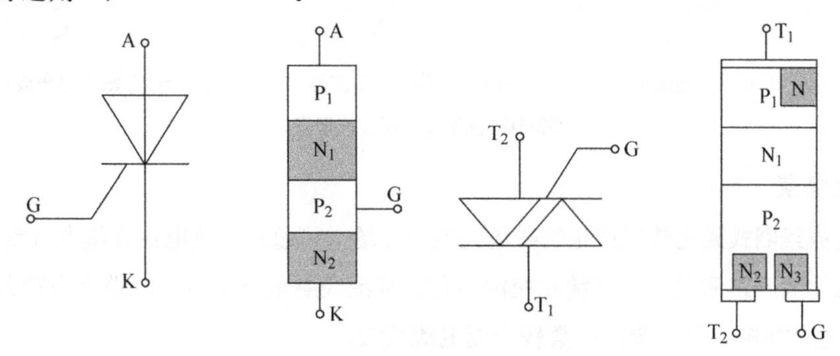

图3-8 单向晶闸管、双向晶闸管

晶闸管的工作原理：

第一，晶闸管具有单向导电性。正向导通条件：A、K间加正向电压，G、K间加触发信号。

第二，晶闸管一旦导通，控制极失去作用。若使其关断，必须降低U、A、K或加大回路电阻，把阳极电流减小到维持电流以下。

双向晶闸管相当于两个反向晶闸管并联，两者共用一个控制极。

晶闸管调压原理如3-9所示，晶闸管调压输入、输出波形如3-10所示。

可以看出，晶闸管调压：

第一，调压过程无触点移动，可实现通电时调压，便于实现自动化检测。

第二，晶闸管调压与变压器分级抽头调压、自耦变压器调压有很大不同，其输出的交流电不是完整的正弦波，用这样的磁化电源实施复合磁化时，会存在影响磁粉流动效果或某一特定方向磁化效果弱的情况。因而，通常要求导通角θ应大于120°，最小不应小于90°。

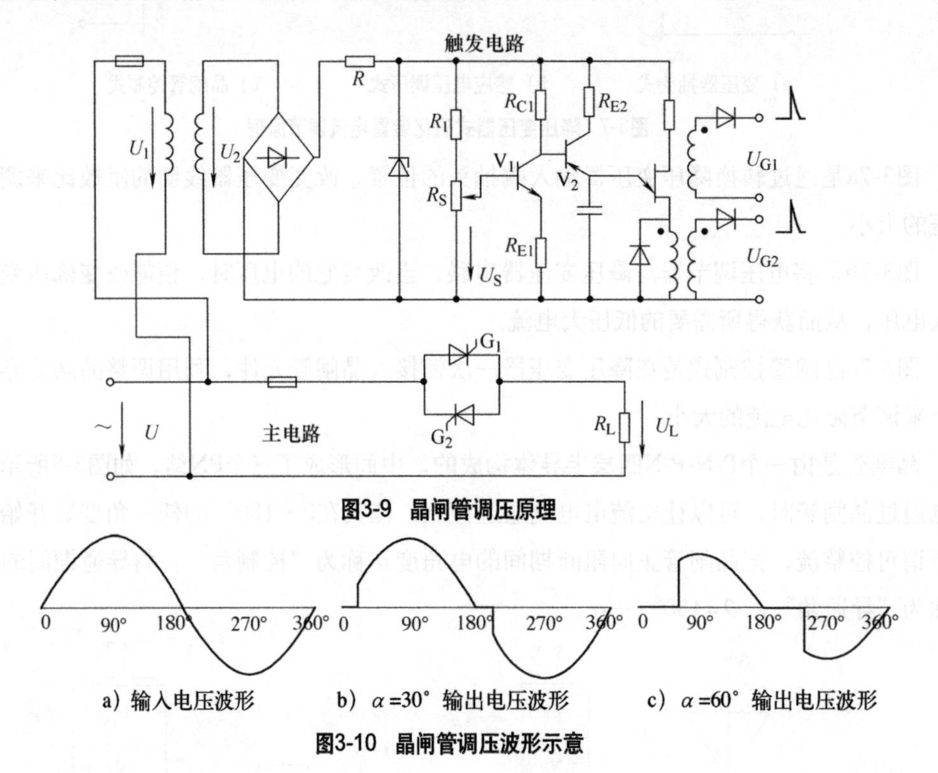

图3-9 晶闸管调压原理

a）输入电压波形　b）α=30°输出电压波形　c）α=60°输出电压波形

图3-10 晶闸管调压波形示意

2. 磁化装置

磁轭式或线圈式磁化装置产生的磁场为纵向磁场，可通入交流电或直流电（整流电）。

线圈磁化为开路磁化，有直流和交流两种。直流线圈匝数较多，电磁吸力较大；交流线圈为克服电感的影响，通常导线匝数较少而电流较大。

交叉磁轭（线圈）在其中不同部分通入不同相位的交流电流，其磁场组成一个按某种规律变化的多向旋转磁场使工件得到磁化，可实现复合磁化。

3. 辅助装置

（1）单脉冲磁化电路装置　这种装置能产生脉冲式冲击电流，可在瞬时间内获得较大的磁化电流，常用于剩磁法磁粉检测。产生脉冲式冲击电流的方法很多，较常用的是利用电容器充放电或晶闸管控制的磁化电路。

（2）断电相位控制器　断电相位控制器是用来对交流电断电时的相位进行控制的装置，通常用于交流电剩磁检测。它主要是一个晶闸管控制装置，利用逻辑电路控制触发器，保证交流电过零（相位在π或2π附近）实现延迟断电，使剩磁稳定，检测结果可靠。断电相位控制器可装在磁化电源上，也可单独做成分立器件。

（3）快速断电试验器　快速断电试验器是针对三相全波整流电线圈磁化工件所用的，是一个能突然切断电流的器件。它能迅速切断施加于线圈的直流电，使迅速消失的磁场在工件中产生低频涡流，其有利于查找工件端部的横向缺陷，以克服线圈纵向磁化时的端部效应。快速断电试验器仅限于在三相全波整流时采用。

3.3.2 工件夹持装置

夹持装置又叫做接触板，是用来夹紧工件，使其通过电极或通过磁场的磁极装置。在固定式磁粉探伤机中，夹持装置是夹紧工件的夹头。

为了适应不同工件检测的需要，探伤机夹头之间的距离是可以调节的，并且有电动、手动、气动等多种形式。电动调节是利用行程电动机和传动机构，使磁化夹头在导轨上来回移动，由弹簧配合夹紧工件，限位开关会使可动磁化夹头停止移动。手动调节是利用齿轮与导轨上的齿条啮合传动，使磁化夹头沿导轨移动，或利用手推磁化夹头在导轨上移动，夹紧工件后锁定。移动式或便携式探伤机没有固定夹头，它是一种与软电缆相连，并将磁化电流导入和导出工件的手持式棒状电动机，与工件的接触多用人工压力及电磁吸头。便携式磁轭也没有夹头，它利用磁轭自身与工件接触，有的（如：选择磁轭）还装有一对滚轮，以便于磁轭在工件上的移动。

为了保证工件与夹头之间接触良好，夹头上装有导电性能良好的铜板或铜网（接触垫），以及软金属材料（铅板等），防止通电时起弧烧伤工件。

有些探伤机的夹头做成可旋转的，用于观察时需将工件转动的场合。工件夹紧后，可与磁化夹头一起沿轴作360°转动，转动时为防止变压器触点打火，一般不允许进行磁化。

在专用及半自动探伤机上，夹持装置往往与工件自动传输线连在一起，工件沿导轨行进至夹头位置时，夹头自动夹紧并使工件进行磁化，这时的夹持装置实际已成为传输夹持装置。

3.3.3 指示与控制装置

指示装置由显示磁化电流（电压）大小的仪表及有关工作状态的指示灯组成。

由于磁化电流一般都很大，电流表通常与互感器（用于交流电）或分流器（用于直流电）组合使用。电表和指示灯装在设备的面板上。交流多采用有效值表，也有将有效值换算成峰值的电流表；直流采用平均值表。

探伤机大多采用电磁式仪表或数字表，仪表精度一般要求5%或10%。

3.3.4 磁粉和磁悬液喷洒装置

在固定式磁粉探伤机中，磁悬喷洒装置是由磁悬液槽、液压泵、搅拌装置、导液软管、喷嘴、控制开关以及回液盘组成。

液压泵工作时叶片将槽中的磁悬液搅拌均匀并以一定压力将其通过喷嘴浇洒到工件上，在工件的表面形成一个磁悬液薄层。多余的磁悬液可通过回液盘及回收管道注入液槽循环使用。回液盘上装有过滤网，以防止污物等进入循环泵。

固定式探伤机磁悬液搅拌装置常由潜水泵、箱体、控制阀门及管路组成。自动磁粉探伤机上磁悬液喷洒多采用程序控制定时定量自动喷淋方式，其喷洒系统常常做成多个喷头同时喷洒，使用前应对各喷头喷淋方向、范围及压力进行调整，使之能有效地覆盖整个检查面。

移动式和便携式磁粉探伤机上一般没有搅拌喷洒装置。在湿法检测时，常采用电动喷壶或手动喷洒装置，如带喷嘴的塑料瓶，使磁粉或磁悬液均匀地分布在工件表面。干法检测时可用压缩空气或专用的橡皮磁粉撒布器来撒布磁粉。

3.3.5 照明装置

缺陷磁痕的观察是在一定光照条件下进行的。按照使用磁粉的不同，照明装置有非荧光磁粉检测用的白炽灯或荧光灯以及荧光磁粉检测专用的紫外线灯等。

白炽灯或荧光灯产生的是可见光，它的波长为400~760 nm，包括了红、橙、黄、绿、青、蓝、紫等多种颜色。对于此类光源要求能在工件上有一定的照度，并且光线要均匀、柔和，不能直接射入观察人的眼睛。

荧光磁粉检测专用的紫外线灯又叫黑光灯，它产生的是一种长波紫外线。当黑光照射到表面包覆一层荧光染料的荧光磁粉上时，荧光物质便吸收紫外线的能量，激发出黄绿色的荧光。由于人眼对黄绿光的特殊敏感，大大增强了对磁痕的识别能力。

紫外线灯的辐射照度规定为离工件表面40 cm处不低于1000 $\mu W/cm^2$，其强度可以用紫外辐射照度计进行测定。

紫外线灯的结构形式有多种，如：高压汞蒸气弧光灯、自滤光紫外线灯、LED紫外线灯等。近年来，紫外线灯发展很快，如强度达10 000 $\mu W/cm^2$的强功率灯，自镇流、自滤色、带冷却风扇、交直流两用、无镇流器以及LED冷光源的紫外线灯都已出现，极大地满足了各种检测工作的需要。

（1）高压汞蒸气弧光灯　其结构如图3-11所示。它由石英内管和外壳组成，内管装有汞和氩气，两端各有一个主电极，主电极旁边还装有一个引燃用的辅助电极，电极处串联一个限流电阻；玻璃外壳起保护石英内管和聚光的作用。当通电时，主电极并不立即工作，而是辅助电极和一个主电极之间发生辉光放电，使管内温度升高，汞逐渐汽化，当汞汽化到一定程度，两主电极间发生汞弧光放电，产生紫外线。此时石英管内的汞蒸气压力达到（100～400）kPa。

使用紫外线灯时必须与镇流器串联使用，如图3-12所示。

镇流器在紫外线灯线路中起镇流作用，在主、辅电极放电和两主电极放电时，都起着阻止电流增加的作用，使放电电流趋于稳定，保护紫外线灯不致过载。在主、辅电极放电转为两主电极放电的一瞬间，主、辅电极断电，在镇流器上产生一个阻止电流减小的反电动势，这个反电动势加到电源电压上，使两主电极之间的放电电压高于电源电压，有助于紫外线灯的点燃。

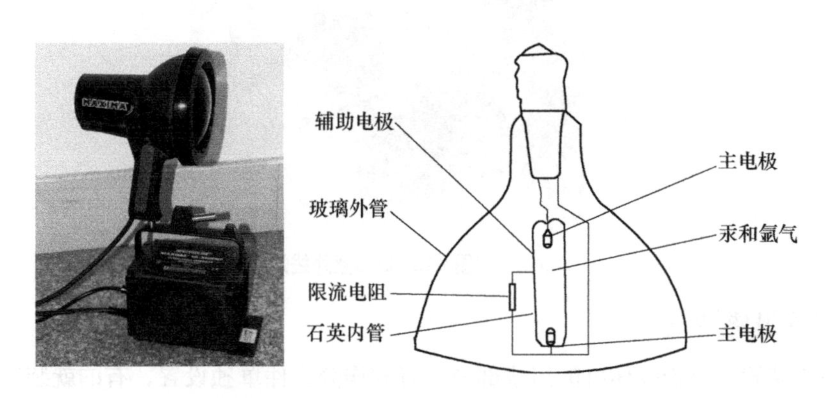

图3-11 紫外线灯及结构示意

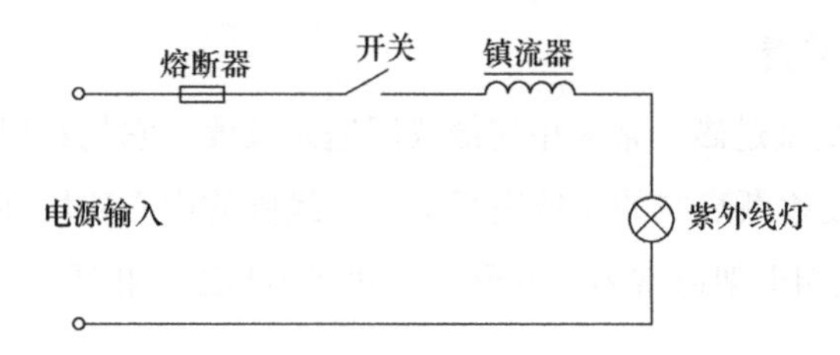

图3-12 紫外线灯电路

紫外线灯点燃并稳定工作后，石英内管中的水银蒸气压力很高，在这种状态下关闭电源时，在断电的一瞬间，镇流器上产生一个阻止电流减小的反电动势，会造成紫外线灯处于瞬时击穿状态，缩短灯的寿命，使用中应尽量减少灯的开关次数。

汞弧光放电产生的光是由一些不连续的光谱组成，既包括不可见的紫外辐射，也包括可见光。激发荧光磁粉所需要的紫外光中心波长在365 nm附近，为了控制可见光及短波紫外线对人体的影响，可采用滤光片将不需要的光线滤掉。

紫外灯刚点燃后光的输出未达到最大值（这点与白炽灯不同），检测要等5 min后再进行。紫外线灯灭后也不能马上启动，需停止5~6 min后才能重新点燃。

（2）自滤光紫外线灯　其外壳用深紫色镍玻璃制成，镍玻璃能吸收可见光和抑制短波紫外线通过，仅让波长320～400 nm的长波紫外线（黑光）通过，起到滤光片的作用。灯的外壳锥体内镀有银，可起到聚光作用，大大提高紫外线灯的辐照度。目前国外流行使用的黑光的紫外线灯本身不用滤光玻璃，仅靠灯前可更换的滤光片滤光，灯后装有冷却风扇，灯的使用寿命更长，使用也更为舒适。

（3）LED紫外线灯　LED紫外线灯，如图3-13所示，可以将紫外线灯的使用寿命提高到5000 h以上，甚至可以达到50 000 h，同时具有重量轻、开关响应快（不需预热或冷却）、低热辐射（可安全触摸）等优点。另外，LED紫外线灯还可以配有电池，可以在远离电源、室外条件等特殊工况下使用。

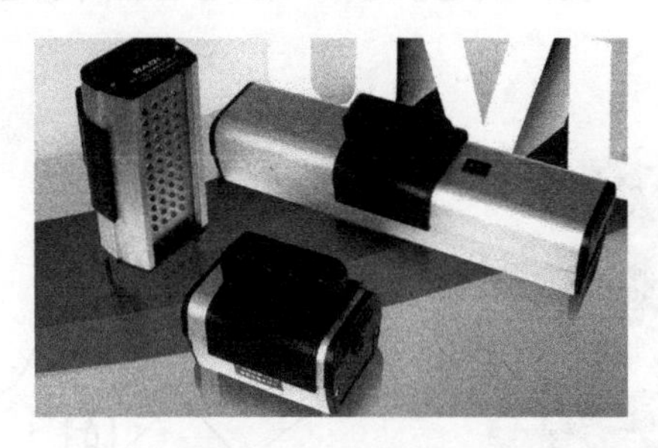

图3-13 LED紫外线灯

3.3.6 退磁装置

退磁装置是磁粉探伤机的组成部分。有的作分立件单独设置，有的就装在探伤机上。常用的退磁装置有以下几种。

1. 交流线圈退磁装置

对中小型工件的批量退磁，常采用交流线圈退磁装置。它是利用交流电的自动换向，工件远离线圈时磁场强度逐渐衰减的原理进行退磁。线圈的中心磁场强度一般为16～20 kA/m（200～250 Oe），线圈框架通常为长方形，尺寸大小与工件相适应，电源电压可用220 V或380 V。

大型固定式退磁线圈往往装有轨道和载物小车，以便移动和放置工件。退磁时将工件放在小车上，接通电源后从线圈中通过，并沿轨道由近及远，离开线圈，在距线圈1.5 m以外切断电源。有的设备还装有定时器、开关和指示灯，以便控制退磁进程。也有把工件放在线圈内，将线圈中的电流由幅值逐渐降到零的方法进行退磁。

2. 直流换向衰减退磁装置

对于用直流电磁化的工件，为了使工件内部能获得良好的退磁，常常采用直流换向衰减退磁方法。这种装置通过接触器交替通电换向或晶闸管的交替导通并变换电流方向，得到不断改变方向的退磁电流，在电流通过磁化装置或工件时，电流不断地变换方向并逐渐衰减至零。

这种直流换向电流频率可以进行超低频调节，故也叫做超低频电流。直流退磁采用的超低频电流的趋肤效应很小，退磁范围可达工件内部。其电流的频率通常为0.5～10 Hz。

3. 交流降压衰减退磁装置

除将线圈中的电流由幅值降到零的方法退磁外，也可将通电磁化时的电流由幅值逐渐降到零的方法进行退磁。

调节探伤机主变压器的一次电流，使之从大到小逐渐到零，由于交流电本身不断地变换方向，从而达到退磁的目的。

交流降压调节方式有两种，一种是机械方法调节，另一种是电子调压方式。

另外还有交流磁轭退磁器和扁平线圈退磁器等，主要用于钢板及焊缝检测后的退磁。

3.3.7 磁粉检测图像自动识别系统

磁粉检测图像自动识别系统是近年来发展起来的一种智能系统，该系统是集图像自动采集、图像记录、痕迹识别、缺陷判别为一体的计算机信息化处理系统。其最大特点是使用计算机进行缺陷磁痕的图像观察和分析评定，以及磁痕的测量、记录、打印、存档功能。

系统的硬件部分主要由光源、光学镜头、自动控制的机械驱动机构、CCD摄像机、图像采集卡、工控机、记录系统等组成。

系统软件识别过程包括图像预处理、图像分割、特征提取和判断匹配。简单来说，自动识别系统就是计算机像人一样读懂图片的内容，分辨出缺陷、进行测量，给出缺陷的符合性结果。

磁粉检测图像自动识别系统结构如图3-14、图3-15所示。

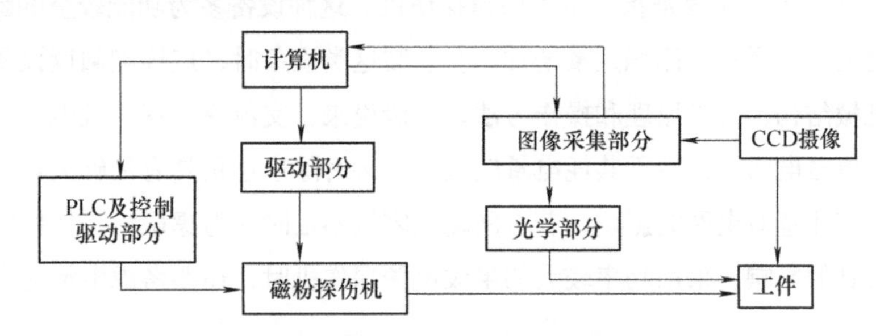

图3-14 磁粉检测图像自动识别系统结构框图

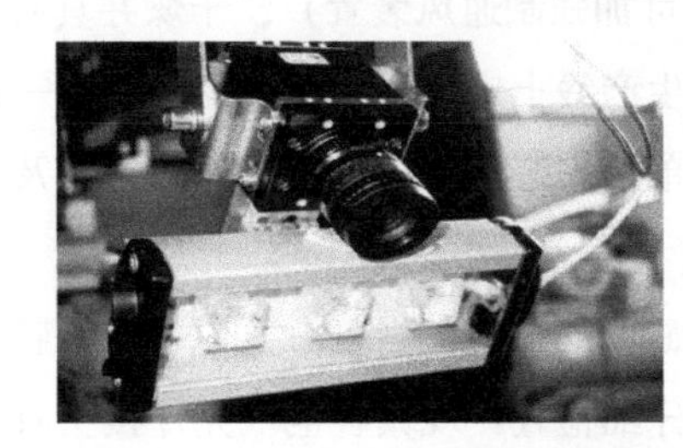

图3-15 磁粉检测图像识别的光学部分和软件分析部分

3.4 检测设备的安装、使用与维护

3.4.1 磁粉探伤机的选择与安装

1. 磁粉探伤机的选择

磁粉检测设备应能对试件完成磁化、施加磁悬液、提供观察条件和退磁等功能，但这些，并不一定要求在同一台设备上实现，应该根据检测的具体要求选择磁粉探伤机。一般说来，可以从下面两个方面进行考虑。

（1）工作环境　若检测工作是在固定场所（工厂车间或实验室）进行，以选择固定式磁粉探伤机为宜。若在生产现场，且工件品种单一，检查数量较大，应考虑采用专用的检测设备，或将磁化与退磁等功能分别设置以提高检查速度；若在实验室内，以检测实验为主时，则应考虑采用功能较为齐全的固定式磁粉探伤机，以适应实验工作的需要。当工作环境在野外、高空等现场条件不能采用固定式磁粉探伤机的地方，应选择移动式或便携式探伤机进行工作；若检测现场无电源时，可以考虑采用永久磁铁做成的磁轭进行检测。

（2）工件情况　主要是看被检测工件的可移动性与复杂情况，以及需要检查的数量（批量）。若被检件体积和重量不大，易于搬动，或形状复杂且检查数量多，则应选择具有合适磁化电流并且功能较全的固定式磁粉探伤机；若被检工件的外形尺寸较大，重量也较重而又不能搬动或不宜采用固定式磁粉探伤机时，应选择移动式或便携式磁粉探伤机进行分段局部磁化；若被检工件表面暗黑，与磁粉颜色反差小时，最好采用荧光磁粉探伤机。

2. 磁粉探伤机的安装调试

磁粉探伤机的安装主要是指固定式磁粉探伤机。这种设备多为功能较全的卧式一体化装置，并随磁化电流的增加而体积重量增加。在安装这类设备时，应详细阅读设备的使用说明书，熟悉其机械结构、电路原理和操作方法。一般说来，交流磁粉探伤机电路较为简单，多为接触器、继电器电路，但由于其耗电量较大，安装时除应选用具有足够大截面的电缆和电源开关外，还应注意对电网的影响，若电网输入容量不足时应考虑磁粉探伤机的使用性能及对其他用电器具的影响。采用功率较大的半波电流探伤机时，还要考虑电流对电网中电流波形的影响。

固定式磁粉探伤机应安装在通风（必要时可加强制通风装置）、干燥并具有足够照明环境的地方，最好能装在单独有顶棚的房间。在生产线上安装时，应考虑周围有一定的空间。对单独使用磁化线圈和退磁线圈的设备，也可单独安装。但应注意操作的方便及对周围的影响。

按照使用说明书安装好设备后，首先应对磁粉探伤机的各部分加以检查。特别是涉及安全的部分进行重点检查，如对各电气元件加以仔细检查：观察各电气元件接头有否松动或脱落，检查电气绝缘是否良好，各继电器触点是否清洁等。经检查无误后，再接通电源检查初次使用效果并进行调试。

调试工作可参照下列步骤进行：

（1）开启电源，观察各仪表及指示灯指示是否正常。

（2）接通电液泵，观察电动机是否正常运转。注入磁悬液后，应有磁悬液流出；否则应检查三相电动机是否相位接反。

（3）检查调压变压器是否能够正常调压，发现异常时应进行检查、调整或修理。

（4）检查活动夹头在导轨上的移动情况。手动夹头是否灵活，电动夹头是否移动平稳、灵活，限位开关位置是否适当。

（5）进行工件磁化试验。可先从小电流开始磁化，逐步加大电流。在磁化过程中，注意观察机器有无异常变化。若发现工作异常时，则应停机检查排除。

（6）按使用说明书要求检查及调试结束后，即可投入生产使用。

便携式及移动式磁粉探伤机调试工作可参考使用说明书进行。

3.4.2 磁粉探伤机的使用

磁粉探伤机应按有关的使用说明书的要求进行使用，各种类型的磁粉探伤机的操作方法不一定完全相同。固定式磁粉探伤机的功能比较齐全，一般可对工件实施周向、纵向和复合磁化。应根据检测工件的技术要求，选择合适的磁化方式和操作方法。

下面以CJW—4000型磁粉探伤机为例，来说明这类设备的使用。

1）使用前的准备工作。

第一，接通电源，开启探伤机上的总开关，检查电源电压或指示灯是否正常。

第二，开动液压泵电动机，让磁悬液充分搅拌。

2）按照检测要求，对工件进行磁化并进行检测综合性能的检查。检查时，应按规定使用灵敏度试块或试片，并注意试块或试片上的磁痕显示。

3）根据磁化方法选择磁化开关的工作状态并调节磁化电流。

第一，通电磁化。通电磁化是利用电流通过工件时产生的磁场对工件进行磁化的，通电磁化时，将工件夹紧在两接触板之间，选择磁化开关为“周向”，预调节电流调节旋钮，踩动脚踏开关，检查周向电流表是否达到规定指示值；未达到或已超过时，应重新调节后再进行检查，使磁化电流达到规定值。

第二，纵向磁化。纵向磁化是利用整体磁轭或者是电流通过线圈时产生的纵向磁场对工件进行磁化的。纵向磁化时，选择磁化开关为“纵向”，预调节电流调节旋钮，踩动脚踏开关，检查周向电流表是否达到规定指示值；未达到或已超过时，应重新调节后再进行检查，使磁化电流达到规定值。需要注意的是，整体磁轭磁化时，工件的最大截面要小于磁轭的截面；线圈磁化时，尽量使工件靠近线圈内壁，若采用的是短螺管线圈，要先确定有效磁化区域，多次磁化时要有相互覆盖区，以保证检测区域每个位置都能被有效磁化。

第三，复合磁化。复合磁化是同时进行周向和纵向磁化操作。磁化时，选择磁化开关为“复合”，进行第一和第二中的操作。

4）磁化和喷淋磁悬液。喷淋磁悬液时，严格控制磁悬液的喷洒压力和覆盖面，应做到缓流、均匀、全面覆盖。若有磁化区域喷淋不到时，应使用手工喷头进行补喷。为避免破坏已形成的磁痕，喷洒磁悬液应比磁化提前结束，或在喷液结束后，再磁化1~2次。

5）检测工作完成后，切断照明和动力电源，擦拭干净设备，需要时对各运动部位给油润滑。

3.4.3 磁粉探伤机的维护与保养

使用磁粉探伤机时，应该注意设备的维护和保养。下面以固定式磁粉探伤机为例，介绍磁粉探伤机维护和保养工作。

1）正常使用时，若按钮不起作用，应检查按钮接触是否良好，各组螺旋熔断器是否松动，各个接线端子是否紧固，否则应进行检查修理。

2）如若整机带电，应查找每个行程开关、电动机引线、按钮及其他接线是否有相线接壳的地方，若有则应排除。

3）进行周向磁化时，若两探头夹持的工件充不上磁，电流表无显示，应检查伸缩探头箱上的行程开关是否调节合适；或者检查夹头与工件是否接触良好。

4）行程探头、螺管线圈的电缆线绝缘极易磨损，使用时必须注意保护，遇有损坏之处应将其包扎好，以保证安全。

5）探伤机在使用时必须经常保持清洁，不应有灰尘混入磁悬液，并要根据季节、工作量等情况定期更换磁悬液，否则在零件检测时会因污物产生假象，影响检查效果。

6）被检工件表面必须进行清洁处理，否则也会污染磁悬液而影响检测灵敏度。

7）两接触板与工件接触处的衬板很容易损坏或熔化，应经常检查并及时更换。

8）对探伤机的行程探头、变速箱、导轨及其他活动关节应定期检查润滑。

9）调压器的电刷与线圈的接触面，必须经常保持清洁，否则电刷移动时易产生火花。

10）探伤机工作之后应将调压器电压降到零，断开电源并除去工作台面上的油污，戴好机罩防尘。

有的行业对设备维修作出了规定，如轨道交通行业规定了大、中、小修的内容，并且明确大、中、小修后的设备，第一次使用前应按季度性能检查的要求进行检查并做好记录

3.5 磁粉检测用测量仪器

磁粉检测中涉及磁场强度、剩磁大小、白光照度、紫外辐照度和通电时间等的测量，因而还应有一些测量仪器。

3.5.1 特斯拉计（高斯计）

特斯拉计又叫高斯计，是采用霍尔半导体元件做成的测磁仪器，可以测量交直流磁场的磁场强度。

霍尔元件是一种半导体磁敏器件，当电流垂直于外磁场方向通过霍尔元件，在霍尔元件垂直于电流和磁场方向的两侧将产生电势差，并与磁场的磁感应强度成正比。这一现象称为霍尔效应。

特斯拉计就是利用这种原理制成的，其探头前沿有一个薄的金属触针，里边装有霍尔元件。因为当被测磁场中磁感应强度的方向垂直时，霍尔电势差才最大，在测量时要转动探

头，使仪表读数的指示值最大，这样读数才正确。国产特斯拉计有CT3、CT4型等，国外的有5180数字式高斯/特斯拉计等，如图3-16所示。

图3-16　5180型数字式高斯/特斯拉计

3.5.2 袖珍式磁强计

袖珍式磁强计是利用力矩原理做成的简易测磁仪。它有两个永磁体，一个是固定的，用于调零；另一个是活动的，用于测量。活动永磁体在外磁场和回零永磁体的双重作用下将发生偏转，带动指针停留在一定位置，指针偏转角度的大小表示了外磁场的大小。

常见的XCJ型袖珍式磁强计有三种规格：XCJ—A，XCJ—B和XCJ—C。XCJ—A量程为（0～±1.0）mT，XCJ—B量程为（0～±2.0）mT，XCJ—C量程为（0～±5.0）mT。此外，还有JCZ型袖珍式磁强计。

磁强计主要用于工件退磁后剩磁大小的快速直接测量，也可用于铁磁性材料工件在检测、加工和使用过程中剩磁的快速测量。使用时，为消除地磁场的影响，工件应沿东西方向放置，将磁强计上有箭头指向的一侧紧靠工件被测部位，指针偏转角度的大小代表剩磁大小，如图3-17所示。

需要注意的是，袖珍式磁强计不能用于测量强磁场，也不准放入强磁场影响区，以防精度受到影响。

a）JCZ型袖珍式磁强计

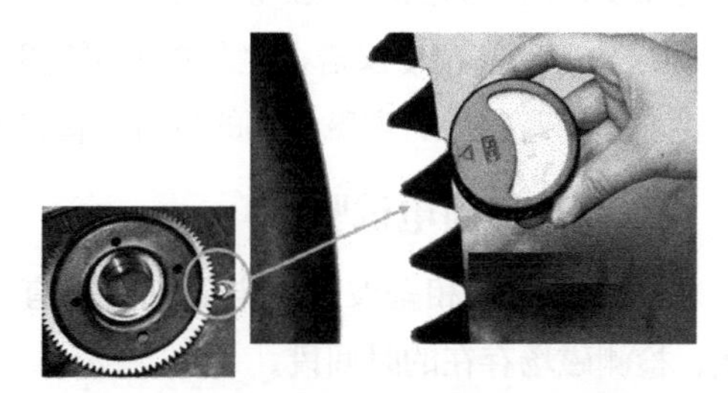

b）用袖珍式磁强计快速测量工件剩磁

图3-17　磁强计及使用

3.5.3 照度计、紫外辐射照度计

照度计是用于测量被检工件表面的白光照度值，使用时探头的光敏面置于待测位置，选定插孔将插头插入读数单元，按下开关，窗口显示数值即为照度值，如图3-18所示。

紫外辐射照度计又称紫外辐照计或黑光辐照计，是通过测量离黑光灯一定距离处的荧光强度间接测出紫外光的辐射照度。它有一个接收紫外光的接收反射板，反射板吸收紫外光后将它转变成为可见的黄绿色荧光，并把它反射到硅光电池上，通过光电转换，变成电流输出，再经过技术处理后在电流表上指示出来。其指示值与光的强度成正比。

带通滤波器传感器（探头）的紫外光辐射照度计，可用于测量特定波长范围的紫外线辐射强度。通常分为UV—A、UV—B、UV—C，其中UV—A档检测波长范围为320～400 nm的紫外光。另外，还有黑白两用照度计，如美国光谱公司Spectronics Corporation生产的DSE系列多波长数字式强度计，如图3-19所示，可用于对黑光辐照度及白光强度的测定。

黑光辐照度及白光强度检测如图3-20所示。

图3-18 白光照度计

图3-19 DSE系列多波长数字式强度计

图3-20 测量工件表面光照度

3.5.4 通电时间测量器

如袖珍式电秒表，用于测量通电磁化时间。

3.5.5 弱磁场测量仪

弱磁场测量仪的基本原理基于磁通门探头，它具有两种探头，均匀磁场探头和梯度探头。均匀磁场探头励磁绕组为两个完全相同的绕组反向串联，感应绕组为两个相同绕组正向串联，用于测量直流磁场。梯度探头的一次绕组正向串联，二次绕组反向串联，专用于测量磁场梯度，而与周围均匀磁场无关。

这是一种高精度仪器，测量精度可达8×10^{-4} A/m（10^{-5} Oe）。对于磁粉检测来说，仅用于要求工件退磁后的剩磁极小的场合。国产有RC—1型弱磁场测量仪。

3.5.6 快速断电试验器

为了检测三相全波整流电磁化线圈有无快速断电效应，可采用快速断电试验器进行测试，检测磁场存在的时间段。

3.6 轨道交通装备制造企业常用典型设备

3.6.1 轴承内外圈磁粉探伤机

（1）原理 采用中心导体法产生周向磁场，采用感应电流法产生纵向磁场，通过控制可实现复合磁化。

（2）主要用途 适用于铁路轴承内、外圈磁粉检测，如图3-21所示。

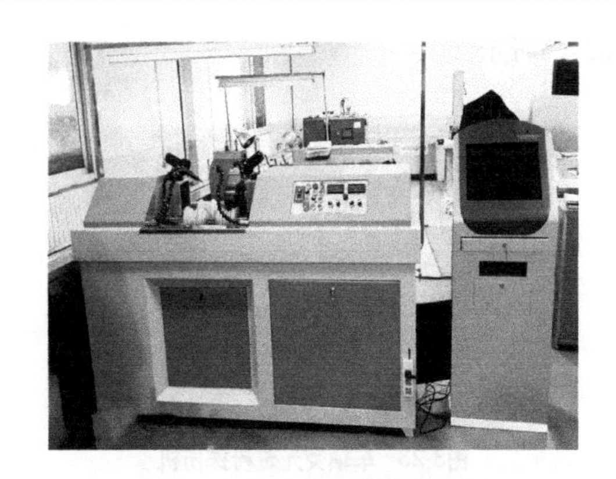

图3-21 轴承内外圈磁粉探伤机

（3）特点 具有手动和自动两种操作方式，具备自动退磁功能。检测范围为轴承内、外圈的全部表面，一次磁化可发现表面及近表面各个方向的缺陷，感应电流法实现了无盲区检测（轴承内外径面、端面）。

3.6.2 轮对磁粉探伤机

（1）原理 轴向磁化采用直接通电法，纵向磁化采用可开合式均匀分布的螺线管法。

（2）主要用途 设备适用于轮对（带齿轮箱、带制动盘）轴径、轴身外表面、车轮踏面、轮毂、轮辋、制动盘的荧光磁粉检测，如图3-22所示。

图3-22 轮对磁粉探伤机

（3）特点 卧式结构配有专用暗室，方便检测轮对上下料采用通过式进出，适用于轮对检修流水线的配套使用。磁化电路采用晶闸管控制，磁化电流连续可调。整机系统核心部件采用可编程序控制器PLC，检测过程可自动可手动。选用配备微机控制时，可采集监控磁化参数，可实现探伤机日常、季度性能检查记录的打印输出和存储。

3.6.3 车轴荧光磁粉探伤机

（1）原理 轴向磁化采用直接通电法，纵向磁化采用可开合式均匀分布的螺线管（线圈）或异形线圈法。可实现周向、纵向及复合磁化。

（2）主要用途 适用于机车车辆车轴的荧光磁粉检测，配有暗室，可检测轴身、轴颈、卸荷槽外表面，如图3-23所示。

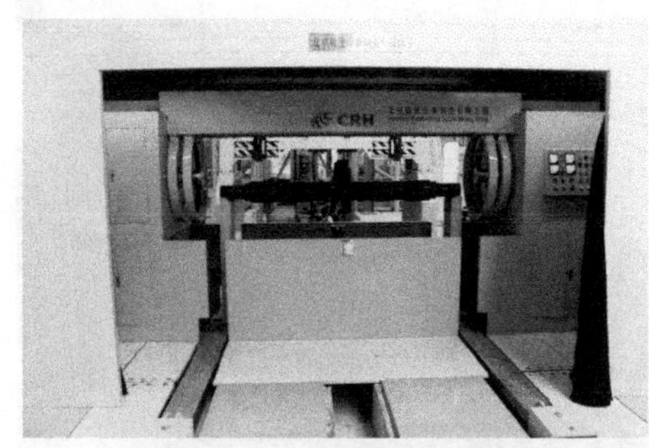

图3-23 车轴荧光磁粉探伤机

（3）特点 上下料采用自动形式，具有手动、自动两种作业方式。机械部分包括机架、车轴旋转驱动机构、周向磁化夹紧机构、纵向磁化环形线圈机构、磁悬液喷淋系统。电气部分包括PLC、继电器、熔断器、电动机保护器、限位开关、接近开关、数据采集卡、步进电动机等组成。车轴两端面存在磁化盲区。

3.6.4 旋转磁场井式车钩零件探伤机

（1）原理 采用多组异形线圈，通过分组控制磁化电流大小和相位差，产生较为均匀的旋转磁场，实现非接触式检测异形工件各向缺陷。

（2）主要用途 适用于机车车辆车钩钩体、钩尾框、钩舌及轴箱等复杂形状零件的磁粉检测，如图3-24所示。

图3-24 旋转磁场井式车钩零件探伤机

（3）特点 探伤主机采用井式结构，钩体、尾框等被检测件垂直吊挂检测，不需摘钩即可检测，操作简便效率高。磁化电流由晶闸管调压模块控制，电流大小、通电相位差根据检测的需要进行设置，PLC程序控制喷淋与磁化过程，减少影响检测的人为因素，操作简单。磁化装置立放，外观简洁占地面积小，磁悬液垂直回流便于回收损失少。

3.6.5 悬吊件磁粉探伤机

（1）原理 采用纵向通电法或穿棒法产生杆体整体或孔周围的周向磁场，采用磁轭法实现纵向磁化，采用异形线圈法对局部异形区域产生旋转磁场。通过机械装置和电子控制，实现对杆类、吊类等悬吊件进行无盲区检测。

(2) 主要用途　可适应不同长度及形状杆、轴、吊类零件检测要求，如图3-25所示。

图3-25　悬吊件磁粉探伤机

(3) 特点　电极采用复合结构且间距可调，检测工件可自动360°全回转，并可进行动态换向，便于观察磁痕。磁化电流由晶闸管调压模块控制，电流大小可根据零件的长短及直径大小随时调整，以满足不同零件的检测要求。具有适应性强，检测灵敏度高等特点。

3.6.6 货车摇枕侧架磁粉探伤机

(1) 原理　该类型探伤机采用旋转磁场磁化技术对检测工件非接触磁化，检测表面磁场强度分布均匀，适应能力强，检测工件一次通过隧道式磁化装置即可完成检测，检测效率高。

(2) 主要用途　适用于铁路货车走行部摇枕、侧架的磁粉探伤检测，工件夹持及定位锁紧结构可同时兼容多种摇枕、侧架的检测作业，如图3-26所示。

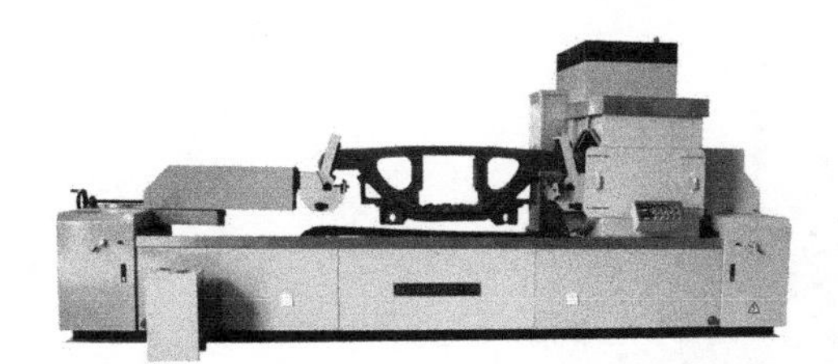

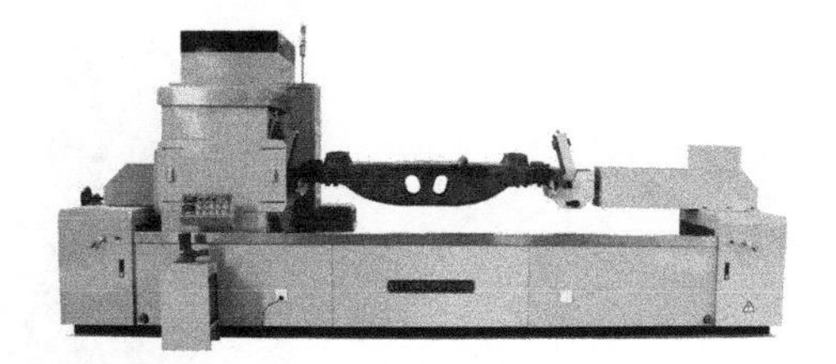

图3-26　货车摇枕侧架磁粉探伤机

(3) 特点　磁化电流由晶闸管调压模块控制，电流大小可根据检测的需要随时调整。零件可自动360°自由回转，便于观察磁痕，检测过程采用PLC控制，磁化装置的移动，喷淋及磁化过程，避免了影响检测的人为因素。整机为床式一体化设计，无须特殊基础，安装维修简便。

3.6.7 齿轮磁粉探伤机

(1) 原理　使用穿棒法及异形线圈实现复合磁化。

(2) 主要用途　用于大型齿轮的磁粉检测，如图3-27所示。

(3) 特点　采用了变频传动装置来控制检测对象的旋转，使观察和操作更方便。控制系统采用了PLC程序控制，实现了检测操作全过程的自动化。磁化电流由晶闸管调压模块控制，电流大小可根据盘形工件大小的不同随时调整。由四个独立部分组成：主机、主电气柜、副电气柜、磁悬液箱等，无须特殊基础，所有部件均在地面上，安装及日常维护简便。

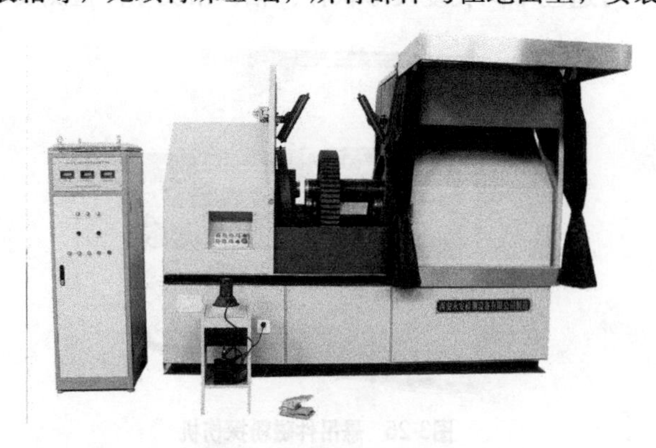

图3-27　齿轮磁粉探伤机

3.6.8 转向架构架整体磁化探伤机

（1）原理　采用多组相互交叉的或对置的磁化线圈，分别接入相位不同的交流电，在线圈包容的空间内，各组线圈分别形成的幅值相同，相互成一定角度，并具有一定的电流相位差的交流磁场发生矢量叠加，从而形成了强弱、方向随时间不断改变的周期性的空间旋转磁场。

（2）主要用途　适用于高速铁路动车、客车焊接转向架构架在制造、检修中的焊缝及其他部位表面磁粉检测，如图3-28所示。

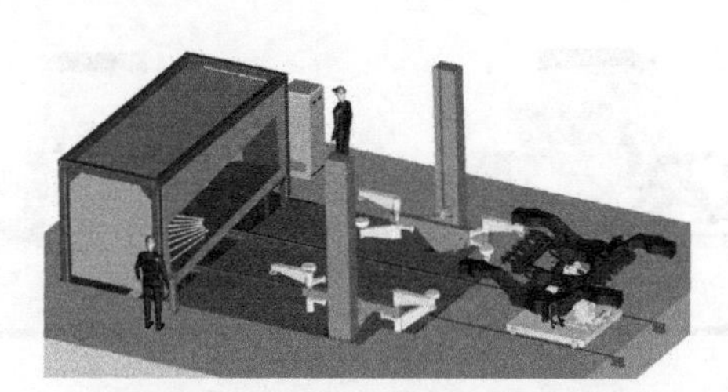

图3-28　转向架构架整体磁化探伤机

（3）特点　该机主要由旋转磁场磁化装置，磁化变压器、磁化电源系统、电气控制系统、构架输送小车，构架翻转装置，磁悬液喷淋及回收系统、照明系统等部分组成。对被检测工件形状适应能力强，可满足某些形状复杂零件检测的需要，适应范围广；非接触式磁化方式避免了电极与工件接触可能对被检测工件造成的顶压变形和电极打火灼伤工件的危险，操作安全；磁化装置为通道式，一次磁化可全方位显示缺陷，便于实现自动检测和重点部位的手动检测，方便快捷，效率高；磁化装置不与工件接触，磁化效果不受接触情况影响，检测可靠；磁化装置本身不与工件接触，寿命长、少维修。配套的构架翻转装置可实现构架360°的翻转，便于观察各部位的磁痕显示。

4 磁粉检测器材

4.1 磁粉

磁粉检测用磁粉是一种粉末状的物质，有一定大小、形状、颜色和较高的磁性。它能够被缺陷部位的漏磁场吸引，从而把缺陷的轮廓清晰地显示出来。作为磁粉检测中显示缺陷的重要媒介，其质量的优劣和选择是否恰当，将直接影响磁粉检测结果，所以检测人员对作为“磁场传感器”的磁粉应进行全面了解和正确使用。

4.1.1 磁粉的分类

磁粉的种类很多，按磁痕观察方式，磁粉分为荧光磁粉和非荧光磁粉；按施加方式，磁粉分为湿法用磁粉和干法用磁粉。

1. 荧光磁粉

这是一种在紫外线（黑光）照射下进行磁痕观察时所使用的磁粉。荧光磁粉是以磁性氧化铁粉、工业纯铁粉或羰基铁粉为核心，在铁粉外面用树脂黏附一层荧光染料或将荧光染料化学处理在铁粉表面而制成。

磁粉的颜色、荧光亮度及与工件表面颜色的对比度，对磁粉检测的灵敏度均有很大的影响。由于荧光磁粉在黑光照射下，能发出波长范围在510～550 nm且对人眼接收最敏感的色泽鲜明的黄绿色荧光，与工件表面颜色的对比度也高，适用于任何颜色的受检表面，容易观察，因而发现微小缺陷能力强，检测灵敏度高，能提高检测速度，所以在国内外都已普遍使用。

2. 非荧光磁粉

这是一种在可见光下进行磁痕观察时所使用的磁粉。常用的有四氧化三铁（Fe_3O_4）黑磁粉、γ 三氧化二铁（γ - Fe_2O_3）红褐色磁粉、蓝磁粉和白磁粉，所以也叫彩色磁粉。前两种既适用于湿法，又适用于干法。以工业纯铁粉等为原料，用粘合剂包覆制成的白磁粉或经氧化处理的蓝磁粉等非荧光彩色磁粉只适用于干法。

湿法用磁粉是将磁粉悬浮在油或水载液中喷洒到工件表面的磁粉；干法用磁粉则是将磁粉在空气中吹成雾状喷洒到工件表面的磁粉。

JCM系列空心球形磁粉是铁铬铝的复合氧化物，具有良好的流动性和分散性，磁化工件时，磁粉能不断地跳跃着向漏磁场处聚集，检测灵敏度高，高温不氧化，在400 ℃上下仍能使用，可用于在高温条件下或部件的高温焊接过程中的磁粉检测，但空心球形磁粉只适用于干法。

在纯铁中添加铬、铝或硅制成的磁粉，也可用于300～400 ℃的高温焊缝缺陷检测。

4.1.2 磁粉的性能及测试

磁粉检测是靠磁粉聚集在漏磁场处形成的磁痕来显示缺陷的，磁痕显示程度不仅与缺陷性质、磁化方法、磁化规范、磁粉施加方式、工件表面状态和照明条件等有关，还与磁粉本身的性能，如：磁特性、粒度、形状、流动性、密度和识别度有关，因此了解和选择性能好的磁粉十分重要。

1. 磁粉的性能

磁粉的性能包括磁特性、粒度、形状、密度、流动性及可见度和对比度，讨论这些参量是逐个进行的，但应特别注意它们的相互关系。必须考虑：①缺陷是处于试件的表面还是表面下。②需要发现缺陷的尺寸。③可采用的磁化方法及用什么方法施加磁粉更为容易等因素，加以权衡选择，否则很难得到好的检测效果。

（1）磁特性　材料的磁特性（磁导率、顽磁性和矫顽力）通常以饱和值来表征，但在评定作为磁粉的参数值时，饱和值没有什么价值，在磁粉检测中磁粉是达不到磁饱和的，只是起始的磁响应才更为重要。磁粉的磁特性与磁粉被漏磁场吸附形成磁痕的能力有关，磁粉应具有高磁导率、低矫顽力和低剩磁。高磁导率的磁粉容易被缺陷产生的微小漏磁场磁化和吸附，聚集起来便于识别。如果磁粉的矫顽力和剩磁大，磁化后形成磁极，彼此吸引聚集成团不容易分散开，磁粉也会被吸附在工件表面不易去除，形成过度背景，甚至会掩盖相关显示。若磁粉吸附在管道上，还会使油路堵塞。干法检测中，第一次磁化后的磁粉若被吸附在最初接触的工件表面上，使磁粉移动性变差，难以被缺陷处微弱的漏磁场吸附，同样也会形成过度背景，影响缺陷辨认。

（2）粒度　磁粉的粒度也就是磁粉颗粒的大小，粒度的大小对磁粉的悬浮性和漏磁场对磁粉的吸附能力都有很大的影响。

选择适当的磁粉粒度时，应考虑缺陷的性质、尺寸、埋藏深度及磁粉的施加方式。

检测工件表面微小缺陷时，宜选用粒度细小的磁粉，因为细磁粉悬浮性好，容易被小缺陷产生的微小漏磁场磁化和吸附，形成的磁痕显示线条清晰，定位准确。检测大缺陷和近表面缺陷时，宜选用粒度较粗一点的磁粉，因为粗磁粉在空气中容易分散开，也容易搭接跨过大缺陷，磁导率也比细磁粉的高，因而搭接起来容易磁化和形成磁痕显示。

在实际应用中，由于要求发现各种大小不同的缺陷，也要求发现工件表面和近表面的缺陷，所以应使用含有各种粒度的磁粉，这样对于各类缺陷可获得较均衡的灵敏度。对于干法用磁粉，粒度为10~50 μm，最大不超过150 μm。对于湿法用的黑磁粉和红磁粉，粒度宜采用

5~10 μm，粒度大于50 μm的磁粉，不能用于湿法检测，因为它很难在磁悬液中悬浮，粗大磁粉在磁悬液流动过程中，还会滞留在工件表面干扰相关显示。而粒度过细的磁粉在使用中，它们会聚集在一起起作用，所以一般不规定粒度的下限。由于荧光磁粉表面有包裹层，所以粒度不可能太小，一般在5~25 μm之间，但这并不意味着检测灵敏度的降低，因为荧光磁粉的可见度、对比度和分辨力高，所以仍能获得高的灵敏度。

在磁粉检测中，一般推荐干法用颗粒直径为0.175~0.09 mm（80~160 目）的磁粉，湿法用颗粒直径为0.050~0.035 mm（300~400目）的磁粉。

在轨道交通行业中，对磁粉粒度的指标要求和测试方法一般规定如下：

第一，非荧光干法磁粉：磁粉的颗粒直径为0.175～0.061 mm（80～250目），粒度分布状态为自然粉碎状态，颗粒直径>0.175 mm（<80目）的磁粉质量百分比不应大于1%，颗粒直径<0.061 mm（>250 目）的磁粉质量百分比不应大于8%。

第二，非荧光或荧光湿法磁粉：按质量计算，颗粒直径>0.045 mm（<320 目）的磁粉质量百分比不应超过2%。

（3）形状　磁粉有各种各样的形状，如：条形、椭圆形、球形或其他不规则的颗粒形状。

一般来说，条形磁粉（长径比大）容易磁化并形成磁极，因而较容易被漏磁场吸附，有利于检测大缺陷和近表面缺陷，另外这类缺陷的漏磁场分散，聚集成磁粉链条才容易形成磁痕。但如果完全由条形磁粉组成，磁粉的流动性不好，磁粉严重聚集还会导致灵敏度下降。对于干法磁粉，条形磁粉相互吸引还会影响喷洒和磁粉显示形成。

球形磁粉能提供良好的流动性，尽管退磁场的影响不容易被漏磁场磁化，但空心球形磁粉能跳跃着向漏磁场聚集。

为了使磁粉既有良好的磁吸附性能，又有良好的流动性，所以理想的磁粉应由一定比例的条形、球形和其他形状的磁粉混合在一起使用。

（4）流动性　为了能有效地检出缺陷，磁粉必须能在受检工件表面流动，以便被漏磁场吸附形成磁痕显示。

在湿法检测中，是利用磁悬液的流动带动磁粉向漏磁场处流动，但值得注意的是，由于磁粉比载液重，势必很快下沉，因此搅拌是很重要的。在干法检测中，是利用微风吹动磁粉，并利用交流电不断换向使磁场也不断换向，或利用单相半波整流电产生的单方向脉冲磁场带动磁粉变换方向促进磁粉流动的。由于直流电磁场方向不改变，不能带动磁粉变换方向，所以直流电不能用于干法检测。

（5）密度　湿法用黑磁粉和红磁粉的密度约为4.5 g/cm^3，干法用磁粉的密度约为8 g/cm^3，空心球形磁粉的密度为0.71~2.3 g/cm^3，荧光磁粉的密度除与采用的铁磁粉原料有关，还与磁粉、荧光染料和粘结剂的配比有关。

磁粉的密度对检测结果有一定的影响，因为在湿法检测中，磁粉的密度大，易沉淀，悬浮性差；在干法检测中，密度大，则要求吸附磁粉的漏磁场要大。由于密度大小与材料磁特性也有关，所以应综合考虑。

（6）识别度　识别度是指磁粉的光学性能，包括磁粉的颜色、荧光亮度及与工件表面颜色的对比度。对于非荧光磁粉，只有磁粉的颜色与工件表面的颜色形成很大对比度时，磁痕才容易观察到，缺陷才容易发现；对于荧光磁粉，在黑光下观察时，工件表面呈紫色，只有微弱的可见光本底，磁痕呈黄绿色，色泽鲜明，能提供最大的对比度和亮度。由于工件表面覆盖着一层荧光磁悬液，就会产生微弱的荧光本底，因此荧光磁悬液的浓度不宜太高，大约为非荧光磁悬液浓度的1/10。

总的来说，影响磁粉使用性能的因素有以上六个方面，但这些因素又是相互关联、相互制约的，如果孤立地追求某一方面而排斥另一方面，甚至可能导致试验的失败。如磁性称量法只反映了磁粉的磁特性，光凭磁性称量法称出磁粉样品几克为合格而忽略其他影响因素，实践证明不是完全可靠的。最根本的办法应通过综合性能（系统灵敏度）试验的结果来衡量磁粉的性能。

2. 磁粉性能测试

干法用非荧光磁粉的验收试验包括：非磁性物质、颜色、粒度、流动性和灵敏度，湿法用非荧光磁粉的验收试验包括：非磁性物质、颜色、粒度、灵敏度和悬浮性。湿法用荧光磁粉的验收试验除上述五项外，还包括干粉亮度、湿粉亮度及耐久性。

（1）非磁性物质　采用如图4-1所示的磁吸附仪进行试验。

1）非荧光干法磁粉而言，试验步骤如下：

第一，称取（20±1）g干燥的磁粉，均匀地洒在干净的A4白纸上。

第二，打开磁吸附仪电源，将磁吸附仪电磁棒垂直放在磁粉的上方，使上层的磁粉能平缓的被吸附到电磁棒上，小心地将吸附有磁粉的电磁棒移开，然后切断电源，让吸附的磁粉落在一边。

第三，重复步骤第二，直到所有能被吸附的磁粉被吸完，称量白纸上剩余的非磁性粉末，计算质量百分比。

第四，重复步骤第一～第三，每次需更换新磁粉，取3次结果的算术平均值。

测试结束后，磁粉中非磁性物质的质量百分比不应大于2%。

2）非荧光湿法磁粉，试验步骤如下：

第一，称取（2±0.1）g干燥的纯磁粉，倒入50 mL烧杯中，用20 mL无水乙醇分散磁粉，再加入20 mL无水乙醇，待10 min后，进行磁吸附。

第二，静置10 min后，将通有15 A直流电的电磁铁垂直伸入烧杯中吸附磁粉，小心地将吸附有磁粉的电磁铁取出，移至一个预先准备好的容器中，再切断电源。

第三，重复步骤第二，直至烧杯中能被吸附的磁粉吸取完为止。

第四，静置30 min后，在白光照度≥1000 lx的白色衬底板上检查烧杯底部有无残留物。

经磁吸附仪操作后，磁粉应能被吸附并去除，不应有明显的残留物。

3）荧光湿法磁粉，试验步骤如下：

第一，按使用说明书规定或以下配方配制试验用水磁悬液：

—— 分散剂：10 ml/L；

—— 消泡剂：15 ml/L；

—— 防锈剂：10 ml/L；

—— 荧光磁粉：5 g/L；

—— 在100 mL水中，加入分散剂充分溶解，然后加入5 g荧光磁粉，搅拌均匀，直至水面上无荧光磁粉漂浮为止，再加入防锈剂和消泡剂搅拌均匀，最后加水至1 L。

第二，试验用水磁悬液在用于测试前，应先将其放入转速≥2500 r/min的磁悬液搅拌仪内（见图4-2），按搅拌5 min、停5 min的周期，重复3次，搅拌均匀。

第三，取出搅拌均匀后的水磁悬液100 mL，放入内径为50 mm、容量为150 mL的烧杯中，按非荧光湿法磁粉非磁性物质测试步骤的第二～第四步骤进行试验。

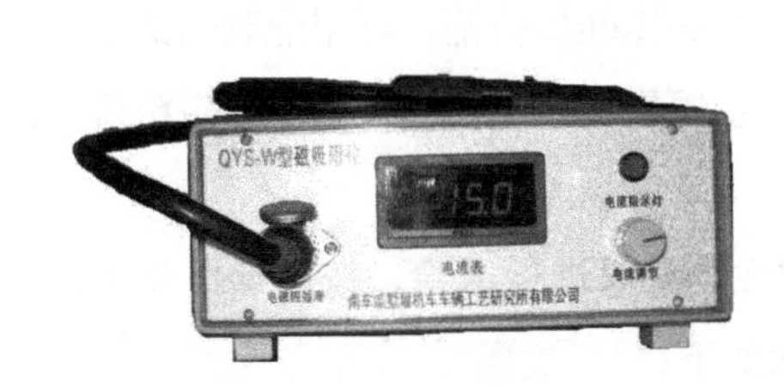

图4-1　磁吸附仪

图4-2　磁悬液搅拌仪

（2）颜色　试验方法如下：

1）非荧光磁粉，在不小于1000 lx的白光照度下目视观察白色衬底下的磁粉颜色可以是黑色、红色或其他规定的颜色。

2）荧光磁粉，在一根内径为25 mm，高度为180 mm的玻璃试管内装入（1±0.1） g磁粉和（50±1） mL无水乙醇，混合均匀后，静置2 min；在环境白光照度≤20 lx的暗区内，用辐照度≥1000 μW/cm²的黑光激发，磁粉应能激发出目视可见的黄绿色或其他颜色的荧光。

（3）粒度　试验方法如下：

1）非荧光干法磁粉，采用振摆过筛法，振筛机的基本参数如图4-3所示，试验步骤及要点如下：

第一，称取（500±0.5）g干燥的磁粉。

第二，振动过筛8 min。

第三，过筛终止后，将0.175 mm（80 目）筛内和0.061 mm（250 目）筛外的磁粉各自称量，计算质量百分比。

第四，重复步骤第一～第三，每次需更换新磁粉，取3次结果的算术平均值，<80 目的磁粉质量百分比应≤1%，>250 目的磁粉质量百分比应≤8%。

技术要求：

1.振击次数：（150～200）次/min。

2.摆动次数：（200～250）次/min。

3.功率：120 W。

4.标准筛直径为200 mm。

5.标准筛的孔径：0.175 mm（80 目），0.061 mm（250 目）。

图4-3　振筛机

2）非荧光湿法磁粉，采用湿筛法。称取（20±1） g干燥的磁粉，倒入一个直径为100 mm，孔径为0.045 mm（320 目）的标准检验筛中。先用少量无水乙醇均匀湿润，然后在无水乙醇冲刷下进行筛洗，再烘干筛内未通过的沉淀物，取出称量，计算质量百分比，通过筛子的磁粉质量百分比不应低于98%。

3）荧光湿法磁粉，同样采用湿筛法。取配置好并经高速搅拌均匀后的试验用水磁悬液，通过直径为100 mm、孔径为0.045 mm（320目）的标准检验筛，再用配制的试验用载液充分冲洗，烘干筛内未通过的沉淀物，取出称量，计算质量百分比，通过筛子的磁粉质量百分比不应低于98%。

（4）流动性　采用图4-4中所示的磁粉流动性测量仪进行试验，按质量百分比计算，应有20%～50%的磁粉活动到75 mm以外。试验步骤如下：

第一，称取（10±0.1） g干燥的磁粉，电磁轭通电，磁粉倒入漏斗中，磁粉自由落在水平位置的干燥试块上。

第二，以磁粉落在试块上为起点计时，电磁轭通电1 min±3 s后断电。

第三，以试块上黑线为界，将黑线以外（磁轭一边）的磁粉称量，计算质量百分比。

第四，重复步骤第一～第三，每次需更换新磁粉，取3次结果的算术平均值。

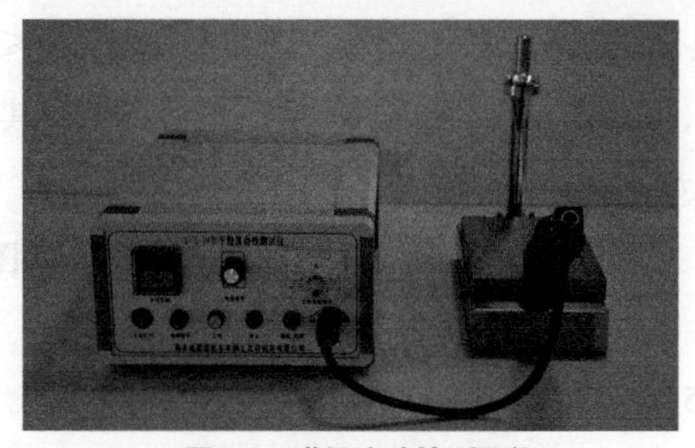

图4-4　磁粉流动性测量仪

（5）悬浮性　用酒精沉淀法测定磁粉悬浮性，用以反映磁粉的粒度，酒精和磁粉应有明显的分界线，且分界处的磁粉柱的高度不应小于200 mm。

该方法是采用刻度以毫米为分度、长400 mm，内径为（10±0.5）mm，底部距顶端量程刻度为300 mm的悬浮管进行试验。试验步骤如下：

第一，称取（3±0.1）g干燥的、未经磁化的磁粉，倒入悬浮管内，注入少量无水乙醇至150 mm柱高，用力摇晃至均匀，再注入无水乙醇至300 mm柱高，反复倒置混合均匀。

第二，混合均匀后，该试管应迅速直立，固定在滴定管装夹上，同时计时，静置3 min±10 s，读出明显分界处的磁粉柱高度。

第三，重复步骤第一和第二，每次需更换新磁粉，取3次结果的算数平均值。

（6）灵敏度　试验步骤如下：

1）非荧光干法磁粉，采用图4-5所示的灵敏度测试仪进行试验，试验步骤如下：将图4-5中E型标准试块最接近表面的人工孔转到12点钟位置，施加有效值为750 A的交流电，磁粉均匀地撒布在试块表面，在白光照度不小于1000 lx条件下观察试块表面人工孔的磁痕显示，应至少清晰显示E型标准试块上的两个孔。

2）湿法磁粉，采用图4-5所示的灵敏度测试仪和图4-6所示的自然裂纹试块进行试验，试验步骤如下：

第一，配制试验用磁悬液，载液可采用市场销售的100%检测（油）载液或按以下配方配制：70%无味煤油+30%变压器油（25号）。

第二，磁悬液浓度：非荧光湿法用磁粉20 g/L，荧光湿法用磁粉5 g/L。

第三，观察条件：非荧光湿法磁粉：白光照度≥1000 lx；荧光湿法磁粉：白光照度≤20 lx，紫外辐照度≥1000 μW/cm^2。

第四，将图4-5中E型标准试块最接近表面的人工孔转到12点钟位置，施加有效值为750 A的交流电，将搅拌均匀的磁悬液均匀喷洒在试块表面上，观察试块表面人工孔的磁痕显示，应至少清晰显示E型标准试块上的两个孔。然后，再将搅拌均匀的磁悬液均匀喷洒在1型参考试块无标识面上，观察其裂纹显示状况，并与1型参考试块初始评价结果图谱进行比较，应基本一致。

图4-5　灵敏度测试仪

图4-6　1型参考试块（荧光磁悬液）

（7）干粉亮度、湿粉亮度　荧光磁粉干粉亮度、湿粉亮度采用图4-7所示荧光亮度测试仪进行试验。荧光磁粉的干粉亮度不应小于荧光标准板亮度的170%。湿粉亮度不应小于干粉亮度的60%。荧光标准板有效期为一年（以生产日期计算）。

1）干粉亮度测试试验步骤如下：

第一，荧光亮度测试仪开机预热15～20 min，仪器“校正”旋钮关闭。调节“零位”旋钮调至显示读数为“零”。

第二，将荧光标准板放入仪器暗区窗内，关闭窗盖。再调整仪器“校正”旋钮至光度计显示110读数。此时，称为标准读数，用“X”表示。

第三，将被测磁粉松散装入标准玻璃皿内，用直尺刮平（不能压平），擦去玻璃皿外部残余粉末。

第四，取出仪器暗区窗内的标准板，小心地将装满磁粉的玻璃皿放入仪器暗区窗内测试，待仪器显示读数稳定后，记下读数X_1，计算荧光磁粉相对干粉亮度，即：

$$干粉亮度=\frac{X_1}{X}\times100\%$$

第五，重复步骤第二～第四，每次需更换新磁粉，取3次测量结果的算术平均值。

2）湿粉亮度测试试验步骤如下：

第一，按要求配制1 L水磁悬液，并按规定搅拌均匀后，静置至少12 h。

第二，用磁吸附仪从上述水磁悬液中吸取浸泡后的磁粉，放入标准玻璃皿内，吸取的磁粉层控制在玻璃皿不透光为止，约1～2 mm。

第三，让磁粉在玻璃皿内静置30 s，倒去表面水层，擦去玻璃皿外部的水迹。

第四，将荧光标准板放入仪器暗区窗内，关闭窗盖。再调整仪器“校正”旋钮至光度计显示110读数。此时，称为标准读数，用“X”表示；小心地将玻璃皿放入仪器暗区窗内测量，待显示读数稳定后，记下磁粉亮度读数X_2，计算荧光磁粉相对湿粉亮度，即：

$$湿粉亮度=\frac{X_2}{X_1}\times100\%$$

第五，按上述步骤操作3次，每次需更换新磁粉，取3次测量结果的算术平均值。

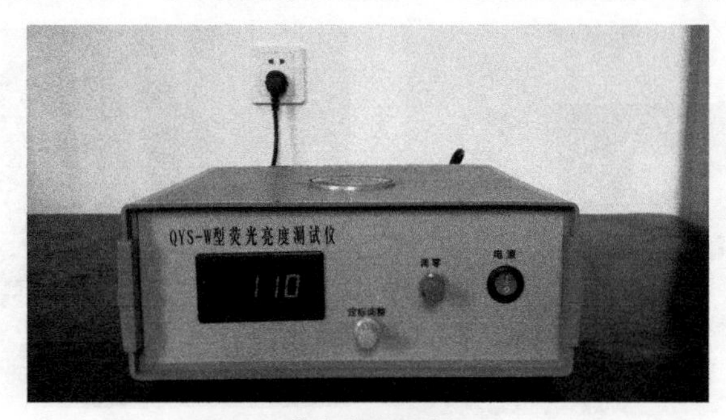

图4-7　荧光亮度测试仪

（8）耐久性　将磁粉在浸泡120 h后，按上述测试步骤分别进行灵敏度和湿粉亮度检测，应仍能满足灵敏度和湿粉亮度要求。

4.2 载液

对于湿法磁粉检测，用来悬浮磁粉的液体称为载液，其中用油的为油性载液，用水的为水载液，磁粉检测——橡胶铸型法应使用无水乙醇载液。

4.2.1 油性载液

油性载液优先用于如下场合：①对腐蚀须严加防止的某些铁基合金（如：经精加工的轴承和轴承套）。②水可能会引起电击的地方。③在水中浸泡可引起氢脆或腐蚀的某些高强度钢和金属材料。

磁粉检测用油性载液是具有高闪点、低粘度、无荧光和无臭味等特点的煤油。

闪点是指易燃物质挥发在空气中产生的蒸气能够燃烧时的最低温度。若油性载液的闪点低，磁悬液易被点燃，会造成检测设备、被检工件和人员的烧伤。

粘度是液体流动时内摩擦力的量度。粘度值随温度的升高而降低。油的粘度分动力粘度和运动粘度两种。

动力粘度是表示液体在一定剪切应力下流动时内摩擦力的量度，其值为作用于流动液体的剪切应力和剪切速率之比，在国际单位制（SI）中以帕秒（Pa·s）表示。

运动粘度是表示液体在重力作用下流动时摩擦力的量度，其值为相同温度下液体的动力粘度与其密度之比，在国际单位制（SI）中用m^2/s为单位。在工程制中用厘斯（cSt）为单位，$1\ cSt=10^{-6}\ m^2/s=1\ mm^2/s$。

在一定的使用温度范围内，尤其在较低的温度下，若油性载液的粘度小，磁悬液的流动性就好，检测灵敏度也相对较高。

4.2.2 水载液

水不能单独作为载液使用，因为磁粉检测水载液必须在水中添加分散剂、防锈剂，必要时还要添加消泡剂，以保证水载液具有合适的润湿性、分散性、防腐蚀性、消泡性和稳定性。水载液的验收试验包括：PH值、润湿性、分散性、防锈性、消泡性及稳定性。

（1）润湿性　水载液应能迅速地润湿工件表面，润湿性可按如下方法来确定：在1 L水中，按使用说明书规定的比例添加分散剂、防锈剂和消泡剂形成水载液，或专用水载液1 L。让水载液溢流通过工件，观察水载液在工件表面的润湿状况，如果水载液迅速润湿工件表面，水载液的薄膜应是连续不断的，并在整个工件表面连成一片，说明水载液润湿性能良好。如果试块表面的水载液的薄膜断开、破碎，工件有裸露表面，即水断表面，或在工件表面形成许多单个微滴，则表明水载液润湿性能不好。水载液pH值应控制在7~9。

（2）分散性　无论是非荧光磁粉，还是荧光磁粉，应能均匀地分散在水载液中，且在有效使用期内磁粉应无团聚、结块现象。

(3) 防锈性　对被检试件和所用设备，甚至磁粉本身无腐蚀作用。防锈性可用以下方法来确定：用一根长150 mm，直径15 mm，表面粗糙度为R_a=3.2 μm的低碳钢棒，至少1/2部分浸入待检水载液中浸泡至少72 h，取出后放置在室温环境中，48 h后观察试棒表面，应无明显的锈蚀产生。

(4) 消泡性　能在较短时间内（5 min内）自动消除因搅拌而引起的大量泡沫，以保证检测灵敏度。

(5) 稳定性　在规定的储存期间，水载液的使用性能不发生变化。

用水作载液的优点是水不易燃、粘度小、来源广、价格低廉。但需要说明的是，对于水载液，腐蚀问题过去靠在载液中加入少量（约15 g/L）亚硝酸钠来控制，这些化学试剂具有强的毒性，同时也属于废水污染物，必须根据有关法规限制使用。检测完成之后，水载液根本不能提供腐蚀防护，必须另作后清理。

4.3 磁悬液

磁粉和载液按一定比例混合而成的悬浮液称为磁悬液。

4.3.1 磁悬液浓度

每升磁悬液中所含磁粉的重量（g/L）或每100 mL磁悬液沉淀出磁粉的体积（mL/100mL）称为磁悬液浓度。前者称为磁悬液配制浓度，后者称为磁悬液沉淀浓度。

磁悬液浓度对显示缺陷的灵敏度影响很大，浓度不同，磁粉检测灵敏度也不同。浓度太低，影响漏磁场对磁粉的吸附量，磁痕显示不清晰会使缺陷漏检；浓度太高，会在工件表面滞留很多磁粉，形成过度背景，甚至会掩盖缺陷磁痕显示。

磁悬液浓度大小的选用与磁粉的种类、粒度、施加方式和工件表面状态有关。目前，国家标准和国内各行业不同标准之间对磁悬液浓度的要求不尽相同。轨道交通行业荧光磁粉检测浓度规定多为：0.1mL/100mL～0.6mL/100mL；非荧光磁粉检测浓度规定为：1.2mL/100mL～2.4mL/100mL；但也有产品标准的浓度要求略有不同，例如：摇枕、侧架及车钩、尾框等非荧光磁粉检测浓度规定为：1.3mL/100mL～2.5mL/100mL；荧光磁粉检测浓度规定为：0.2mL/100mL～0.7mL/100mL。实际检测过程中，一些检测人员认为浓度越高越好，导致无论锻件、铸件，无论工件表面光洁、粗糙，检测磁悬液浓度非常高，这种观念是错误的。特别是用新配制磁悬液检测表面光洁的锻件时，会造成工件表面本底衬度变坏，影响、干扰磁痕观察及缺陷判定，严重时还会导致漏检。

磁悬液浓度测定的一般规定：设备启动后，搅拌磁悬液5 min，用浓度测定管接取搅拌均匀磁悬液100 mL，静置沉淀至少30 min后，读取浓度值。ASTM E1444规定，搅拌磁悬液最少30 min，抽取100 mL搅拌后的磁悬液至梨形沉淀管（具有1 mL刻度0.05 mL分度，非荧光磁粉应具有1.5 mL刻度0.1 mL分度）中作为样本。对样本进行退磁并将其直立静置沉淀，油基磁悬液沉淀时间至少为60 min，水悬液沉淀时间至少为30 min。

4.3.2 磁悬液浓度快速测定

上述磁悬液的测定方法，实践中反映常常出现如下问题：

1）观察浓度沉淀管中磁粉沉淀的毫升数反映磁悬液中磁粉含量的浓度，很容易受磁悬液污染物（尘土、棉丝杂物、油污等）影响，检测精度较低，难以得到准确的检测结果。

2）观察磁悬液中的磁粉在浓度沉淀管中沉淀时间太长（油基载液1 h，水基载液30 min），不利于保证生产的正常进行。

目前有一种磁悬液浓度快速测定方法和装置，采用磁性沉淀取代自然沉淀，在5 min内使100 mL沉淀管的磁粉沉淀且磁粉挂壁现象不明显，在3 min内使25 mL管的磁粉基本沉淀，同时由于磁粉和污染物（尘土、棉丝杂物等）的磁特性差别，可以实现磁粉和污物的分离，从而进行磁悬液浓度的实时准确测量，如图4-8所示。

图4-8 磁悬液浓度快速测定试验台

4.3.3 磁悬液配制

（1）油磁悬液 油磁悬液是在油性载液中加入适量的磁粉配制而成。先取少量的油性载液与磁粉混合，让磁粉全部润湿，搅拌成均匀的糊状，再按表4-1所示比例加入余下的油性载液，搅拌均匀即可。

国外有浓缩磁粉，外表面包有一层润湿剂，能迅速地与油性载液结合，可直接加入磁悬液槽内进行使用，这是一例外。

表4-1 磁悬液浓度

磁粉类型	配制浓度/g·L^{-1}	沉淀浓度（mL/100mL）
非荧光磁粉	10～25	1.2～2.4
荧光磁粉	0.5～3.0	0.1～0.6

（2）水磁悬液配制　推荐的非荧光磁粉水磁悬液配方如表4-2所示。

表4-2　非荧光磁粉水磁悬液配方

水/L	100#浓乳/g	三乙醇胺/g	亚硝酸钠/g	消泡剂/g	非荧光磁粉/g
1	10	5	10	0.5～1	10～25

配制方法：按表4-2所示比例将100#浓乳加入到50 ℃温水中，搅拌至完全溶解，然后再加入三乙醇胺、亚硝酸钠和消泡剂，每加入一种成分后都要搅拌均匀，最后加入磁粉并搅拌均匀。

（3）荧光磁悬液　荧光磁悬液是将荧光磁粉和载液混合配置而成的。

荧光油磁悬液配制时，只需往油载液中添加适量荧光磁粉（一般是1~3 g/L），搅拌均匀即可。荧光油磁悬液一般不用变压器油或混合油作载液，主要是考虑到在紫外光照射下会产生微弱荧光，影响工件的本底对比度。常用油载液有专用载液和无味煤油。

荧光水磁悬液配制时，应先用荧光磁粉和少量分散剂混合，并搅拌成糊状，然后再加入剩余分散剂、消泡剂、防锈剂和水，具体配比如表4-3所示。但需要特别注意的是，切不可将磁粉直接加入水中，然后再加入分散剂、消泡剂、防锈剂等添加剂，因为如此配制出的磁悬液往往会有少许粗颗粒及磁粉漂浮凝块现象，严重影响磁粉检测效果。究其原因，就是磁粉没有与水充分润湿，完全分散。

市场上也有荧光磁粉水性磁悬液添加剂，同时具有防锈、润湿和消泡功能。

复合荧光磁粉，是荧光磁粉和分散剂、防锈剂和表面活性剂（一种或多种）的干燥混合物，配制过程中可直接加入水中按一定的比例配制成磁悬液，磁悬液具有良好的悬浮性、流动性和工件表面的润湿性。

荧光磁粉浓缩液，是荧光磁粉与水性介质、润湿剂、消泡剂和防锈剂等混合而成的浓缩液，使用时按照一定比例加水配制荧光磁粉水磁悬液。

表4-3　荧光磁粉水磁悬液配方

<table>
<tr><th>配方号</th><th>材料名称</th><th>重量或比例</th><th>磁悬液浓度（mL/100mL）</th></tr>
<tr><td rowspan="5">1</td><td>水</td><td>1000mL</td><td rowspan="5">0.5～2</td></tr>
<tr><td>JFC乳化剂</td><td>5g</td></tr>
<tr><td>亚硝酸钠</td><td>10g</td></tr>
<tr><td>消泡剂</td><td>0.5～1g</td></tr>
<tr><td>荧光磁粉</td><td>0.5～2g</td></tr>
<tr><td rowspan="2">2</td><td>复合荧光磁粉</td><td>3～5g</td><td rowspan="2">－</td></tr>
<tr><td>水</td><td>1000mL</td></tr>
<tr><td>3</td><td>荧光磁粉浓缩液：水</td><td>1：（200～400）</td><td>0.2～0.4</td></tr>
</table>

（4）罐装磁悬液　生产厂家将配制浓度合格的磁悬液压装进喷罐中，使用时只需轻轻摇动喷罐，将罐中磁悬液摇晃均匀，即可直接喷洒使用。形式试验时，罐装磁悬液除材料、非磁性物质、浓度、灵敏度外，还需对喷罐性能、喷罐容量及其安全性进行测试。

选择喷罐进行检测前，须将喷罐置于室温下≥12 h。检测时，将喷罐浸入（25±1）℃的水中，保持喷罐处于恒温状态。

1）喷罐性能　所有的压力喷罐都应装有喷嘴。喷嘴应提供良好、方向稳定的喷雾，保证磁悬液能够均匀的喷在一个平面或垂直面上。喷罐内应无块状物体和堵塞喷嘴现象。按照喷罐使用要求清理喷嘴后应无泄露。

喷罐喷嘴的喷雾性能和效果通过下面的方法来评定：用力摇动内有小球的喷罐≥3 min，然后把样品喷在210 mm×297 mm表面上，观察喷雾的覆盖范围和均匀程度。喷过几次之后，检查喷嘴有无被固体堵塞。倒置喷罐，清除喷嘴，喷至只有气体喷出。将喷罐浸入（50±2）℃的水中至少15 min，此时，喷罐应无明显泄露或者变形现象。再将其浸入（25±1）℃的水中，直至喷罐温度恒定，用力摇动喷罐，应出现均匀喷雾模式。但喷嘴的喷雾性能无改变，并且没有异物堵塞喷嘴。

2）喷罐容量　喷罐容量为500 mL，磁悬液容量应在230～250 mL之间，在气体排出前，喷罐中的磁悬液排出量不低于磁悬液容量标称值的95%。测试前，喷罐应浸入（25±1）℃水中，以保持喷罐处于恒温状态。摇动喷罐不应低于3 min，将排出的磁悬液放在玻璃容器当中，容器以毫升刻度标识，反复摇动喷罐并直至所有气体完全排除。

使用罐装磁悬液现场检测前，先用标准试片进行综合灵敏度性能试验，合格后即可检测，一般无需测量浓度。使用罐装磁悬液，方便快捷，特别适合高空、野外和仰视检测，目前应用越来越广泛。

4.4 反差增强剂

4.4.1 应用

在对表面粗糙的焊件或铸造工件进行磁粉检测时，由于工件表面凹凸不平，或者由于磁痕颜色与工件表面的对比度很低，会使磁痕显示难以识别，容易造成漏检。为了提高缺陷磁痕与工件表面颜色的对比度，检测前可先在工件表面上涂一层白色薄膜，干燥后再磁化工件。同样，对一些经过发蓝、磷化处理等表面暗色的工件检测时，一般采用荧光磁粉检测。但在无荧光磁粉检测的条件时，为了使缺陷磁痕清晰可见，可以在磁化前对工件表面均匀涂覆白色薄膜，以提高被检测工件缺陷磁痕的对比度，然后用普通黑磁粉进行检测。这一层白色薄膜就叫做反差增强剂。薄膜厚度为25～45 μm，一般控制在30 μm左右。

4.4.2 配方、施加及清除

反差增强剂可按表4-4推荐的配方自行配制，搅拌均匀即可使用。市售产品也有配制好的反差增强剂喷罐。

表4-4　反差增强剂配方

成分	工业丙酮/mL	X−1稀释剂/mL	火棉胶/mL	氧化锌粉/g
每100 mL含量	65	20	15	10

施加反差增强剂的方法：整个工件检查可用浸涂法，局部检查可用喷涂或刷涂法。

清除反差增强剂的方法：可用工业丙酮与X-1稀释剂按3：2配制的混合液浸过的棉纱擦洗，或将整个工件浸入该混合液中清洗。

4.5 标准试片与标准试块

磁粉检测标准试件（试片和试块）是检测时的必备器材，常见的标准试件可分为人工缺陷标准试片和试块及自然缺陷试块。

4.5.1 标准试片

1. 用途

标准试片，以下简称试片，是磁粉检测必备器材之一，具有以下用途：

1）用于检验磁粉检测设备、磁粉和磁悬液的综合性能（系统灵敏度）。

2）用于了解被检工件表面大致的有效磁场强度和方向以及有效检测区。

3）用于考察所用的检测工艺规程和操作方法是否妥当。

4）几何形状复杂的工件磁化时，各部位的磁场强度分布不均匀，无法用经验公式计算磁化规范，磁场方向也难以估计。这时，将小而柔软的试片贴在复杂工件的不同部位，可大致确定较理想的磁化规范。

2. 分类

在日本使用A型和C型试片；在美国使用的试片称为QQI质量定量指示器，在我国使用的有A1型、C型、D型和M1型四种试片。

试片采用符合GB/T 6983规定的DT4A超高纯低碳纯铁材料经轧制而成的薄片。加工试片的材料，包括经退火处理和未经退火处理两种。试片分类符号用大写英文字母表示。热处理状态由下标的阿拉伯数字表示。经退火处理的为1或空缺，未经退火处理的为2。型号名称中的分数中，分子表示试片人工缺陷槽的深度，分母表示试片的厚度，单位为μm。

GB/T 23907—2009中规定了A型、C型、D型试片。这三种试片按不同依据分类如下：

1）按热处理状态可分为：经退火处理的试片和未经退火处理的试片。

2）按灵敏度等级可分为：高灵敏度试片、中灵敏度和低灵敏度试片。

注1：按灵敏度等级进行分类，仅适宜于相同热处理状态的试片。

注2：同一类型和灵敏度等级的试片，未经退火处理的比经退火处理的灵敏度约高1倍。

最常使用的是A1型试片，A1型试片和D型试片的形状如图4-9所示，尺寸如表4-5所示。C型试片的形状如图4-10所示，尺寸如表4-6所示。

M1型多功能试片，是将三个槽深各异而间隔相等的人工刻槽，以同心圆形式做在同一试片上。其三种槽深分别与A1型试片的三种型号的槽深相同，这种试片可一片多用，观察磁痕显示差异直观，能更准确地推断出被检工件表面的磁化状态。M1型试片如图4-11所示，尺寸如表4-7所示。

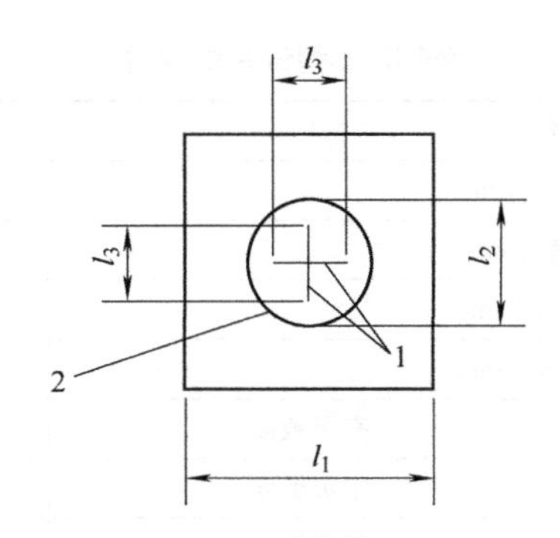

图4-9 A1型和D型试片

注：l_1为试片边长；l_2为圆形人工槽直径；l_3为十字人工槽长度；1为十字人工槽；2为圆形人工槽。圆形人工槽的圆心和十字人工槽的交点均应在试片的中心。十字人工槽的两直线应呈直角相交，并分别与试片的两条边平行。

表4-5 A1型和D型试片的尺寸

名称		A1型试片的尺寸		D型试片的尺寸
试片厚度l_0/μm		100±10	50±5	50±5
试片边长l_1/mm		20±1	20±1	10±0.5
圆形人工槽直径l_2/mm		10±0.5	10±0.5	5±0.3
十字人工槽长度l_3/mm		6±0.3	6±0.3	3±0.2
人工槽深度l_4/μm	高灵敏度	15±2.0	7±1.0	7±1.0
	中灵敏度	30±4.0	15±2.0	15±2.0
	低灵敏度	60±8.0	30±4.0	30±4.0
人工槽宽度l_5/μm		60～180		

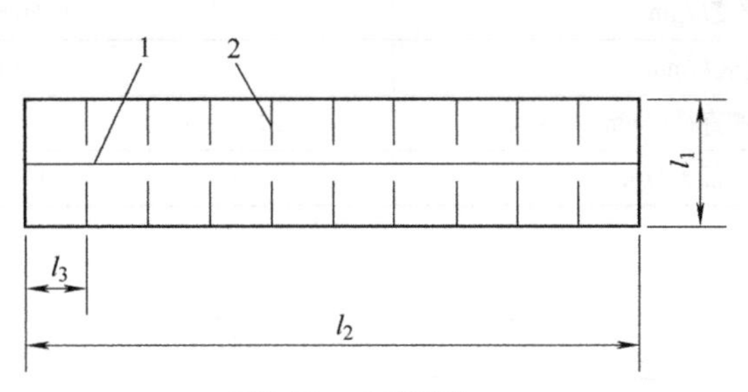

图4-10 C型试片

注：l_1为试片长度；l_2为试片宽度；l_3为分割线间隔；1为直线人工槽；2为分割线。人工槽为直线，位于试片正中，其长度等于试片宽度，并与试片的宽度方向平行。沿分割线可以容易地剪切和分隔试片。

在美国使用的试片称为QQI质量定量指示器，根据AS 5371《磁粉检验用槽型标准试片》，试片有两种厚度，0.05mm（0.002 in）和0.10mm（0.004 in），当较厚试片与所检测部位表面不吻合时，使用较薄的试片。试片有两种尺寸，图4-12、图4-13样式的边长为0.75 in（19 mm），图4-14试样的边长为0.79 in（20 mm）。图4-14样式可裁剪为四块边长为0.395 in（10 mm）试片，可用于比较窄小的检测面。

表4-6　C型试片的尺寸

名称		C型试片的尺寸
试片厚度l_0/μm		50±5
试片宽度l_1/mm		10±0.5
试片边长l_2/mm		50±0.5
分割线间隔l_3/mm		5±0.5
人工槽深度l_4/μm	高灵敏度	8±1.0
	中灵敏度	15±2.0
	低灵敏度	30±4.0
人工槽宽度l_5/μm		60～180

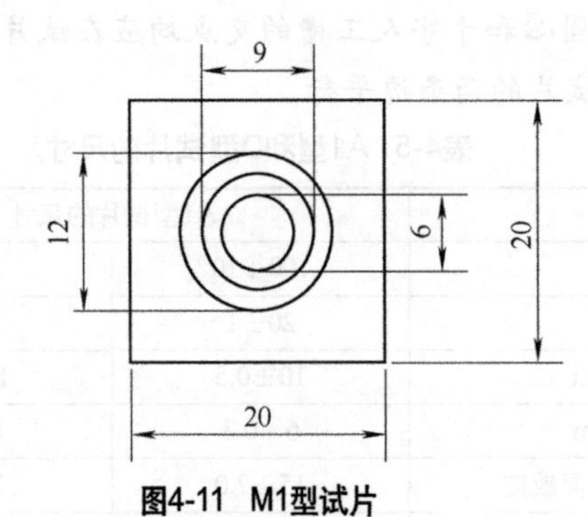

图4-11　M1型试片

表4-7　M1型试片的尺寸

名称	M1型试片的尺寸		
试片厚度l_0/μm	50±5		
试片边长l_1/mm	20±1		
圆形人工槽直径l_2/mm	12	9	6
圆形人工槽深度l_3/μm	7±1.0	15±2.0	30±3.0

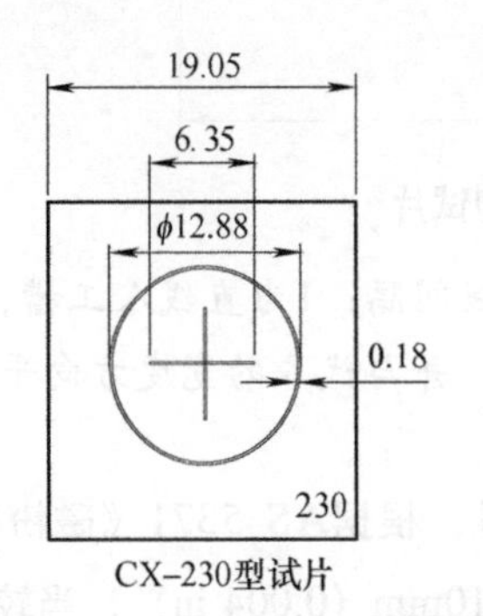

CX–230型试片

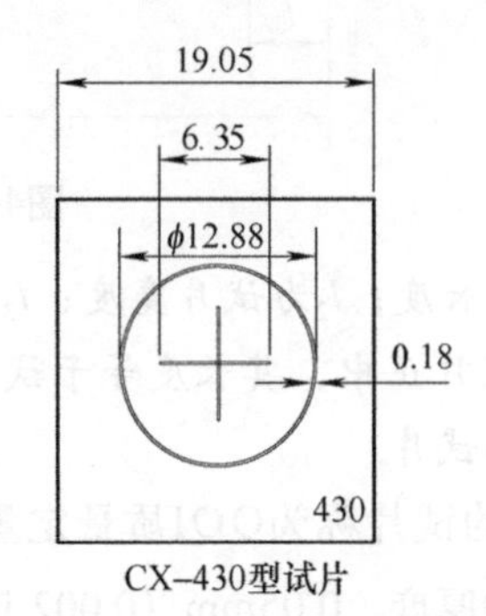

CX–430型试片

图4-12　磁粉试片

注：图中尺寸单位均为（mm）；CX—230型试片厚度为0.05 mm（0.002 in），槽深为0.015 mm（0.0006 in）；CX—430型试片厚度为0.10 mm（0.004 in），槽深为0.030 mm（0.0012 in）。

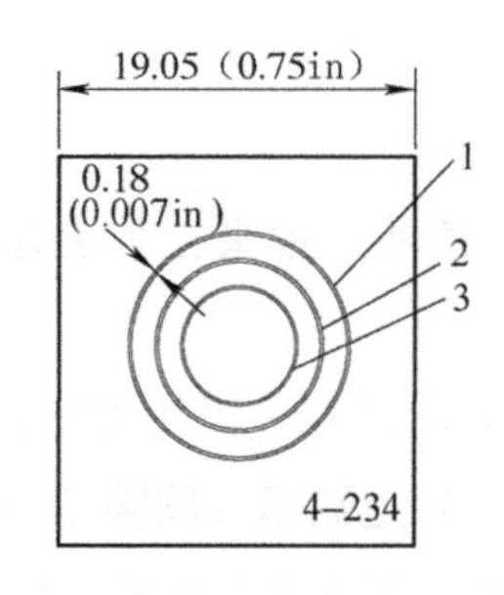

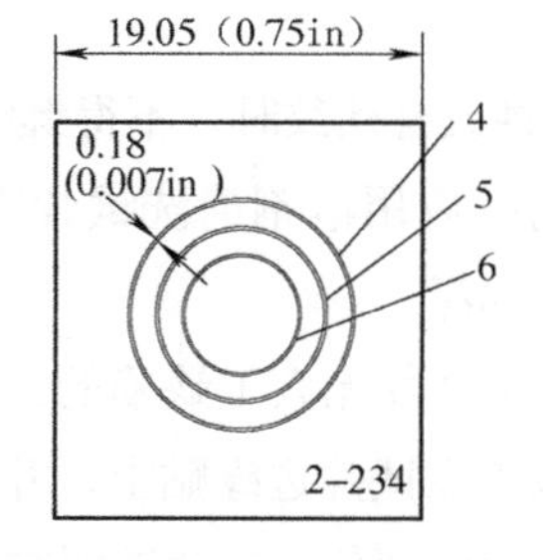

3C4–234型试片　　3C2–234型试片

图4-13　磁粉试片

1、4—外径12.88 mm（0.507 in）　2、5—外径9.73 mm（0.383 in）　3、6—外径8.55 mm（0.258 in）

注：3C4—234型试片厚度为0.10 mm（0.004 in），槽深：外圆为0.020 mm（0.0008 in），中圆为0.030 mm（0.0012 in），内圆为0.040 mm（0.0016 in）；3C2—234型试片厚度为0.05 mm（0.002 in），槽深：外圆为0.010 mm（0.0004 in），中圆为0.015 mm（0.0006 in），内圆为0.020 mm（0.0008 in）。

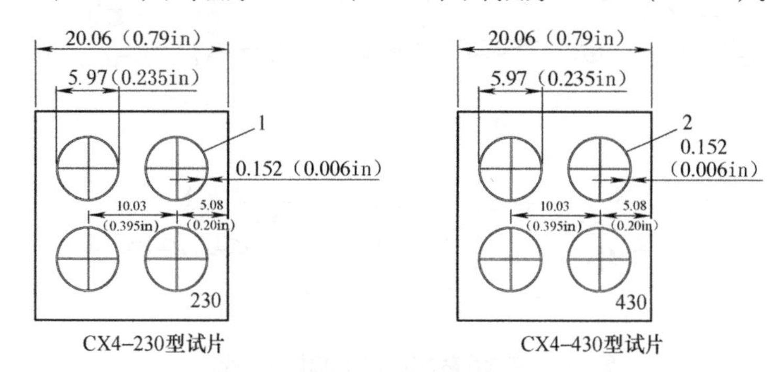

CX4–230型试片　　CX4–430型试片

图4-14　磁粉试片

1—外径6.48 mm（0.255 in）　2—外径6.48 mm（0.255 in）

注：CX4—230型试片厚度为0.05 mm（0.002 in），槽深为0.015 mm（0.0006 in）；CX4—430型试片厚度为0.10 mm（0.004 in），槽深为0.030 mm（0.0012 in）。

试片放置时，开槽面贴近检测工件面。使用足够的试片或将试片放置多个位置以得到合适的磁场大小和方向。

3. 使用

（1）标准试片只适用于连续法检测，用连续法检测时，检测灵敏度几乎不受被检工件材质的影响，仅与被检工件表面的磁场强度有关。应注意：标准试片不适用于剩磁法检测。

（2）根据工件检测面的大小和形状，选取合适的标准试片类型。轨道交通零部件磁粉检测一般选用A1—15/50型试片，但是当探测面窄小或表面曲率半径小时，可选用C型或D型试片。为了更准确地推断出被检工件表面的磁化状态，当用户需要或技术文件有规定时，可选用D型或M1型试片。

（3）根据工件检测所需的有效磁场强度，选取不同灵敏度等级的试片。需要有效磁场强度较小时，选用分数值较大的低灵敏度试片；需要有效磁场强度较大时，应选用分数值较小的高灵敏度试片。

（4）试片表面锈蚀或有褶纹时，不得继续使用。

（5）使用试片前，应用溶剂清洗试片表面的防锈油。如果工件表面贴试片处凹凸不平，应打磨平，并除去油污。

（6）使用时，应将试片无人工缺陷的面朝外。为使试片与工件被检面接触良好，可用透明胶带或专用试片胶带靠试片边缘贴上，并保证试片四边贴紧（间隙应小于0.1 mm），以免磁悬液进入试片和工件间部位，注意透明胶带纸不得覆盖试片有槽的部位。

（7）也可选用多个试片，分别贴在工件的不同部位，可看出工件磁化后，被检表面不同部位的磁化状态或灵敏度的差异，如图4-15所示。

（8）用完试片后，可用溶剂清洗并擦干。干燥后涂上防锈油，放回原装片袋内保存。

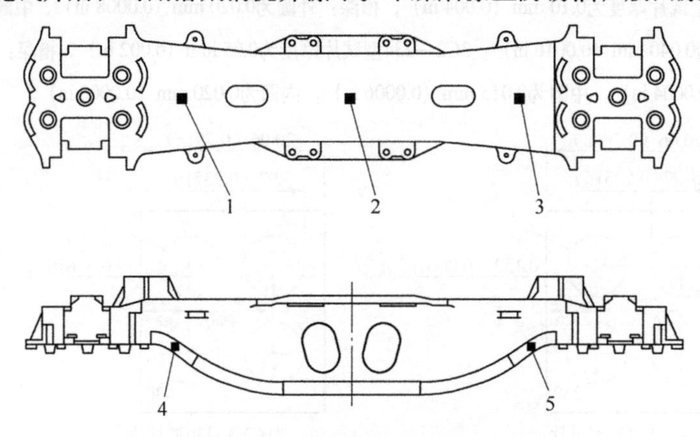

图4-15　将试片贴在工件不同部位（摇枕）

注：1~5为试片贴片部位。

4.5.2 标准试块（B型、E型、1型、2型）

1. 用途

标准试块也是磁粉检测必备的器材之一（以下简称试块）。

试块主要适用于检验磁粉检测设备、磁粉和磁悬液的综合性能（系统灵敏度），也用于考察磁粉检测的试验条件和操作方法是否恰当，还可用于检测各种磁化电流及磁化电流大小不同时产生的磁场在标准试块上大致的渗入深度。

试块不适用于确定被检工件的磁化规范，也不能用于考察被检工件表面的磁场方向和有效磁化区。

2. 分类

GB/T 23906—2009中对磁粉检测用环形试块分为两类：B型试块（或直流环形试块）和E型试块（或交流环形试块）。

（1）B型试块　又称为Ketos环或Betz环，用于校验直流磁粉探伤机。试块采用经退火处理的9CrWMn钢锻件，其硬度为90~95 HRB，晶粒度不低于4级。形状和尺寸如图4-16所示。

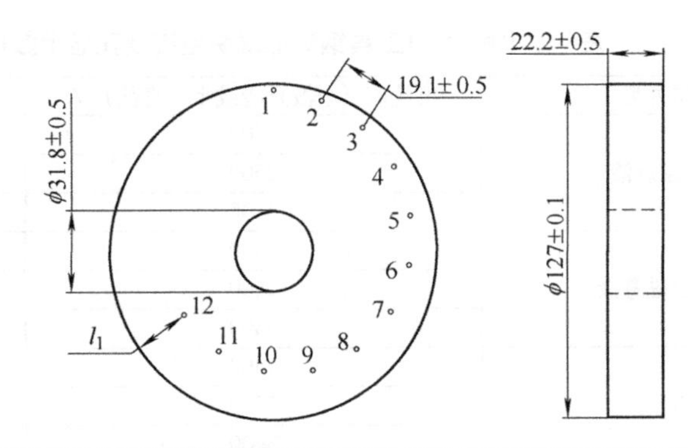

孔号	1	2	3	4	5	6	7	8	9	10	11	12
l_1/mm	1.78	3.56	5.34	7.11	8.89	10.67	12.45	14.22	16.00	17.78	19.56	21.34

图4-16　B型标准试块

B型试块的使用如下（以湿法为例）：

第一，放置一直径为1~1.25 in（25.4～31.75 mm），长度≥16 in（406.4 mm）的非铁磁性导体，使之穿过环形试块中心。

第二，使环形试块处于导体中心部位。

第三，在导体中通入所需电流，周向磁化环形试块。

第四，采用连续法在环形试块上施加磁悬液。

第五，通电时间符合规定要求，在工艺要求的光照条件下观察。

第六，观察有显示的孔的数目是否等于或大于规定的数目。

第七，使用前及使用后均应进行退磁处理。

ASTM E1444标准规定，AS 5282环形试块和Ketos 01工具钢环形试块电流及指示孔要求如表4-8和表4-9所示。

表4-8　AS 5282环形试块电流及孔显示数目要求

检测介质种类	电流值（全波直流或半波直流）/A	孔显示的最小数目/个
荧光湿法磁悬液	500	3
	1000	5
	1500	6
	2500	7
	3500	9
非荧光湿法磁悬液	500	3
	1000	4
	1500	5
	2500	6
	3500	8
干粉	500	4
	1000	6
	1500	7
	2500	8
	3500	9

表4-9 Ketos 01工具钢环形试块电流及孔显示数目要求

检测介质种类	电流值（全波直流或半波直流）/A	孔显示的最小数目/个
荧光湿法磁悬液	1400	3
	2500	5
	3400	6
非荧光湿法磁悬液	1400	3
	2500	5
	3400	6
干粉	1400	4
	2500	6
	3400	7

（2）E型试块 又称交流环形试块，如图4-17所示，其中E型试块材料为经退火处理的10号低碳钢锻件，晶粒度不低于4级，表面粗糙度值不大于3.2 μm；绝缘衬套的材料采用耐热、耐油、抗变形的非金属材料，如酚醛胶木、有机玻璃或硬质聚氯乙烯；导电芯棒的材料采用导电良好的金属材料，如纯铜，牌号为2TY，尺寸为ϕ19 mm × 150 mm。

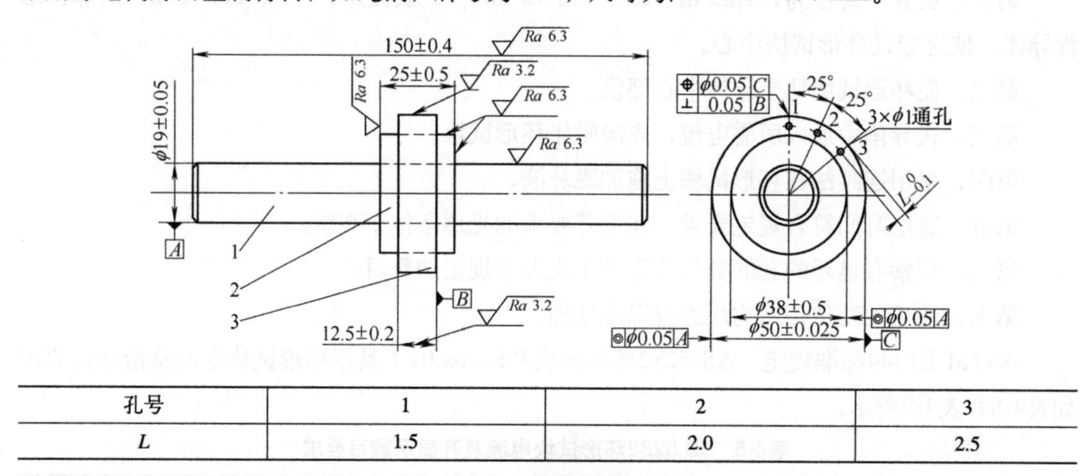

孔号	1	2	3
L	1.5	2.0	2.5

图4-17 E型标准试块

1—导电芯棒 2—绝缘衬套 3—E型试块

（3）自然裂纹试块 该试块是表面带有两种自然裂纹的实物试块，其结构如图4-18所示。试块经机加工、硬化处理、油淬及磨削后，产生应力腐蚀裂纹和磨削裂纹，然后采用中心导体法进行永久磁化。初始评价采用荧光磁粉检测，并采用彩色图谱记录结果作为该试块的初始评价结果图谱。现场对磁粉或磁悬液进行评价时，将待检磁粉或搅拌均匀的磁悬液均匀喷洒在自然裂纹试块无标识面上，观察裂纹显示状况，并与初始评价结果图谱比较，其显示结果应与初始评价结果图谱基本一致。每个试块出厂时都应有唯一标识，并附有合格证书及初始评价结果图谱。

（4）参考试块 GB/T 15822.2—2005和ISO 9934—2—2015中1型参考试块和2型参考试块。

1）1型参考试块。该参考试块是表面带有两种自然裂纹的实物试块，如图4-18所示，试块经机加工、硬化处理、油淬及磨削后，产生应力腐蚀裂纹和磨削裂纹，然后采用中心导体法进行永久磁化。用目视或其他适当方法进行显示比较，从而来评定检测介质。

初始评价采用荧光磁粉检测，并采用彩色图谱记录结果作为该试块的初始评价结果图谱。现场对磁粉或磁悬液进行评价时，将待检磁粉或搅拌均匀的磁悬液均匀喷洒在1型参考试块无标识面上，观察裂纹显示状况，并与初始评价结果图谱比较，其显示结果应与初始评价结果图谱基本一致。

每个试块出厂时都应有唯一标识，并附有合格证书及初始评价结果图谱。

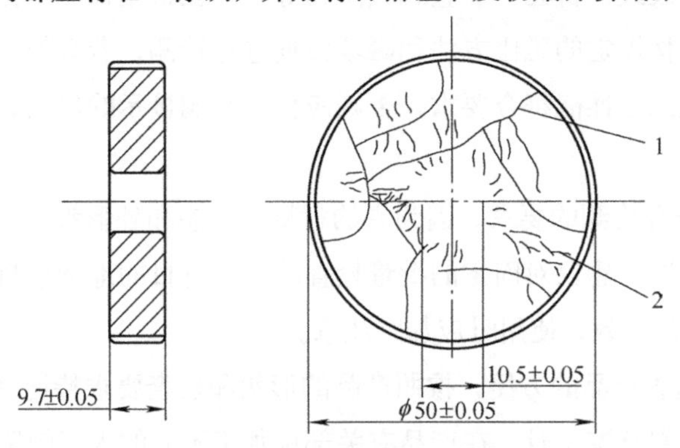

图4-18 典型的1型参考试块

1—应力腐蚀裂纹 2—磨削裂纹

2）2型参考试块。2型参考试块是一个不需外部磁场感应的自磁化体。它包括2块钢条和2块永久磁体，如图4-19所示，它应通过校准，并以+4刻槽表示+100 A/m 和−4刻槽表示−100 A/m。

从试块上磁痕显示的长度（L_G和L_D）给出磁粉或者磁悬液的显示性能。显示从端部开始并向中间逐步减弱，长度越长表示磁粉或者磁悬液的显示性能更好。应以左右侧显示的累积长度作为结果。

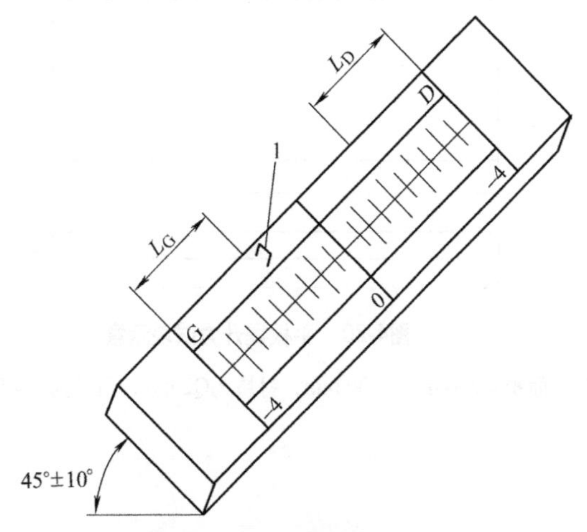

图4-19 2 型参考试块

注：1为喷射方向，L_G为左侧显示长度，L_D为右侧显示长度。

4.5.3 自然缺陷试块和专用试块

为了弄清某磁粉检测系统是否能按照所期望的方式和所需要的灵敏度工作，最直接的途径就是考核该系统检测出一个或多个已知缺陷的能力，最理想的方法是选用带有自然缺陷的工件作为试块。

该样件不是人工特意制造的，而是在生产制造过程中由于某些原因而在工件上自然形成的。常见的缺陷有各种裂纹、折叠、非金属夹杂物等，往往根据检测工作的需要进行选择。对带有自然缺陷的试件按规定的磁化方法和磁场强度进行检测，若全部应该显示的缺陷都能清晰显示，则说明系统综合性能符合要求，否则应检查影响显示的原因，并调整有关因素使综合性能合乎要求。

自然缺陷试块最符合检测的要求。因为它的材质、状态和外形都与被检查的工件一致，最能代表工件的检查情况。建议对固定的批量检查的工件有目的地选取自然缺陷试块。但自然缺陷试块只对专门产品有效，使用时应加以注意。

另外，有时为了检查产品的方便，按照产品的形状和检查要求特地制作专用的试块（如在检查铁路轴承内、外圈及滚子时，在产品有关部位加工不同的人工缺陷等），这种专用试块只能在特殊规定场合下使用，一般只能进行综合性能鉴定。这在使用时应予以注意的。

4.5.4 提升力试块

用磁轭的提升力大小反映磁轭对磁化规范的要求，磁轭法的提升力是指通电电磁轭在相应磁极间距时，对铁磁性材料的吸引力是多少。电磁轭能够提起一定质量的提升力试块，表示符合相应的提升力要求。

提升力试块按质量划分有3.5 kg圆柱形提升力试块、4.5 kg和18.1 kg平板提升力试块，图4-20给出了常用的4.5 kg平板提升力试块的参考尺寸和结构。

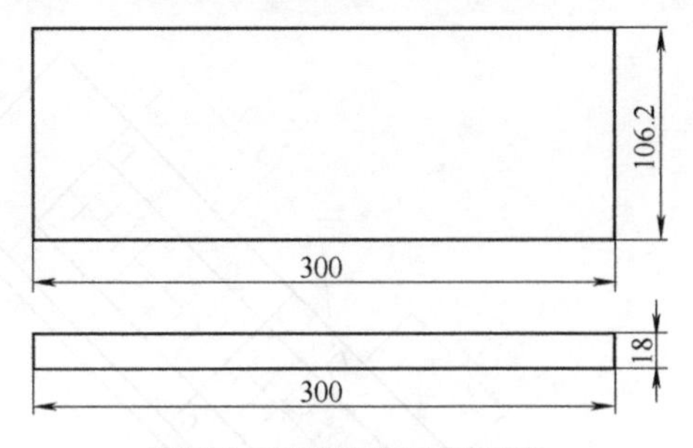

图4-20　平板提升力试块示意

注：有效面积≥300 mm×100 mm，材质为Q235A，质量为（4.5+0.05）kg。

5 磁粉检测工艺

磁粉检测工艺是指从磁粉检测的预处理、磁化工件、施加磁粉或磁悬液、磁痕分析与评定、退磁和后处理的全过程。

预处理：主要是清除一些影响检测操作和检测灵敏度的物质，磁粉检测是用于检测表面和近表面缺陷的方法，工件的表面状态直接影响检测操作和检测灵敏度。

磁化工件：根据工件的形状和尺寸选择适合的磁化方法，根据材料的磁特性和尺寸选择磁化规范。

施加磁粉或磁悬液：根据材料的磁特性选择连续法或剩磁法，确定施加磁测介质的时机，根据技术条件的要求或工件的检测状态，选择干法或湿法检测。

磁痕分析与评定：包括磁痕确认和工件验收，在进行磁痕分析时应注意检测面的表面状态，排除伪磁痕，之后再结合工件的加工状态判断磁痕是否由缺陷引起，根据验收标准做出工件合格与否的判断。

退磁：将工件的剩磁减小到允许范围之内，有的情况不需要专门进行退磁处理。

后处理：指完成磁粉检测操作后，在检测后对工件进行清洗、防锈等处理，也包括标记、工件的分区摆放等。

5.1 磁粉检测方法分类

5.1.1 磁粉检测的分类方法

磁粉检测主要有以下几种分类方法：

（1）根据磁化方法的不同，分为轴向通电法、触头法、线圈法、磁轭法、中心导体法、感应电流法等。

（2）根据建立磁场方向，分为周向磁化、纵向磁化、复合磁化（多向磁化）等。

（3）根据磁粉检测所用的载液或载体不同，分为湿法检测和干法检测。

（4）根据磁化工件和施加磁粉或磁悬液的时机不同，分为连续法检测和剩磁法检测。

（5）根据磁粉的色泽和观察方式不同，分为荧光磁粉检测和非荧光磁粉检测。

磁粉检测方法的分类如表5-1所示。

表5-1 磁粉检测方法分类

分类方式	磁粉检测方法
磁化方法	轴向通电法、触头法、线圈法、磁轭法、中心导体法、感应电流法等
磁场方向	周向磁化、纵向磁化、复合磁化
施加磁粉的载体	湿法（荧光磁粉、非荧光磁粉），干法（非荧光磁粉）
施加磁粉的时机	连续法检测，剩磁法检测
观察方式	荧光磁粉检测、非荧光磁粉检测

5.1.2 连续法和剩磁法

1. 连续法

（1）定义　在外加磁场磁化的同时，将磁粉或磁悬液施加到工件上进行磁粉检测的方法。

（2）应用范围

1）适用于所有铁磁性材料和工件的磁粉检测。

2）工件形状复杂不易得到所需剩磁时。

3）适用于检测表面覆盖层较厚（标准允许范围内）的工件。

4）使用剩磁法检测，设备功率达不到要求时。

（3）操作程序　连续法中，施加磁粉或磁悬液与外加磁场磁化是同步进行的，其检测工艺程序如下：预处理→磁化、施加磁粉或磁悬液→磁痕分析与评定→退磁→后处理。

（4）操作要点

1）湿连续法：先用磁悬液润湿工件表面，在通电磁化的同时浇磁悬液，通电时间一般为1~3 s，停止浇磁悬液后再通电数次，每次至少0.5 s，待磁痕形成并滞留下来时方可停止通电，之后再进行磁痕观察和记录。

2）干连续法：对工件通电磁化后开始喷洒磁粉，并在通电的同时吹去多余的磁粉，待磁痕形成与磁痕观察和记录完后再停止通电。

（5）优点

1）适用于任何铁磁性材料。

2）具有最高的检测灵敏度。

3）可用于多向磁化。

4）交流磁化不受断电相位的影响。

5）能发现近表面缺陷。

6）可用于湿法检测和干法检测。

（6）局限性

1）效率低。

2）易产生非相关磁痕。

3）目视可达性差。

2. 剩磁法

（1）定义　剩磁法是在外加磁场磁化完成以后，再将磁悬液施加到工件上进行磁粉检测的方法。

（2）应用范围

1）凡经过热处理（淬火、回火、渗碳、渗氮及局部正火等）的高碳钢和合金结构钢，矫顽力在1 kA/m、剩磁在0.8 T以上者，才可进行剩磁法检测。

2）用于因工件几何形状限制，连续法难以检测的部位，如螺纹根部和筒形件内表面。

3）用于评价连续法检测出的磁痕显示是属于表面还是属于近表面缺陷显示。

（3）操作程序　剩磁法是利用工件的剩磁进行检测，其检测工艺程序如下：预处理→磁化→施加磁悬液→磁痕分析与评定→退磁→后处理。

（4）操作要点

1）磁化工件，一般通电时间为0.25~1 s。

2）施加磁悬液的方式为浇或浸，若采用浇的方式，要浇2~3遍，保证工件各个部位得到充分润湿；若浸入搅拌均匀的磁悬液中，一般控制在10~20 s后取出进行检测，时间过长会产生过度背景。

3）磁化后的工件在检测完毕前，不要与任何铁磁性材料接触，以免产生磁泻。

（5）优点

1）检测效率高。

2）具有足够的检测灵敏度。

3）缺陷显示重复性好，可靠性高。

4）目视可达性好，可用湿剩磁法检测管子内表面的缺陷。

5）易实现自动化检测。

6）能评价连续法检测出的磁痕显示是属于表面还是属于近表面。

7）可避免螺纹根部、凹槽和尖角处磁粉过度堆积。

（6）局限性

1）只适用于剩磁和矫顽力达到要求的材料。

2）不能用于多向磁化。

3）由于交流剩磁法磁化受断电相位的影响，所以交流检测设备应配备断电相位控制器，以确保工件磁化效果。

4）检测缺陷的深度小，发现近表面缺陷灵敏度低。

5）不适用于干法检测。

5.1.3 干法和湿法

1. 干法

干法检测是以空气为载体，用干磁粉进行检测的方法。

（1）应用范围

1）适用于检测表面粗糙的大型锻件、铸件、毛坯、结构件与焊接件，以及其他灵敏度要求不高的工件。

2）常与便携式设备配合使用，磁粉不进行回收。

3）适用于检测大的缺陷和近表面缺陷。

（2）操作要点

1）工件表面要干净和干燥，磁粉也要干燥。

2）工件磁化时施加磁粉，并在观察和分析磁痕后再撤去磁场。

3）将磁粉轻轻均匀地撒落在被磁化工件表面上，形成薄而均匀的一层，在喷洒磁粉过程中应避免检测区域堆积过多的磁粉。

4）在磁化时可吹去多余的磁粉，注意不要吹掉已经形成的磁痕显示。

（3）优点

1）检测大裂纹灵敏度高。

2）用干法+单相半波整流电，检测工件近表面缺陷灵敏度高。

3）适用于现场检测。

（4）局限性

1）检测微小缺陷灵敏度不如湿法。

2）磁粉不易回收。

3）不适用于剩磁法检测。

2. 湿法

湿法检测是将磁粉悬浮在载液中进行检测的方法。

（1）应用范围

1）适用于重要工件及灵敏度要求较高的工件检测。

2）适用于大批量工件的检测，常与固定式设备配合使用，磁悬液可循环使用。

3）适用于检测表面微小缺陷，如：疲劳裂纹、磨削裂纹、焊接裂纹和发纹等。

（2）操作要点

1）连续法宜用浇淋和喷淋，喷淋压力不能过大，以免磁悬液冲刷掉已形成的磁痕显示。

2）剩磁法浇法和浸法均可。浇法灵敏度低于浸法；浸法的浸放时间一般控制在10~20 s，时间过长会产生过度背景。

3）用水磁悬液时，应进行水断试验。

4）可根据工件表面状态的不同，选择不同的磁悬液浓度。

5）仰视检测和水中检测宜用磁膏。

（3）优点

1）用湿法+交流电，检测工件表面微小缺陷灵敏度高。

2）可用于剩磁法检测和连续法检测。

3）与固定式设备配合使用，操作方便，检测效率高，磁悬液可回收。

（4）局限性　检测大裂纹和近表面缺陷的灵敏度不如干法。

5.1.4 荧光磁粉检测与非荧光磁粉检测

1. 荧光磁粉检测

荧光磁粉检测是采用荧光磁粉对工件进行检测，操作过程中，在紫外灯的照射下，荧光磁粉形成的磁痕能发出人眼敏感的黄绿色荧光。如果在暗室条件下进行，其对比度和识别度均好于非荧光磁粉，因而其检测灵敏度和检测效率高。

荧光磁粉一般只适用于湿法检测。另外，荧光磁粉检测需要配备紫外灯，且一般要求在暗室环境中进行。

2. 非荧光磁粉检测

非荧光磁粉检测既可用于干法，也可用于湿法。

其局限性是：与荧光磁粉法相比，对比度较差，必要时需喷涂反差增强剂以提高对比度，检测灵敏度和检测效率均低于荧光磁粉检测。

5.1.5 磁粉检测——橡胶铸型法

磁粉检测——橡胶铸型法（MT—RC法）是将磁粉检测显示出来的缺陷磁痕显示，“镶嵌”在室温硫化硅橡胶加固化剂后形成的橡胶铸型表面，再对磁痕显示用目视或者光学显微镜观察，进行磁痕分析。其检测原理是：清理被检测工件，用常规的磁粉检测方法磁化工件，浇注磁悬液，有缺陷的部位会产生漏磁场并吸附磁粉，之后将加有硫化剂的室温硅橡胶注入已磁化的部位，固化后取出铸型，缺陷磁痕便镶嵌在橡胶铸型表面。

1. 应用范围

（1）适用于剩磁法。

（2）可检测工件孔径≥3 mm的内壁和难以观察部位的缺陷。

2. 优点

（1）检测灵敏度高，可发现长度为0.1~0.5 mm的早期疲劳裂纹。

（2）能较精确测量橡胶铸型上裂纹的长度，能间断跟踪检测疲劳裂纹的产生和扩展速率。

（3）磁痕显示与橡胶铸型的颜色对比度高。

（4）工艺稳定可靠，不受固化时间影响，磁痕显示重复性好。

（5）橡胶铸型可作为永久记录，长期保存。

3. 局限性

（1）可检测的孔深受橡胶扯断强度的限制。

（2）孔壁粗糙、孔形复杂、同心度差的多层结构的孔及其层间间隙均会增加脱模的难度。

（3）整个检测过程相当慢，对于大面积检测，成本高，不适用。

5.1.6 磁橡胶法

1. 磁橡胶法（MRI法）

磁橡胶法（MRI法）是将磁粉弥散于室温硫化硅橡胶液中，加入固化剂后，倒入经适当围堵的受检部位。磁化工件时，在缺陷漏磁场的作用下，磁粉在橡胶液内迁移和排列。取出固化的橡胶铸型，即可获得一个含有缺陷磁痕显示的橡胶铸型，可放在光学显微镜下观察，进行磁痕分析。

2. 应用范围

（1）适用于连续法

（2）可检测小孔的内壁和难以观察部位的缺陷。

（3）适用于水下检测。

3. 优点

（1）可用于水下检测

（2）可以间断跟踪检测疲劳裂纹的产生和扩展速率。

4. 局限性

（1）与橡胶铸型法比较，对比度小，磁痕显示难以辨认。

（2）检测灵敏度比MT—RC法低。

（3）固化时间与磁化时间难以控制。

（4）可检测的孔深受橡胶拉断强度的限制。

（5）孔壁粗糙、孔形复杂、同心度差的多层结构的孔及其层间间隙均会增加脱膜难度。

（6）整个检测过程相当慢，对于大面积检测，成本高，不适用。

5.2 磁粉检测程序

5.2.1 检测时机

磁粉检测时机应安排在容易产生缺陷的各道工序（如：焊接、热处理、机加工、磨削、锻造、铸造、矫正和加载试验）之后进行，在喷漆、发蓝、磷化、氧化、阳极化、电镀或其他表面处理工序前进行。表面处理后还需进行局部机加工的，对该局部机加工表面需再次进行磁粉检测。工件要求腐蚀检测时，磁粉检测应在腐蚀工序后进行。

对于有延迟裂纹倾向的材料，磁粉检测应根据要求至少在焊接完成24 h后进行。有再热裂纹倾向的材料，应在热处理后再增加一次磁粉检测。

5.2.2 预处理

磁粉检测前，对工件应做好以下预处理工作：

1. 清除

清除工件表面的油污、灰尘、铁锈、毛刺、氧化皮、金属屑、砂粒、焊接飞溅及油漆等会影响检测灵敏度的物质。使用水磁悬液时，工件表面要除油；使用油磁悬液时，工件表面不得有水分。干法检测时，工件表面应保持洁净和干燥。清除工件表面的油污和润滑脂，可采用蒸汽除油或溶剂清洗。

2. 打磨

对于有非导电覆盖层的工件采用轴向通电法和触头法磁化时，为提高导电性，必须将与电极接触部位的非导电覆盖层打磨掉。

另外，实际检测过程中被检工件表面的不规则状态不得影响检测结果的正确性和完整性，否则应做适当的修理，且打磨后被检工件的表面粗糙度$R_a \leqslant 25\ \mu m$。如果被检工件表面残留有涂层，当涂层厚度均匀且不超过50 μm，可进行磁粉检测，超过该厚度的涂层在检测前应进行灵敏度验证。

3. 分解

装配件一般应分解后再进行检测，主要原因包括以下几个方面：

（1）装配件的形状和结构一般都比较复杂，磁化和退磁困难。

（2）分解后检测容易操作。

（3）装配件动作面（如：滚珠轴承）流进磁悬液后难以清洗，会造成磨损。

（4）分解后能观察到所有检测面。

（5）交界处可能产生漏磁场形成磁痕显示，容易与缺陷磁痕显示混淆。

4. 封堵

若工件有盲孔和内腔，磁悬液流入后难以清洗，检测前应将孔洞用非研磨性材料进行封堵。但检测在役零件时，应确保封堵物没有掩盖疲劳裂纹。

5. 涂覆

如果磁粉与工件表面颜色的对比度小，或工件表面过于粗糙而影响磁痕显示时，为了提高对比度，可以在工件表面涂覆一层反差增强剂。

5.2.3 磁化、施加磁粉或磁悬液

磁化工件是磁粉检测中较为关键的工序，对检测灵敏度影响很大，磁化不足会导致缺陷的漏检；磁化过度，会产生非相关显示而影响缺陷的正确判别。

磁化工件时，要根据工件的材质、结构尺寸、表面状态和需要发现的不连续性的性质、位置和方向，来选择磁粉检测方法和磁化方法，确定磁化电流、磁化时间等工艺参数，使工件在缺陷处产生足够强度的漏磁场，以便吸附磁粉形成磁痕显示。

施加磁粉或磁悬液要注意掌握施加的方法和施加的时机。连续法和剩磁法、干法和湿法对施加磁粉或磁悬液的要求各不相同。

采用固定式磁粉探伤机进行连续湿法磁化，喷淋磁悬液时，严格控制磁悬液的喷洒压力和覆盖面，应做到缓流、均匀、全面覆盖。若有磁化区域喷淋不到时，应使用手工喷头进行补充。为避免破坏已形成的磁痕，喷洒磁悬液应比磁化提前结束或在喷液结束后，再磁化1～2次。

采用便携式电磁轭进行干法磁化，磁化时磁轭作连续移动，边磁化边喷洒磁粉，磁粉线保持稳定，对每一个部位均需对工件进行两个相互垂直的方向磁化，检测范围要相互覆盖，观察磁痕时不要去掉磁场；采用便携式电磁轭进行湿法磁化，磁轭不能像干法作连续移动，充磁的同时喷洒磁悬液，然后再充磁2~3次，也可不断电，停顿一段时间，以利于形成磁痕，分块检测，每个检测区域需进行两次相互垂直的磁化，且检测区域要相互覆盖。

5.2.4 磁痕观察、记录与缺陷评级

1. 磁痕观察

磁痕的观察和评定一般应在磁痕形成后立即进行。磁粉检测的结果，由于完全依赖检测人员的目视观察和评定磁痕显示，所以目视检查时的照明极为重要。

非荧光磁粉检测时，被检工件表面应有充足的自然光或日光灯照明，可见光照度应≥1000 lx，并应避免强光和阴影。当现场采用便携式手提灯照明，由于条件所限无法满足时，可见光照度可以适当降低，但不得低于500 lx。

荧光磁粉检测时使用黑光灯照明，并应在暗区内进行，暗区的环境可见光照度应不大于20 lx，被检工件表面的黑光辐照度应≥1000 μW/cm^2。检测人员进入暗区后，至少应经过5 min的暗区适应，才能进行荧光磁粉检测操作。检测时检测人员不准戴墨镜或光敏镜片的眼镜，但可以戴防紫外光的眼镜。

当辨认细小磁痕时，可用2～10倍的放大镜进行观察。

2. 缺陷磁痕显示记录

工件上的缺陷磁痕显示记录有时需要连同检测结果保存下来，作为永久性记录。缺陷磁痕显示记录的内容是：磁痕显示的位置、形状、尺寸和数量等。

缺陷磁痕显示记录一般采用以下方法：

（1）照相　用照相摄影记录缺陷磁痕显示时，要尽可能拍摄工件的全貌和实际尺寸，也可以拍摄工件的某一特征部位，同时把刻度尺拍摄进去。

如果使用黑色磁粉，最好先在工件表面喷一层很薄的反差增强剂，这样就能拍摄出清晰的缺陷磁痕照片。

如果使用荧光磁粉，不能采用一般照相法，因为观察磁痕是在暗区黑光下进行；如果采用照相法还应采取以下措施。

1）在照相机镜头上加装520#淡黄色滤光片，必须滤去散射的黑光，而使其他可见光进入镜头。

2）在工件下面放一块荧光板（或荧光增感屏），在黑光照射下，工件背衬发光，轮廓清晰可见。

3）最好用两台黑光灯同时照射工件和缺陷磁痕显示。

（2）贴印　贴印是利用透明胶纸粘贴复印缺陷磁痕显示的方法。将工件表面有缺陷的部位清洗干净，施加用酒精配制的低浓度黑磁粉磁悬液，在磁痕形成后，轻轻漂洗掉多余的磁粉，待磁痕晾干后用透明胶纸粘贴复印缺陷磁痕显示；并贴在记录表格上，连同表面缺陷磁痕显示在工件上位置的资料一起保存。

（3）磁粉检测——橡胶铸型法　用磁粉检测——橡胶铸型镶嵌复制缺陷磁痕显示，直观、擦不掉并可长期保存。这种磁痕记录方式虽然对比度高，但由于其检测成本高、检测效率低，因此在现场应用较少。

（4）录像　用录像记录缺陷磁痕显示的形状、大小和位置，同时应把刻度尺拍摄进去。

（5）可剥性涂层　在工件表面有缺陷磁痕显示处喷上一层快干可剥性涂层，待干后揭下即可保存。

（6）临摹　在记录缺陷的表格上临摹缺陷磁痕显示的位置、形状、尺寸和数量。

3. 缺陷评价

磁粉检测出来的磁痕显示，首先要鉴别出是相关显示、非相关显示还是伪显示，因为只有相关显示是由缺陷引起的，影响工件的使用性能。如果是相关显示还要区分磁痕属于线状磁痕还是非线状磁痕，按磁痕方向确定属于纵向缺陷还是横向缺陷。在缺陷评价过程中首先要对缺陷进行定性，之后再确定缺陷是否达到了可记录的尺寸，标准中常规定“长度小于XX mm的磁痕不计”，最后再根据标准的内容进行磁粉检测质量的分级或按某具体产品的磁粉检测质量进行缺陷的评定，以决定产品的合格与否。

5.3 退磁

退磁就是将工件内的剩磁减小到不影响未来使用或减小到技术条件要求的允许范围内。

5.3.1 剩磁的产生与影响

铁磁性材料在磁化力的作用下较易磁化，工件一旦被磁化，即使去掉外加磁场，也会因铁磁性材料具有磁滞性，某些磁畴仍保持新的取向而不能恢复到原来的随机取向，于是材料或工件内保留了剩磁。剩磁的大小与材料的磁特性、材料最近的磁化历史、外加磁场的强度、磁化方向及工件的几何形状等因素有关。

剩磁产生的原因有：磁粉检测时对工件的磁化；工件被磨削、电弧焊接、低频加热、与强磁体（如起重机或机床的磁铁吸盘）接触或滞留在强磁场附近，以及当工件长轴与地磁场方向一致并受到冲击或振动被地磁场磁化等。

在不退磁时，由于纵向磁化会在工件的两端产生磁极，所以纵向磁化较周向磁化产生的剩磁有更大的危害性。而周向磁化（如对圆钢棒磁化）的磁路完全封闭在工件中，不产生漏磁场，但是在工件内部的剩磁周向磁化要比纵向磁化大；这可以通过在周向磁化过的工件上开的纵向深槽中测量剩磁来证实，但用测剩磁仪器测出的工件表面的剩磁很小。

工件上保留剩磁，会对工件进一步的加工和使用造成很大的影响，具体如下：

第一，工件上的剩磁会影响装在工件附近的磁罗盘或仪表的精度和正常使用。

第二，工件上的剩磁会吸附铁屑和磁粉，在继续加工时会影响工件表面的粗糙度以及刀具的使用寿命。

第三，工件上的剩磁会给清除磁粉带来困难。

第四，工件上的剩磁会使电弧焊过程中的电弧产生偏吹现象，导致焊道偏离。

第五，油路系统的剩磁会吸附铁屑和磁粉，影响供油系统的畅通。

第六，滚珠轴承上的剩磁会吸附铁屑和磁粉，造成滚珠轴承磨损。

第七，电镀钢件上的剩磁会使电镀电流偏离期望流通的区域，影响电镀质量。

第八，对多次磁化的工件，上一次磁化的剩磁会给下一次磁化带来不良影响。

由于上述影响，故应对工件进行退磁。但有些工件上虽然有剩磁，却并不影响进一步加工和使用，此时可以不退磁。具体如下：

第一，工件磁粉检测后若下道工序有热处理，还要将工件加热至700 ℃以上时（即被加热到居里点以上）。

第二，工件是低剩磁高磁导率材料，如用低碳钢焊接的特种设备工件和机车的气缸体。

第三，工件有剩磁不影响使用。

第四，工件将处于强磁场附近。

第五，工件将受电磁铁夹持。

第六，交流电两次磁化工序之间。

第七，直流电两次磁化，后道磁化将用更大的磁场强度。

5.3.2 退磁的原理

磁粉检测退磁一般采用反转磁场法。

退磁是将工件置于交变磁场中，使交变磁场的幅值逐渐递减，磁滞回线的轨迹也越来越小，当磁场逐渐衰减到零时，工件中残留的剩磁也接近于零，退磁原理如图5-1所示。退磁有许多方法，但无论采用哪种方法，都是使磁场不断改变方向，同时使退磁电流大小递减到零，从而使剩磁接近于零。由此可看出，退磁时电流与磁场的方向和大小的变化必须“换向和衰减同时进行”。一般的退磁原则是，退磁所用的磁场强度至少应等于或大于磁化时所用的磁场强度，以克服矫顽力，并足以使工件上原来的剩余磁场方向颠倒过来；另外磁场强度的递减量应尽可能地小，以便达到期望的退磁效果。

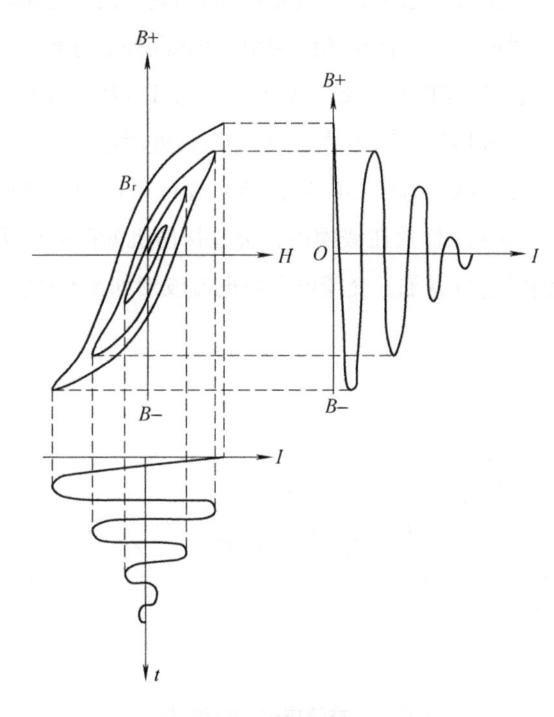

图5-1　退磁原理

5.3.3 退磁方法和退磁设备

1. 交流电退磁

交流电（50 Hz）磁化过的工件用交流电（50 Hz）退磁，用交流电退磁方法简单，速度快，退磁效果好，因而被广泛应用，但由于趋肤效应的影响，交流电退磁只能将工件表面的剩磁去掉，对于直流电磁化过的工件无法去掉其内部的剩磁。

交流电退磁可采用通过法或衰减法，并可组合成以下几种方式：

通过法
- ——（线圈法）线圈不动工件动，磁场逐渐衰减到零
- ——（线圈法）工件不动线圈动，磁场逐渐衰减到零

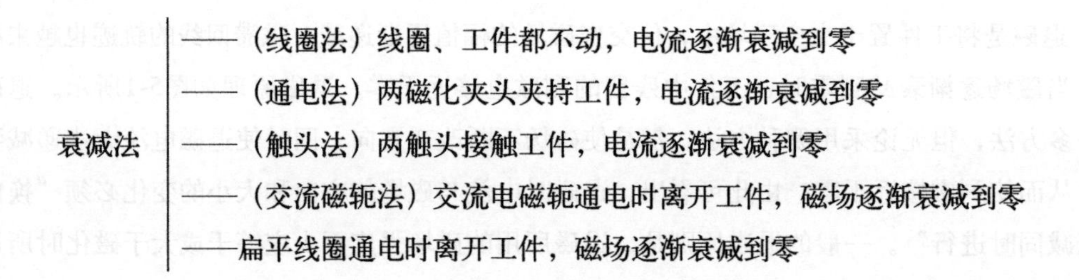

（1）通过法　对于中小型工件的批量退磁，最好把工件放在装有轨道和拖板的退磁机进行退磁。退磁时，将工件放在拖板上置于线圈前30 cm处，线圈通电时，将工件沿着轨道缓慢地从线圈中通过并远离线圈，在工件远离线圈至少1 m以外后方可断电。

对于不能放在退磁机上退磁的重型或大型工件，也可以将线圈套在工件上，通电时缓慢地将线圈通过并远离工件，最后在远离工件至少1 m以外处断电。

（2）衰减法　由于交流电的方向不断地换向，故可用自动衰减退磁器或调压器将电流逐渐衰减到零进行退磁。如将工件放在线圈内、夹在探伤机的两磁化夹头之间或用支杆触头接触工件后将电流衰减到零进行退磁。交流电退磁电流波形如图5-2所示。

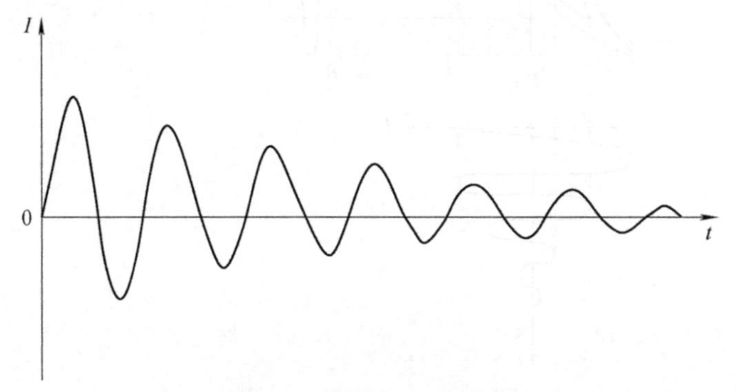

图5-2　交流电退磁电流波形

对于大型特种设备的焊缝，也可用交流电磁轭退磁。将电磁轭两极跨接在焊缝两侧，接通电源，让电磁轭沿焊缝缓慢移动，当远离焊缝1 m以外后再断电，完成退磁。

对于大面积工件的退磁，可采用扁平线圈退磁器。退磁器内装有U形交流电磁铁，铁心两极上串绕退磁线圈，通以低电压大电流，外壳用非磁性材料制成。另外用软电缆盘成螺旋线，通以低电压大电流也可制成退磁器。退磁时，退磁器像电熨斗一样在工件表面来回移动，最后在远离工件1 m以外处断电，使磁场衰减到零。

2. 直流电退磁

直流电磁化过的工件用直流电退磁，可采用直流换向衰减或超低频电流自动退磁，直流换向衰减退磁和超低频电流自动退磁，几乎对任何磁化方法磁化过的工件都能退磁到不影响使用的水平，但这种退磁方法成本高，效率低。

（1）直流换向衰减退磁　通过不断改变直流电（包括三相全波整流电）的方向，同时使通过工件的电流递减到零进行退磁，直流电退磁电流波形如图5-3所示。

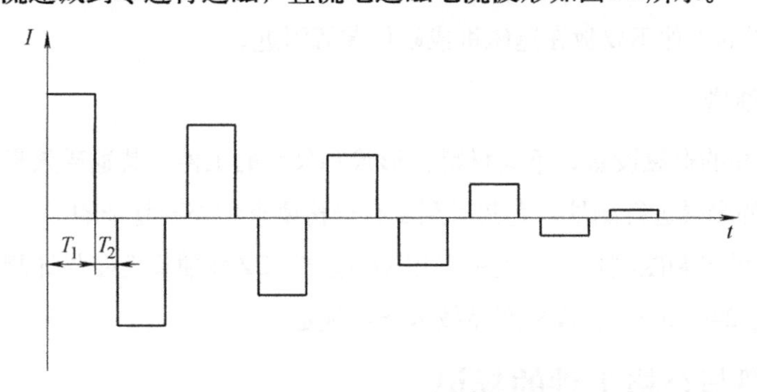

图5-3　直流电退磁电流波形

图中T_1为电流导通时间间隔，T_2为电流断电时间间隔，要保证在断电时电流换向。电流衰减的次数应尽可能多（一般要求30次以上），每次衰减的电流幅度应尽可能小，如果衰减的幅度太大，则达不到退磁的目的。

（2）低频电流自动退磁　超低频通常指频率为0.5~10 Hz，可用于对三相全波整流电磁化的工件进行退磁。如CZQ—6000型超低频退磁电流频率分3档：0.39 Hz、1.56 Hz和3.12 Hz；退磁一次的时间也分为三挡：0~15 s、0~30 s和0~60 s。

3. 加热退磁

通过加热提高工件温度至居里点以上，可以将工件的剩磁去掉，这是最有效的退磁方法。但这种方法显然不经济，所以很少用。

5.3.4 退磁注意事项

（1）退磁用的磁场强度，应大于（至少要等于）磁化时用的最大磁场强度。

（2）对周向磁化过的工件退磁时，应先对工件进行纵向磁化，之后再退磁，以便能检出剩磁的大小。

（3）交流电磁化，最好用交流电退磁。

（4）直流电磁化，用直流电退磁。直流退磁后若再用交流电退磁一次，可获得最佳效果。

（5）线圈通过法退磁时应注意：

1）工件与线圈轴应平行，并靠内壁放置。

2）工件$L/D \leqslant 2$时，应使用延长块加长后再进行退磁。

3）小工件不应以捆扎或堆叠的方式放在筐里退磁。

4）能采用铁磁性的筐或盘摆放工件退磁。

5）环形工件或复杂工件，应一边旋转一边通过线圈进行退磁。

6）工件应缓慢通过并远离线圈1 m后，方可断电。

（6）直流电退磁时，电流衰减的幅度应尽可能小，衰减的次数也应尽可能多。

（7）退磁机应东西方向放置，线圈轴线与地磁场垂直可有效退磁。

（8）已退磁的工件不要放在退磁机或磁化装置附近。

5.3.5 剩磁测量

即使使用同样的退磁设备，不同材料、形状和尺寸的工件，其退磁效果仍不相同。因此应对工件退磁后的剩磁进行测量，尤其对剩磁有严格要求和外形复杂的工件。

剩磁测量可采用剩磁测量仪，也可采用XCJ型或JCZ型袖珍式磁强计测量。剩磁应不大于0.3 mT（相当于240 A/m），或按产品技术条件规定。

5.4 后处理与合格工件的标记

5.4.1 后处理

磁粉检测以后，为不影响工件的后续加工和使用，往往在检测后需要对工件进行后处理。后处理内容包括：

1）清洗工件表面包括内孔、裂缝和工件表面连接的通路中的磁粉。

2）使用水磁悬液检测，为防止工件生锈，可用脱水防锈油处理。

3）如果使用过封堵，应将封堵物取出。

4）如果涂覆了反差增强剂，应清洗掉。

5）被拒收的工件应隔离。

5.4.2 合格工件的标记

1. 标记注意事项

（1）检测内容作为产品验收项目者，应在合格工件或材料上做永久性或半永久性的醒目标记。

（2）标记方法和部位应经委托或设计单位同意。

（3）标记方法应不影响工件的使用和后续的检测工作。

（4）标记应防止擦掉或污染。

（5）标记应经得起运输和装卸的影响。

2. 合格工件标记方法

检测合格后需要刻打操作者的工号，尤其是对于没有编号的工件，它们与检测记录无法一一对应起来，刻打标识的工作不仅是必须的而且非常重要。标记的位置应打在产品的编号附近或者是文件规定的位置。

（1）打钢印　直接将操作者的钢印刻打在工件上。

（2）刻印　用电笔或风动笔刻上标记。

（3）电化学腐蚀　不允许打印记的工件可用电化学腐蚀的方法进行标记，标记所用的腐蚀介质应对产品无害。

（4）挂标签　不允许用上述方法标记时，可以挂标签或装纸袋，用文字说明，表明该批工件合格。

5.5 超标缺陷磁痕显示的处理和复验

1. 超标缺陷磁痕显示的处理

当发现超标缺陷磁痕显示时，如果允许打磨清除，应打磨清除至肉眼不可见。打磨圆滑过渡后再采用磁粉检测进行复查，直至确认缺陷完全清除为止。若打磨深度超过规定的要求，应采用其他方法进行处理，包括补焊方法修补、力学方法计算等方式。

2. 复验

出现以下情况时，应对工件进行复验：

1）检测结束后，用标准试片验证检测灵敏度不符合要求或采用参考试块验证磁悬液显示能力不符合要求时。

2）发现检测过程中操作方法有误或技术条件改变时。

3）合同各方有争议或认为有必要时。

复验应按照规定的步骤进行。

5.6 检测记录和检测报告

由于磁粉检测所用的方法、设备和材料不同，因此得出的检测结果也不完全相同。检测记录是全部检测工作的原始资料和见证，因此具有重要的作用。检测结束后一定要及时、认真、准确地填写记录。

记录和报告应能追溯到被检测的具体工件和部位，一般至少应包括以下内容：

1）公司名称。

2）工作地址。

3）被检工件说明及标识。

4）检测时机（如：热处理前、后，最终机加工前、后）。

5）引用的书面检测规程和所用的工艺卡。

6）所用的设备。

7）磁化技术，包括（适当的）电流指示值、切向场强、电极间距、提升力等。

8）所用的检测介质。

9）表面准备。

10）观察条件。

11）检测后的最大剩磁。

12）记录或标记显示的方法。

13）检测的日期。

14）检测人员的姓名、资格和签名。

5.7 影响磁粉检测灵敏度的主要因素

磁粉检测灵敏度，从定量方面来说，是指有效地检出工件表面或近表面某一规定尺寸大小缺陷的能力；从定性方面来说，是指检测最小缺陷的能力，可检出的缺陷越小，检测灵敏度就越高。磁粉检测灵敏度是指绝对灵敏度，认真分析影响磁粉检测灵敏度的主要因素，对于防止缺陷的漏探或误判，提高检测灵敏度具有重要意义。

影响磁粉检测灵敏度的因素有：磁化因素（外加磁场强度、磁化方法、磁化电流类型）；磁介质（磁粉种类和性能、磁悬液的浓度、磁悬液的显示能力）；设备性能；工件材质、形状尺寸和表面状态；缺陷自身的因素（缺陷的方向、性质、形状和埋藏深度）；工艺操作；检测人员素质；检测环境的条件等。

5.7.1 磁化

1. 外加磁场强度

采用磁粉检测方法时，检出缺陷必不可少的条件是磁化的工件表面应具有适当的有效磁场强度，使缺陷处能够产生足够的漏磁场吸附磁粉，从而产生磁痕显示。磁粉检测灵敏度与工件的磁化程度密切相关。从铁磁性材料的磁化曲线得知，外加磁场大小和方向直接影响磁感应强度的变化。一般说来，外加磁场强度一定要大于$H_{\mu m}$，即选择在产生最大磁导率μ_m对应的$H_{\mu m}$点右侧的磁场强度值，此时磁导率减小，磁阻增大，漏磁场增大。当铁磁性材料的磁感应强度达到饱和值的80%左右时，漏磁场便会迅速增大。因此，磁粉检测应使用既能检测出所有的有害缺陷，又能区分磁痕显示的最小磁场强度进行检测。因为磁场强度过大，易产生过度背景，掩盖相关显示；磁场强度过小，缺陷产生的漏磁场强度就小，磁痕显示不清晰，难以发现缺陷。因此ISO 9934—1—2016/GB/T 15822.1—2005 规定：“工件表面上的最小磁通密度应为1 T，在相对磁导率高的低合金和低碳钢上达到该磁通密度的切向磁场为2 kA/m”。

原则上，磁化时磁化强度是否足够，检测人员应该测量被检工件中的磁感应强度，显而易见，这是不可能的，因为工件必须是在完好无损的条件下接受检测，测量仪器不可能放入没有切开的工件中。由于磁力线本质上是顺着工件表面的切向，而几乎不会与工件表面相垂直，通过对切向磁场强度或磁感应强度的测量结果可能得到磁通量。因此，大多数情况下，通过采用霍尔元件测量工件表面的切向磁场强度已成为一种惯例。

2. 磁化方法

为了能检出各个方向的缺陷，通常对同一部位需要进行互相垂直的两个方向的磁化。不同的磁化方法对不同方向缺陷的检出能力有所不同，周向磁化时纵向缺陷的检测灵敏度较高，纵向磁化对横向缺陷的检测灵敏度较高。同一种磁化方法，对不同部位缺陷的检测灵敏度也不一致。如用中心导体法采用交流电磁化，由于涡电流的影响，其对工件内表面缺陷的检测灵敏度要比外表面高得多；另外，对于厚壁工件，由于内表面比外表面具有较大的磁场强度，因此其内表面缺陷的检测灵敏度也比外表面要高。线圈法纵向磁化时，长度*L*和直径*D*之比（*L*/*D*）不同的工件产生的退磁场不一样，对检测灵敏度的影响也不同。*L*/*D*越小越难磁化，*L*/*D*＜2的工件应采用与工件外径相似的铁磁性延长块将工件接长才能保证检测灵敏度。采用整体磁轭磁化工件时，虽然工件与铁心形成闭合磁路，但如果工件较长时，就会形成中间磁场弱两端磁场强的现象。交叉磁轭检测时，磁轭的移动速度、磁极与工件间隙的大小、工件表面的平整度、缺陷相对磁极的位置都会对检测灵敏度造成不同程度的影响。

3. 磁化电流类型

磁化电流类型对磁粉检测灵敏度的影响，主要是因为不同的磁化电流具有不同的渗透性和脉动性，交流电具有趋肤效应，其磁场渗透性很小，因此对表面缺陷有较高的灵敏度，但对近表面的检测灵敏度大大降低；另外，由于交流电方向在不断地变化，使交流电产生的磁场方向也不断地变化，这种方向的交替变化可扰动磁粉，具有很好的脉动性，有助于磁粉迁移，从而提高磁粉检测的灵敏度。

直流电具有最大的渗透性，产生的磁场能较深地进入工件表面，有利于发现埋藏较深的缺陷，但对表面缺陷的检测灵敏度不如交流电；另外，直流电由于电流和方向始终恒定，没有脉动性，在干法检测时灵敏度很低，因此干法检测不宜采用直流电。其原因是当采用直流电磁轭检测厚壁工件时，由于直流电渗入深度较大，在同样的磁通量时，渗入深度越大，磁通密度就越低；尽管电磁轭的提升力满足标准要求，但工件表面的检测灵敏度达不到标准要求，因此对厚壁工件检测不宜采用直流电磁轭。

单相半波整流电兼有直流的渗透性和交流的脉动性，对工件近表面缺陷和表面缺陷具有一定的检测灵敏度。三相全波整流电具有很大的渗透性和较小的脉动性，对近表面检测灵敏度较高，冲击电流输出的磁化电流很大，但通电时间很短，只能适用于剩磁法，另外为保证磁化效果，往往需要反复通电，否则会导致检测灵敏度降低。

5.7.2 磁介质

1. 磁粉性能和种类

磁粉的性能和磁粉的种类对磁粉检测灵敏度均有一定的影响。

磁粉粒度的大小对磁粉的悬浮性和漏磁场吸附磁粉的能力有很大的影响，从而对检测灵敏度产生影响。

对于光洁的表面、工艺要求高的工件宜采用粒度细小的湿法磁粉；对于粗糙的表面、要求低的工件宜采用粒度较粗的干法磁粉。

检测表面缺陷和细小的缺陷宜采用粒度细小的磁粉，检测大缺陷和近表面缺陷宜采用粒度较粗的磁粉。

对于精密加工的零件宜采用湿法磁粉，铸件等毛坯件宜采用干法磁粉。

对于交流电和单相半波整流电可采用干法，也可采用湿法，而对于直流电磁化则不能采用干法。

磁粉检测灵敏度与磁粉识别度密切相关。磁粉的颜色、种类影响磁粉与工件的对比度和识别度，进而对检测灵敏度产生影响。检测表面颜色发暗的工件，宜用红色磁粉或白色磁粉，如具有磷化膜的轴承外圈；对于表面光洁的、颜色光亮的工件，宜用荧光磁粉或黑色磁粉。另外荧光磁粉与非荧光磁粉相比，由于荧光磁粉检测一般是在暗室环境中进行，磁痕呈黄绿色，本底较暗，磁痕与工件本底形成巨大的对比反差，其对比度和识别度均好于非荧光磁粉。

另外，磁悬液的性能如磁悬液的粘度也会影响磁粉检测灵敏度。粘度影响磁悬液的流动性和悬浮性，粘度太高，流动性变差，不利于形成磁痕，检测灵敏度降低；粘度太低，磁粉的悬浮性变差，磁粉沉积严重，也不利于缺陷的检出。因此磁粉检测标准中对油基载液均有粘度值的要求，一般磁悬液的粘度要求为：5 ℃时不超过5×10^{-6} m²/s，38 ℃时不超过3×10^{-6} m²/s。除此之外，工件表面的油污和油脂也会增加磁悬液的粘度，在现场检测过程中应注意这个问题。

此外磁粉密度、形状、磁特性、流动性等性能对磁粉检测灵敏度均有一定的影响，各项性能对检测灵敏度的影响是相互关联的，不能片面追求某一方面。

2. 磁悬液的浓度

在磁悬液的准备过程中，配制方法和配制比例应按制造商的说明书或指导书进行配制并符合标准要求。磁悬液浓度对磁粉检测的灵敏度有一定影响，浓度太低，磁痕显示不清晰，会使缺陷漏检；浓度太高，会在工件表面滞留很多磁粉，形成过度背景，甚至会掩盖缺陷磁痕显示。磁悬液的浓度测量，一般采用长颈沉淀管或梨形沉淀管进行。

3. 磁悬液的显示能力

磁悬液的浓度发生变化或磁悬液受到污染，磁悬液的缺陷显示能力均会受到影响。例如：检测过程中，工件表面会滞留磁悬液，磁悬液会产生流失，工件表面有杂质、灰尘会造成磁悬液污染，这些因素均会影响磁悬液的显示能力。尤其对于摇枕、侧架、车钩等这类铸钢件，工件表面较粗糙，加之具有型腔结构，磁悬液的污染和损耗现象会更严重。因此为了确保磁悬液的显示能力符合工艺要求，采用 ISO 9934-2—2015的参考试块1和参考试块2，用于使用中的磁悬液显示能力的监控与评判。

参考试块1可用于荧光磁粉、非荧光磁粉以及带反差的非荧光磁粉。如果细微裂纹不产生显示或呈现点状而不是线状，则表示磁悬液不可再使用，应立即更换。在现场监控磁悬液必须采用相同的参考试块对显示灵敏度进行评判，与原始的裂纹显示照片作对比。每一个试块显示灵敏度不能传递到其他试块上，也不能用于不同磁介质之间的对比试验，另外同一个试块的两个面也不能作比较。

参考试块2用于检查和监督磁悬液的显示灵敏度，使用过程中的磁悬液，由于其显示灵敏度不同，裂纹显示会给出不同的显示长度。采用相同的试块，通过对比不同配比磁悬液的显示长度，可检查其显示灵敏度。另外由于磁悬液重复使用或污染会造成显示灵敏度缓慢降低，也可以通过定期监督显示长度，使显示灵敏度得到控制。应该注意的是，从试块读取的显示长度不能应用于绝对数值；不同的试块会产生不同的显示长度，其数值不能传递到其他试块上，也不能采用同一试块针对不同种类的磁悬液和不同制造商的显示介质进行比较，其结果不具有可比性。

为保证裂纹显示评判和显示长度，参考试块1和参考试块2的检测条件应相同，如UV灯、距离、光照度等条件。

5.7.3 设备性能

设备的性能直接关系到磁粉检测灵敏度，应保证磁粉检测设备在完好状态下使用，如果设备某一方面的功能缺失，不但导致检测灵敏度的降低，严重时会导致整个检测失效，如：磁粉探伤机上的电流表精度不够，设备出现内部短路，电磁轭的提升力不够，设备的磁化设计存在缺陷导致工件表面的磁场强度达不到要求等。

5.7.4 工件材质、形状尺寸和表面状态

工件材质对检测灵敏度的影响主要表现在工件磁特性对灵敏度的影响上，工件的磁特性包括工件的磁导率μ，剩磁B_r和矫顽力H_c。工件本身的晶粒大小、含碳量的多少、热处理及机加工都会对其磁特性产生影响。剩磁法检测时，工件的剩磁B_r越大，矫顽力H_c越大，缺陷检出的灵敏度就越高。因此，剩磁法检测要求工件具有一定的剩磁B_r和矫顽力H_c。$B_r \leqslant 0.8$ T和$H_c \leqslant 1000$ A/m的工件，一般不能采用剩磁法检测。

工件的形状尺寸影响到磁化方法的选择和检测灵敏度。一般来说，形状复杂的工件，磁化规范的选择、磁化操作、施加磁粉和磁悬液都比较困难，从而对检测灵敏度造成一定的影响。线圈法纵向磁化时，退磁场的大小与工件的长度L和直径D之比（L/D）有密切关系。L/D越小越难磁化，磁轭法检测时工件的曲率大小影响磁极与工件表面的接触状况，从而对检测灵敏度产生影响。

工件表面粗糙度、氧化皮、油污、铁锈等对磁粉检测灵敏度都有一定影响。磁粉检测灵敏度越高，对工件的表面状态要求越高，或者说，要检出缺陷的尺寸越小，对工件的表面状态要求越高。工件表面较粗糙或存在氧化皮、铁锈时，会增加磁粉的流动阻力，影响缺陷处漏磁场对磁粉的吸附，使检测灵敏度下降。工件表面的凹坑和油污处会出现磁粉聚集，引起非相关显示。工件表面的油漆和镀层会削弱缺陷漏磁场对磁粉的吸附作用，使检测灵敏度降低。当相应的涂层较厚时，甚至可能会引起缺陷的漏检。因此，为了提高磁粉检测灵敏度，

磁粉检测前必须清除工件表面的油污、水滴、氧化皮、铁锈，提高工件表面的粗糙度。对于涂层较厚的工件，应在镀层以前进行检测。

EN 1369标准规定“被检测表面要干净，无油污、砂子、鳞垢、造型和涂料或可对磁粉检测的正确实施以及磁粉检测的试验结果造成干扰的任何其他污物。”“表面可以用圆形或角形弹丸进行喷丸处理，也可以进行喷砂处理，还可以进行打磨或机加工。”检测要求越高时，对工件表面状态等级要求也越高，如表5-2所示。

表5-2 EN 1369标准中磁粉检测时建议的表面粗糙度

最小缺陷指示的尺寸/mm	目视比较样板	
	BINF	SCRATA
0.3	2/0S2	—
0.3	3/0S1—2/0S1 1/0S1	—
0.3	2/0S1—1/0S1 1S2—2S2	
1.5	1S1—2S1 3S2—4S2	—
2	2S1—3S1 4S2—5S2	A2 H2
3	无规定 （粗糙表面）	A3—A4 H3

注：BINF和SCRATA是欧标中的两套铸件表面质量比较样板，用以确定铸件表面质量等级。2/0S1、4S2等是BINF样板中的铸件表面质量等级表示方式，A2、H3等是SCRATA样板中的铸件表面质量等级表示方式。详见EN 1370。

ISO 17638—2016《焊缝无损检测　磁粉检测》规定“被检区域应无氧化皮、机油、油脂、焊接飞溅、机加工刀痕、污物、厚实或松散的油漆和任何能影响检测灵敏度的外来杂物。”“必要时，可用砂纸或局部打磨来改善表面状况，以便准确解释磁痕。”

ISO 23278—2015《焊缝无损检测　焊缝磁粉检测　验收水平》推荐了不同验收水平时工件表面质量状态，如表5-3所示。

其中，良好表面：焊缝盖面和母材表面光滑、清洁，无咬边、焊波和焊接飞溅。此类表面通常是自动TIG焊、埋弧焊（全自动）及用铁粉电极的焊条电弧焊。

光滑表面：焊缝盖面和母材表面较光滑，有轻微咬边、焊波和焊接飞溅。此类表面通常是焊条电弧焊（平焊）、盖面焊道用氩气保护的MAG焊。

一般表面：焊缝盖面和母材表面为焊后自然状态。此类表面是焊条电弧焊或MAG焊（任意焊接位置）。

EN 10228—1—2016《锻钢件无损检测　第1部分　磁粉检测》规定“被检查表面应去除氧化皮、油漆、油脂及加工痕迹等影响检测灵敏度和指示的其他异物。”工件表面状态要与所要求的质量等级相适应，如表5-4所示。

表5-3 ISO 23278标准中推荐的工件表面质量状态

验收水平	表面状态	检测介质
1	良好表面	荧光磁粉，或彩色磁粉+反差增强剂
2	光滑表面	荧光磁粉，或彩色磁粉+反差增强剂
3	一般表面	彩色磁粉+反差增强剂，或荧光磁粉

表5-4 EN 10228－1标准中推荐的工件表面质量状态

表面粗糙度R_a/μm	质量等级			
	1	2	3	4
$6.3<R_a\leqslant12.5$	×	×	—	—
$R_a\leqslant6.3$	×	×	×	×

注：×表示质量等级可以用作最终表面；—表示在对应的粗糙度下，不允许出现质量等级3级、4级。

5.7.5 缺陷自身的因素

缺陷自身的取向、性质、形状以及埋藏深度均会影响检测灵敏度。

缺陷的检测灵敏度取决于缺陷延伸方向与磁场方向的夹角，当缺陷垂直于磁场方向时，漏磁场最大，吸附的磁粉最多，也最有利于缺陷检出，灵敏度最高。随着夹角由90°减小，灵敏度下降；若缺陷与磁场方向平行或夹角<30°，则几乎不产生漏磁场，不能检出缺陷。

漏磁场形成的原因，是由于缺陷的磁导率远远低于铁磁性材料的磁导率。如果铁磁性工件表面存在着不同性质的缺陷，则其磁导率不同，检出的效果也就不同。缺陷磁导率越低，越容易检出，例如：裂纹就比金属夹杂物容易被发现。

缺陷的形状不同，检测灵敏度也不同，例如：面状缺陷的检测灵敏度相应比体积状缺陷要高。另外缺陷的深宽比也是影响磁粉检测灵敏度的一个重要因素，同样宽度的表面缺陷，深度不同，产生的漏磁场也不同，相应的检测灵敏度也随之不同。当缺陷的宽度很小时，检测灵敏度随着宽度的增加而增加；当缺陷的宽度很大时，漏磁场反而下降，如表面划伤又浅又宽，产生的漏磁场很小，导致检测灵敏度降低。

缺陷的埋藏深度对检测灵敏度有很大的影响。同样的缺陷，位于工件表面时，产生的漏磁场大，检测灵敏度高；位于工件的近表面时，产生的漏磁场将显著减小，检测灵敏度降低；若位于距工件表面很深的位置，则工件表面几乎没有漏磁场存在，缺陷就无法检出。

5.7.6 工艺操作

磁粉检测的工艺操作主要有清理工件表面、磁化工件、施加磁粉或磁悬液、观察分析等，不管是哪一步操作不当，都会影响缺陷的检出。

工件表面清理不干净，不但会增加磁粉的流动阻力，影响缺陷磁痕的形成，而且会产生非相关显示，影响对缺陷的判别。

磁化工件是磁粉检测中关键的工序，对检测灵敏度影响很大。磁化规范的选择、磁化时间、磁化操作与施加磁粉与磁悬液的协调性都会影响到检测灵敏度。

磁化操作首先要选择一个合适的磁化规范，试验证明，只有当工件表面的磁感应强度达到饱和磁感应强度的80%时，才能有效地检出缺陷，磁化不足和磁化过剩都会引起检测灵敏度的下降。另外，磁化效果还与磁化时间与磁化次数有关。检测时，为了不致烧伤工件，需要对工件进行多次磁化，多次磁化要持续一定的时间，磁化时间太短或磁化次数太少，均会导致磁化效果变差，检测灵敏度降低。

磁化操作时，还应注意磁粉与磁悬液施加的协调性。湿连续法要先用磁悬液润湿工件表面，在通电磁化的同时浇磁悬液，停止浇磁悬液后再通电数次，待磁痕形成并滞留下来时方可停止通电。干连续法应在工件通电磁化后开始喷洒磁粉，并在通电的同时除去多余的磁粉，待磁痕形成和检测完后再停止通电。通电磁化与施加磁粉与磁悬液的时机掌握不好，会造成缺陷磁痕无法形成，或者形成的磁痕被后来施加的磁粉或磁悬液冲刷掉，影响缺陷的检出。

当采用交叉磁轭旋转磁场磁粉探伤仪进行检测时，是边移动磁化边喷洒磁悬液的，所以更应该避免由于磁悬液的流动破坏已经形成的缺陷磁痕，检测时磁悬液的喷洒应在保证有效磁化场被全部润湿的情况下，与交叉磁轭的移动速度良好地配合，只有这样才能保证检测灵敏度。因此，使用交叉磁轭检测时，其操作手法必须十分严格，否则就容易造成漏检。

在磁化工件时，磁化方向的布置也至关重要。触头法和磁轭法磁化时应注意两次磁化时方向应大致垂直并保证合适的触头或磁极间距。间距太小，触头或磁极附近产生的过度背景有可能影响缺陷检出；间距过大，则会使有效磁场强度减弱，检测灵敏度降低。触头和磁极与工件表面的接触状况、交叉磁轭的移动速度、磁极与工件表面的间隙等操作因素都会影响到检测灵敏度。

在观察分析时，观察环境条件会影响缺陷的检出。磁粉检测人员佩戴眼镜对观察磁痕也有一定的影响，如光敏（光致变色）眼镜在黑光辐射时会变暗，变暗程度与辐射的辐射量成正比，影响对荧光磁粉磁痕的观察和辨认。

5.7.7 检测人员素质

由于磁痕显示主要靠目视观察，因此对缺陷的识别与人的视觉特性相关，即与人眼对识别对象的亮度、反差（对比度）、色泽等感觉方式相关，检测人员的视力和辨色能力也直接会影响到缺陷的检出能力；同时，检测人员的实践经验、操作技能和工作责任心都对检测结果有直接的影响。

5.7.8 检测环境的条件

人的视觉灵敏度在不同光线强度下有所不同，在强光下对光强度的微小差别不敏感，而对颜色和对比度的差别辨别能力很高；而在暗光下，人的眼睛辨别颜色和对比度的本领很差，却能看出微弱的发光物体或光源。因此，采用非荧光磁粉检测时，检测地点应有充足的自然光或白光，如果光照度不足，人眼辨别颜色和对比度的本领就会变差，从而导致检测灵敏度下降。采用荧光磁粉检测时，要有合适的暗区或暗室，如果光照度比较大，就会影响人眼对缺陷在黑光灯照射下发出的黄绿色荧光的观察，从而导致检测灵敏度的下降；另外，如果到达工件表面的黑光辐照度不足，则会影响缺陷处磁痕发出的黄绿色荧光的强度，从而影响到对缺陷的检出。因此，国内外对非荧光磁粉检测时被检工件表面的可见光照度以及荧光磁粉检测时工件表面的黑光辐照度、暗区或暗室的环境光照度均有要求。

关于荧光磁粉检测紫外线辐照度和非荧光磁粉检测白光照度问题，规定略有不同。

如：美国ASTM E709—2014《磁粉检测实施方法》规定：采用非荧光磁粉检测方法，被检工件表面的可见光照度的推荐值不小于100英尺烛光（1076 lx），若合同约定，检测环境的可见光照度可低至50英尺烛光（538 lx）；UV—A（黑光）光照度——当采用合适的紫外线辐照计测量时，被检工件表面的UV—A辐照度的推荐值应不得低于1000 μW/cm^2，当采用荧光磁粉检测时，黑光区域的环境可见光照度推荐值不大于2英尺烛光（21.5 lx）。

日本JIS G0565《钢铁材料的磁粉探伤检验方法》规定：使用非荧光磁粉检测时，观察磁痕必须在日光下或足够的光照下进行，被检试件表面的光照度不得低于500 lx；使用荧光磁粉检测时，须在暗区下使用黑光灯观察并识别磁痕（被检工件表面光照度≤20 lx），紫外线辐照度不得低于800 μW/cm^2。

英国BS 6072—1981规定，使用非荧光磁悬液及磁粉时要求：

第一，检测介质和受检件之间应有很好的对比度。

第二，受检面应被均匀地照明，照明度应不小于500 lx（这可通过采用80 W日光灯在距离1 m时达到，或100 W的白炽灯距离0.2 m时达到。）日光或人工光线。

使用荧光磁悬液及磁粉时要求：

第一，检查部位应当变暗，同时周围环境的白光照度应不超过10 lx。

第二，受检表面的黑光照明度不得小于0.8 W/m^2 或800 μW/cm^2。

第三，应避免从受检表面反射出的不必要的紫外线辐射。在某些情况下，通过带通滤波器来观察受检表面是十分便利的，因为它只能通过波长为500～600 nm之间的光线。

ISO 6933—1986标准规定：非荧光磁粉检测时，被检区域白光强度应不小于500 lx；荧光磁粉检测时，紫外线波长为330～390 nm，并且在365 nm波长紫外线辐照度测量≥5 W/m^2，当使用紫外灯时，白光应降低到足够暗，如10 lx，或者使用类似于在暗室中使用的黄灯。

ISO 3059—2012《无损检测 渗透检测和磁粉检测 观察条件》标准规定：采用非荧光磁粉检测时，被检表面光照度应≥500 lx，一些情况下，最少需要1000 lx的照度；采用荧光磁粉检测时被检表面UV—A辐照强度应大于10 W/m^2（1000 μW/cm^2），并且光照度低于20 lx，在UV—A辐射源打开并稳定后的工作条件下进行。在操作者视场内无闪烁光、其他的可见光源或UV—A辐射源下，环境可见光照度应低于20 lx。

白光照度和紫外线辐照度的量值，取决于辐射源的强度、照射角度和至辐射源的距离。

5.8 磁粉检测作业指导书的编制

GB/T 9445—2015和ISO 9712—2012《无损检测　人员资格鉴定与认证》标准中要求，无损检测2级人员应具有按已制定的工艺规程执行NDT的能力，可以根据实际工作条件，把NDT规范、标准、技术条件和工艺规程转化为NDT作业指导书。因此，无损检测2级人员资格鉴定考试的内容包括根据相关的规范、标准、技术条件或工艺规程选择适当的NDT技术并确定操作条件，至少编写一份适用于1级人员检测用的作业指导书。具体要求如表5-5所示。

表5-5　无损检测人员资格鉴定考试

科　目	总分	任务获得的分数／百分比（2级）			
		检测工件1	检测工件2	检测工件3	检测说明
1）检测设备的知识： a. 系统检测和功能检测 b. 设备的调节 小计	 5 5 10	—	—	—	—
2）检测方法的应用： a. 检测对象（例如：表面状态）的准备，包括目测 b. 检测技术的选择，检测条件的确定 c. 检测设备的调节 d. 检测的实施 e. 检测的后处理（例如：退磁、清洁、维护） 小计	 2 7 5 5 1 20	—	—	—	—
3）不连续的检测和报告： a. 需记录的缺陷的检出 b. 说明（类型、位置、走向、显示的尺寸等） c. 2级人员根据规定、标准、规范或者检测条件进行评价 d. 检测报告编制 小计	 15 15 15 10 55	—	—	—	—
4）作业指导书的编制（2级人员）： a. 前言（适用范围、使用的资料） b. 人员 c. 使用的设备，含调节方法 d. 产品（说明或者图样，含需求和检测目的部分） e. 检测条件，包括检测前的准备 f. 实施检测的详细说明 g. 检测结果的记录和评级 h. 检测的记录 小计	 1 1 3 2 2 3 2 1 15				

（续）

科 目	总分	任务获得的分数／百分比（2级）			
		检测工件1	检测工件2	检测工件3	检测说明
最高分数（100%）	—	85	85	85	15
需要的最低分数（70%）	—	59.5	59.5	59.5	10.5
实际达到的分数	—	—	—	—	—
总成绩占比（%）	—	—	—	—	—

例1：焊缝磁粉检测指导书的编写

前言	1.本规程适用于焊缝的磁粉检测 2.本规程参考标准为ISO 17638—2016和ISO 23278—2015，以上文件通过本规程的引用而成为本规程的一部分，二者均使用最新版
人员	1.从焊缝磁粉检测的人员应至少具备EN 473/ISO 9712—2012相应门类的1级资质，评定人员则至少具备2级资质 2.检测人员应每年检测视力，符合EN 473/ISO 9712—2012的要求
设备及器材	1.便携式磁轭检测仪，每年定期进行计量检定 2.磁场强度测量仪，每年定期进行计量检定 3.紫外线强度测量仪，每年定期进行计量检定 4.提升力试块：大于等于44.1 N（4.5 kg平板提升力试块） 5.荧光磁悬液，符合标准DIN EN ISO 9934－2的要求 6.白光照度计，每年定期进行计量检定 7.紫外线灯：距离为380 mm时，紫外线辐照度大于10 W/m^2 8.其他，如：紫外线防护眼镜、直尺、放大镜等，均符合要求
工件	1.工件材料：略 2.热处理状态：未进行焊后热处理 3.表面状态：打磨抛光 4.工件检测部位：焊缝及其两侧各10 mm区域内
检测前准备	1.表面质量应经外观检查合格后方可进行磁粉检测 2.磁粉检测应至少在冷却24 h之后进行检测，以探查延迟裂纹 3.进行荧光磁粉检测人员必须佩带紫外线防护眼镜 4.检查设备及配件，均符合磁粉检测的要求，设备运行正常
具体实施步骤	1.检测按照EN ISO 17638—2016的要求进行，采用荧光湿法进行焊缝磁粉检测 2.连接好磁粉检测设备，并确定检测设备状态良好。开启设备，紫外线灯至少预热10 min，操作人员穿戴好劳保用品，并佩戴好紫外线防护眼镜 3.紫外线照度测量：采用紫外线照度计进行测量，不低于10 W/m^2 4.白光照度测量：采用白光照度计进行测量，应不大于20 lx 5.磁场强度测量：采用磁场强度测量仪进行测量，切向磁场强度满足2～6 kA/m 6.提升力试验：采用提升力试块（4.5 kg）进行测试，应不小于44.1 N 7.以上条件满足要求后，方可对焊缝进行检测操作，检查时，应从相互垂直的两个方向对焊缝及其两侧各10 mm区域进行检测，磁轭每次检测的有效磁化范围见ISO 9934-1—2016图9 8.检测过程中发现磁痕显示时，应经过反复确认为缺陷磁痕后，做好标记，测量缺陷相关尺寸

（续）

<table>
<tr><td>评级和记录</td><td>1.记录所有检测过程中发现的缺陷尺寸，并按照DIN EN 23278标准进行评定，如下表所示。
（单位：mm）
<table>
<tr><td rowspan="2">指示类型</td><td colspan="3">验收标准[1]</td></tr>
<tr><td>1</td><td>2</td><td>3</td></tr>
<tr><td>线性指标
l=指示长度</td><td>l≤1.5</td><td>l≤3</td><td>l≤6</td></tr>
<tr><td>非线性指标
d=主要轴线尺寸</td><td>d≤2</td><td>d≤3</td><td>d≤4</td></tr>
</table>
注1：验收标准2和3可以用一个后缀“X”来指定，它表示探测的所有线性指标应当评定为标准1；然而，指标探测概率比原验收标准所表示的小者，可能低
（根据要求，填写相应等级条款）
2.评定完毕后，应做好记录，记录内容至少包括：工件名称、材质、焊接方法、状态、检测方法、评定级别、检测人员、日期、签名等</td></tr>
<tr><td>报告</td><td>检测完毕后，出具报告，报告至少包含上述记录中所有的内容</td></tr>
</table>

例2：铸件磁粉检测工艺的编写（欧标格式）

前言	1.本规程适用于销子铸件表面的磁粉检测 2.本规程参考标准为DIN EN 1369—2013、DIN EN 9934—1~3和DIN EN ISO 3059—2013，以上文件通过本规程的引用而成为本规程的一部分，二者均使用最新版
人员	1.从事铸件的检测人员应至少具备EN 473/ISO 9712—2012相应门类的1级资质，评定人员则至少具备2级资质 2.检测人员应每年检测视力，符合EN 473/ISO 9712—2012的要求
设备及器材	1.便携式磁轭检测仪，每年定期进行计量检定 2.磁场强度测量仪，每年定期进行计量检定 3.紫外线强度测量仪，每年定期进行计量检定 4.提升力试块：≥44.1 N（4.5 kg提升力试块） 5.荧光磁悬液，符合标准DIN EN 9934—2—2015的要求 6.白光照度计，每年定期进行计量检定 7.紫外线灯：距离为380 mm时，紫外线照度>10 W/m² 8.其他，如：紫外线防护眼镜、直尺、放大镜等，均符合要求
工件	1.工件尺寸：壁厚10 mm，销子直径80 mm，见图样G100MT 2.材料：铸钢 3.热处理状态：未经过热处理 4.表面状态：喷丸 5.工件检测部位：销子全部外表面
检测前准备	1.表面质量应经外观检查合格后方可进行检测 2.磁粉检测应至少在冷却24 h之后进行检测，以探查延迟裂纹 3.进行荧光磁粉检测人员必须佩带紫外线防护眼镜 4.检查设备及配件，均符合磁粉检测的要求，设备运行正常

（续）

具体实施步骤

1.检测按照EN 1369的要求进行，采用荧光湿法进行焊缝磁粉检测

2.连接好磁粉检测设备，并确定检测设备状态良好。开启设备，紫外线灯至少预热10 min，操作人员穿戴好劳保用品，并佩戴好紫外线防护眼镜

3.紫外线照度测量：采用紫外线照度计进行测量，不低于10 W/m^2

4.白光照度测量：采用白光照度计进行测量，应不大于20 lx

5.磁场强度测量：采用磁场强度测量仪进行测量，切向磁场强度满足2~6 kA/m

6.提升力试验：采用提升力试块（4.5 kg）进行测试，应不小于44.1 N

7.以上条件满足要求后，方可对铸件外表面进行检测操作，检查时，应从相互垂直的两个方向进行检测，磁轭每次检侧的有效磁化范围见ISO 9934—1—2016图9

8.检测过程中发现磁痕显示时，应经过反复确认为缺陷磁痕后，做好标记，测量缺陷相关尺寸

评级和记录

1.记录所有检测过程中发现的缺陷尺寸，并按照DIN EN 1369—2013标准进行评定，见下表。质量等级为SM2和LM/AM2。

磁粉检测的质量等级——孤立的非线状显示（SM）

性质		质量等级						
		SM001	SM01	SM1	SM2	SM3	SM4	SM5
显示观察手段		放大镜或目视		目视	目视	目视	目视	目视
放大倍数		≤3		1				
应考虑的最小显示长度L_1/mm		不允许有显示	0.3	1.5	2	3	5	5
非线状显示	允许总面积/mm^2	—	—	10	35	70	200	500
	允许单个显示长度L_2/mm	不允许有显示	1	2[a]	4[a]	6[a]	10[a]	16[a]
见附录C 图片		—	—	C.1	C.2	C.3	C.4	C.5

注1：只有本表中给出的值才有效，参考图片仅供参考（见DIN EN 1369—2013附录C）。

注2：灵敏度随着所选用的磁粉检测方法的不同而有所差别。

注a：允许有两个达到表中规定的最大长度的显示。

磁粉检测的质量级——线状显示（LM）和点线状显示（AM）

特性	错误级															
	LM001 AM001	LM01 AM01	LM1 AM1		LM2 AM2		LM3 AM3		LM4 AM4		LM5 AM5		LM6 AM6		LM7 AM7	
显示观察方法	放大镜或目视		目视													
放大倍数	≤3		1													
应考虑的最小显示长度L_1/mm	不允许有显示	0.3	1.5		2		3		5		5		5		5	
单个（I）[1)]或累计（C）显示的适应性[a]	I或C		I	C	I	C	I	C	I	C	I	C	I	C	I	C
线状显示（LM）和点线状显示（AM）的最大允许长度L_2/mm[2)]	不允许有显示	1	2	4	4	6	6	10	10	18	18	15	15	45	45	70
见附录D图片	—		D.1		D.2		D.3		D.4		D.5		D.5		D.7	

注1：只有本表中给出的值才有效，参考图片仅供参考（见DIN EN 1369—2013附录D）。

注2：灵敏度随着所选用的磁粉检测方法的不同而有所差别。

（续）

	注a：在计算累计长度时应考虑线状和点线状显示。 根据要求，填写相应等级条款 2.评定完毕后，应做好记录，记录内容至少包括：工件名称、材质、焊接方法、状态、检测方法、评定级别、检测人员、日期、签名等
报告	检测完毕后，出具报告，报告至少包含上述记录中所有的内容

6 磁痕分析

6.1 磁痕分析的意义

6.1.1 什么是磁痕

通常把磁粉检测时磁粉聚集形成的指示或图像称为磁痕。磁粉检测是利用磁粉聚集形成的磁痕来显示工件上的不连续性和缺陷的。由于磁痕的宽度为不连续性和缺陷宽度的数倍，即磁痕对缺陷的宽度具有放大作用，所以磁粉检测能将目视不可见的缺陷显示出来，具有很高的检测灵敏度。

6.1.2 磁痕的分类

磁痕的分类方法很多，常用的有以下几种：

（1）按磁痕的形态分　可分为线状磁痕和圆状磁痕，如GB/T 15822.1—2005《无损检测　磁粉检测　第一部分：总则》对线状磁痕和圆状磁痕定义如下：

线状磁痕：长度>3倍宽度的显示为线状磁痕。

圆状磁痕：长度≤3倍宽度的不规则圆形或椭圆形显示为圆状磁痕。

（2）按磁痕的方向分　可分为纵向磁痕和横向磁痕。一般规定如下：

纵向磁痕：磁痕长轴方向与工件轴线或母线或受力方向夹角<45°为纵向磁痕。

横向磁痕：磁痕长轴方向与工件轴线或母线或受力方向夹角≥45°为横向磁痕。

（3）按磁痕形成的原因分　可分为相关磁痕、非相关磁痕和伪磁痕。

相关磁痕：一般把缺陷产生的漏磁场吸附磁粉所形成的磁痕，称为相关磁痕。

非相关磁痕：由工件截面突变和材料磁导率差异等原因产生的漏磁场吸附磁粉所形成的磁痕，称为非相关磁痕。

伪磁痕：不是由漏磁场形成的磁痕，称为伪磁痕。

相关磁痕、非相关磁痕、伪磁痕的区别是：

1）相关磁痕和非相关磁痕均是由漏磁场吸附磁粉形成的，而伪磁痕不是由漏磁场吸附磁粉形成的。

2）相关磁痕是由缺陷产生的漏磁场形成的，而非相关磁痕不是由缺陷产生的漏磁场形成的。

3）非相关磁痕和伪磁痕都不影响工件的使用性能，只有超过验收标准规定的相关磁痕才影响工件的使用性能。

6.1.3 磁痕分析的意义

磁痕的特征及分布反映了缺陷的性质、形状、位置及数量。不同的磁痕图像显示表示的意义不同。只有仔细鉴别真伪，分析缺陷磁痕的特征，并结合各方面的因素（如制造工艺、使用工况、受力情况等）进行综合分析，才能得出正确的结论。

磁痕分析的意义具体表现在以下方面：

第一，正确的磁痕分析能够避免误判。如果把缺陷显示误判为非相关显示或伪显示，则会产生漏检，造成重大的质量安全隐患。相反，如果把非相关显示和伪显示误判为缺陷显示，则会把合格的工件拒收或报废，造成不必要的经济损失。

第二，正确的磁痕分析能够为设计及工艺改进提供科学依据。由于磁痕显示能准确反映出不连续和缺陷的位置、大小、形状和严重程度，并可大致确定缺陷的性质及类别，所以磁痕分析可为产品设计和工艺改进提供比较科学、可靠的信息。

第三，正确的磁痕分析可以避免质量事故发生。对在役工件进行磁粉检测，可以发现疲劳裂纹，并可通过周期性检测，监视疲劳裂纹的扩展速率，可以做到及早预防，避免设备和人身事故发生。如铁路目前实行的A1、A2、A3、A4、A5五级修程，根据修程不同，需对重要零部件进行磁粉检测，确保轨道交通运行安全。

6.1.4 磁痕分析的方法

所谓磁痕分析，一方面要评定磁痕的形态、方向、分布，另一方面要分析磁痕的性质。磁粉检测是通过磁痕来显示缺陷的。然而，缺陷不是产生漏磁场的唯一原因，也不是形成磁痕的唯一原因。当工件上出现磁痕显示时，我们既不能不加考虑就认为是非缺陷磁痕显示，也不可不加分析地就判断为缺陷，否则会引起误判、漏判。那么，如何才能正确地分析磁痕呢？

在实际工作中，分析磁痕的性质，可从以下几个方面着手：

第一，从磁痕的形态分析，观察分析磁痕的聚粉高度、聚粉宽度、聚粉浓密程度、聚粉的分布状况等。不同性质的缺陷，其磁痕显示状况有时也有所不同，如线状磁痕，裂纹的可能性较大。

第二，新制零部件检测时，要了解被检工件的制造工艺，包括工件的材质、热处理情况、加工情况等；在役检查时，了解被检工件的使用工况、运用情况及受力情况等，来综合判定磁痕性质。

第三，必要时借助其他手段。有时仅从磁痕显示状况，很难准确判定磁痕性质，可以采取其他手段进行检测，帮助对磁痕的分析，如：着色检测、金相分析等。

6.2 相关磁痕

相关磁痕是由缺陷产生的漏磁场形成的磁痕，按缺陷的形成时期，分为原材料缺陷、热加工缺陷、冷加工缺陷、电镀产生的缺陷及使用后产生的缺陷等。以下介绍磁粉检测中常见缺陷产生的主要原因和磁痕特征。

6.2.1 原材料缺陷及磁痕特征

原材料缺陷指钢材冶炼在铸锭结晶时产生的缩孔、气孔、金属和非金属夹杂物及裂纹等。在热加工（如锻造、铸造、焊接、轧制和热处理）时；在冷加工（如磨削、矫正）时；以及在使用后，这些原材料缺陷有可能被扩展或成为疲劳源，并产生新的缺陷，如夹杂物被轧制拉长成为发纹，在钢板中被轧制成为分层等。原材料缺陷一般存在于工件内部，只有在机械加工后暴露在工件的表面和近表面时，才能被磁粉检测发现。

1. 发纹

钢锭中的非金属夹杂物、疏松和气孔，在锻造、轧制拉长过程中，随着金属变形伸长形成类似头发丝细小的缺陷称为发纹，是钢中最常见的缺陷。

其磁痕特征为：沿金属纤维方向，呈发丝一样连续或断续的细直的线状，长短不等，长者可达数十毫米；发纹深度较浅，磁痕清晰、均匀而不浓密，抹去磁粉，一般肉眼不可见，如图6-1所示。

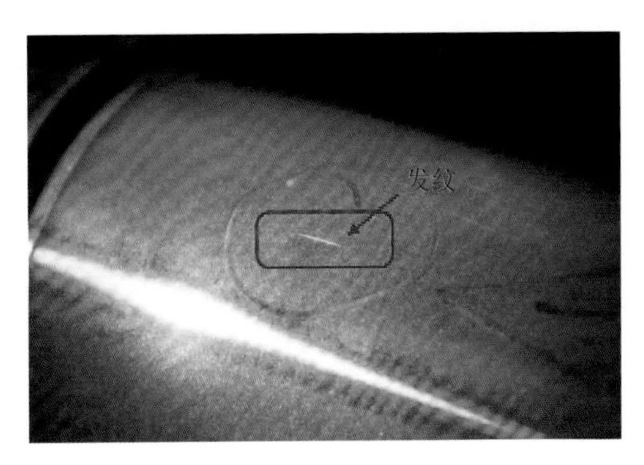

图6-1　发纹

2. 分层

钢锭中存在缩孔、疏松或密集的气泡时，而在轧制时又没有熔合在一起，或钢锭内的非金属夹杂物，轧制时被轧扁，当钢板被剪切后，从侧面可发现金属分为两层，称为分层或夹层。分层是板材中的常见缺陷。

其磁痕特征为：与原材料表面平行，呈连续或断续的细直线状。磁粉附着好，轮廓清晰，多发现于板材零部件的断面上，如图6-2所示。

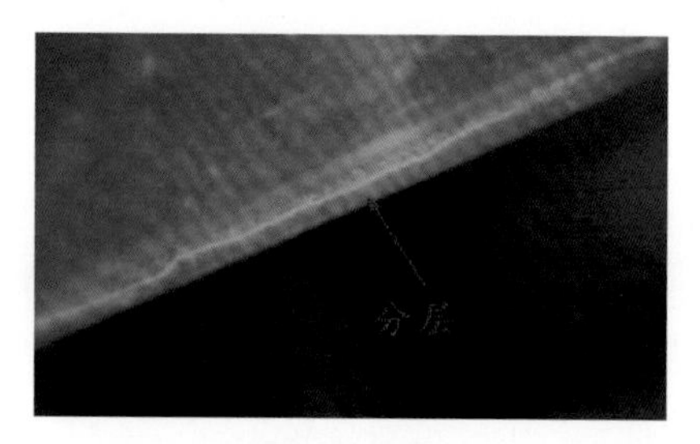

图6-2 分层

3. 划痕

由于模具表面粗糙、残留有氧化皮或润滑条件不良等原因，在钢材通过轧制设备时，便会产生划痕。另外，工件加工、运输过程中，由于操作不当产生划痕。

其磁痕特征为：划痕呈直线沟状，肉眼可见到沟底，分布于钢材的局部或全长。宽而浅的划痕磁粉检测时不吸附磁粉，但较深者会吸附磁粉，如图6-3所示。

一般可以采用以下方法进行鉴别，抹掉磁痕，转动工件或调整角度观察，必要时采用3~5倍放大镜观察，若沟底明亮、圆滑即为划痕。

4. 原材料裂纹

原材料裂纹是在冶炼和轧制过程中产生的裂纹。

其磁痕特征为：原材料裂纹呈线状，显示强烈，磁粉聚集浓密，轮廓清晰，多与轧制方向一致，如图6-4所示。

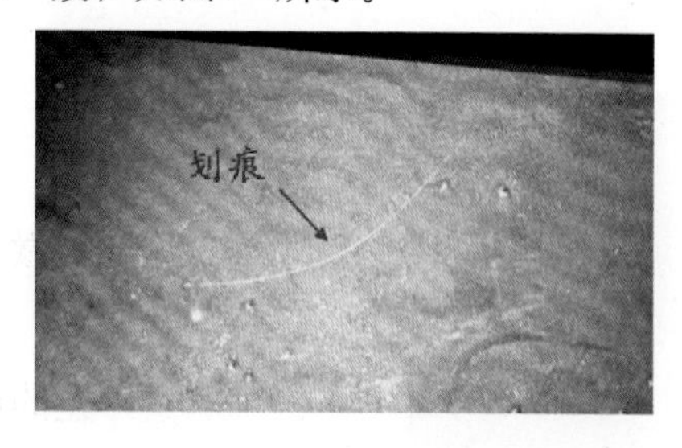

图6-3 划痕

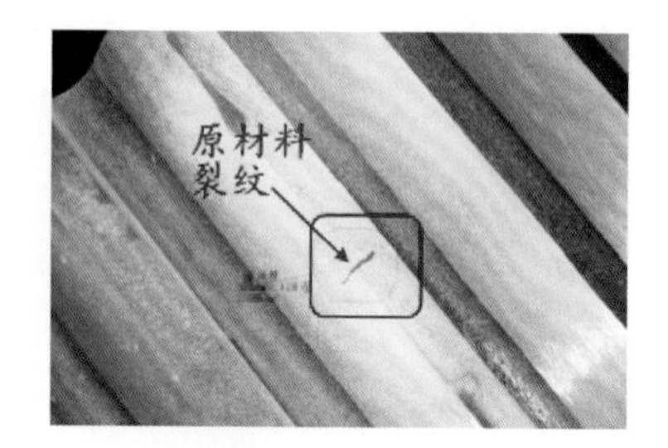

图6-4 原材料裂纹

6.2.2 铸造缺陷及磁痕特征

1. 铸造裂纹

金属液在铸型内凝固收缩过程中，由于各部分冷却速度不同，金属组织转变及收缩程度不同，产生很大的铸造应力，当该应力超过金属强度极限时，铸件便产生破裂。

根据破裂时温度的高低，铸造裂纹分为热裂纹和冷裂纹两种。热裂纹在1200～1400 ℃高温下产生，并在最后凝固区或应力集中区出现。冷裂纹在200～400 ℃低温下产生，低温时由于铸钢的塑性变差，所以在热应力和组织应力的共同作用下产生冷裂纹。

其磁痕特征为：铸造裂纹多呈连续或半连续、较规则的曲折线状，起始部位较宽，随延伸方向逐渐变细，有时呈连续条状或枝杈状，粗细较均匀。磁痕显示强烈，磁粉聚集浓密，轮廓清晰。

铸造热裂纹多出现在铸件的热节部位，如转角和厚薄交界处以及柱面和壁面上，同一炉号同一种铸件的热裂纹部位较固定，一般是沿晶扩展，呈很浅的网状裂纹，亦称龟裂。其磁痕细密清晰，稍加打磨裂纹即可排除。

铸造冷裂纹，一般分布在铸钢件截面尺寸突变的部位，多出现在应力集中部位，如尖角、圆角、沟槽、凹角、缺口、孔的周围、台阶和板壁边缘等部位。这种裂纹一般穿晶扩展，有一定深度，一般为断续或连续的线条，两端有尖角，磁痕浓密清晰，如图6-5所示。

2. 缩孔与疏松（缩松）

（1）缩孔　金属在凝固过程中，因补缩不良而产生的孔洞称为缩孔。缩孔形状极不规则，孔壁粗糙，并带有枝状晶，常出现在铸件最后凝固的部位。

其磁痕特征为：呈不规则的坑窝。磁粉附着不良，显示不清晰。通常出现在铸件表面上，如图6-6所示。

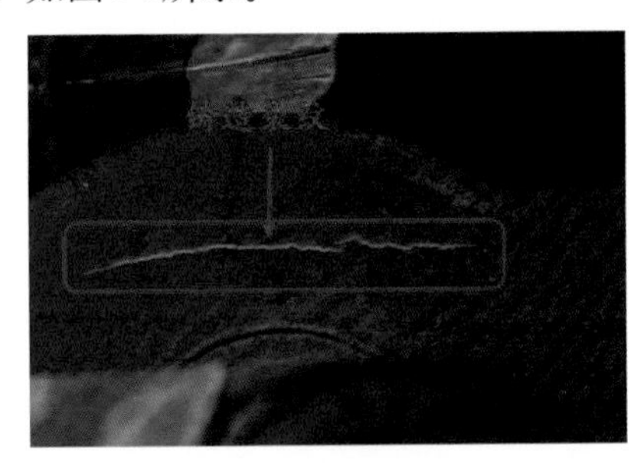

图6-5　铸造裂纹

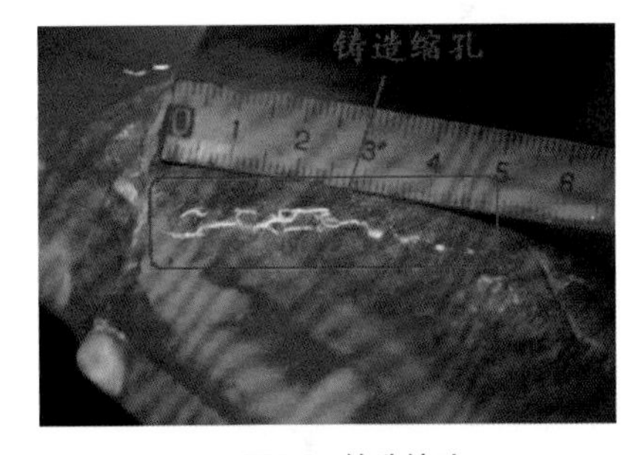

图6-6　铸造缩孔

（2）疏松　金属液在冷却凝固收缩过程中，如果得不到充分补缩，就会形成极细微、不规则的分散或密集的孔穴，称为疏松，是铸件上常见的缺陷之一。

疏松一般产生在铸钢件最后凝固的部位，例如冒口附近、局部过热或散热条件差的内壁、内凹角和补缩条件差的均匀壁面上。疏松只有在加工后的铸钢件表面，才容易发现。

其磁痕特征为：磁粉检测时，疏松缺陷磁痕一般涉及范围较大，呈点状或线状分布。线状疏松，呈各种形状的短线条，分布较散乱，磁粉附着较差，多成群出现在铸件的孔壁，内凹角或均匀板壁上；点状疏松，多数呈长度等于或小于三倍宽度的显示，分布散乱，显示方向随着磁化方向的改变而改变，磁粉附着较差，多成群出现在铸件的孔壁，内凹角或均匀板壁上。当改变磁化方向时，磁痕显示方向也明显改变，如图6-7所示。

剖开铸件，在显微镜下观察可见到不连续的微孔。疏松一般不分布在应力集中区和截面急剧变化处，因该处的疏松在应力作用下已形成裂纹，称为缩裂。

3. 冷隔

由于填充金属流汇合时熔化不良所致的穿透或不穿透的、边缘呈圆角状或凹陷的缝隙，称为冷隔。

其磁痕特征为：呈较粗大的线状，两端圆秃、光滑，擦掉磁粉后肉眼可见。磁粉附着较差，磁痕显示稀淡而不浓密清晰。多出现在远离浇道的铸件宽大上表面或薄壁处、金属流汇合处，以及芯撑、冷铁等急冷部位，如图6-8所示。

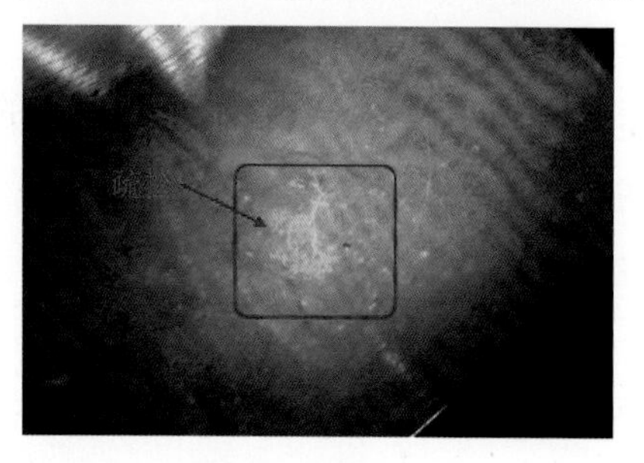

图6-7 疏松

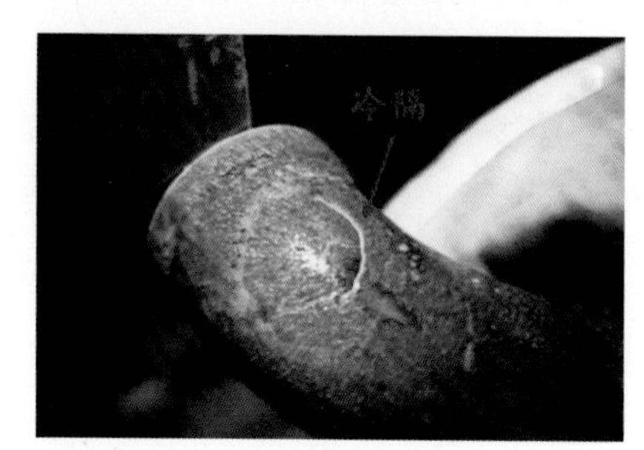

图6-8 冷隔

4. 夹杂

铸造过程中，由于合金中熔渣没有彻底清除干净，或浇注工艺、操作不当等，都会在铸件上出现微小的夹渣或非金属夹杂物（如：硫化物、氧化物、硅酸盐等），称为夹杂。夹杂在铸件上的位置不定，通常出现在浇注位置上方。

其磁痕特征为：磁痕呈分散的点状或弯曲的短线状，如图6-9所示。

5. 气孔

气孔是由于金属液在冷却凝固过程中，气体未及时排出形成的孔穴。

其磁痕特征为：磁痕呈圆形或椭圆形，宽而模糊，显示不太清晰，磁痕的浓度与气孔的深度有关，皮下气孔一般要使用直流电检测，如图6-10所示。

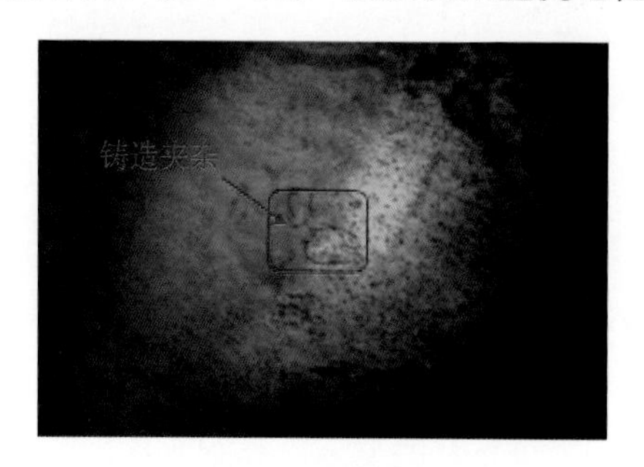

图6-9 铸造夹杂

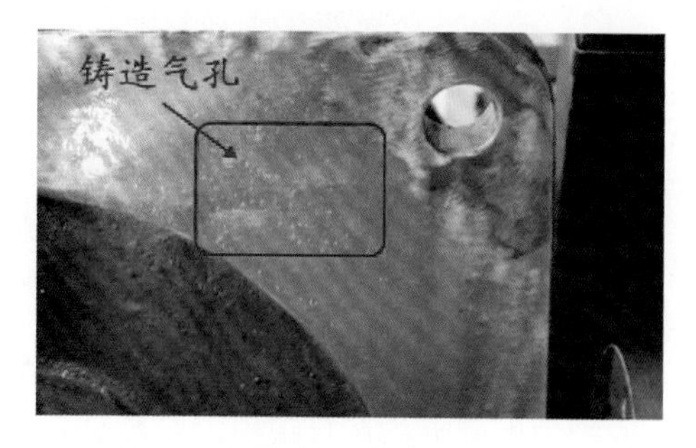

图6-10 铸造气孔

6. 冷豆

通常位于铸件下表面或嵌入铸件表层，化学成分与铸件相同，未完全与铸件熔合的金属珠称为冷豆。

其磁痕特征为：磁痕显示为比较规则的圆形，磁痕比较清晰完整。其表面有氧化现象，通常出现在内浇道下方或前方，如图6-11所示。

7. 气隔

在浇注过程中，型腔中的气体卷入铁液中，在铁液中以气泡的形式存在。浇注后期，气泡将浮在铁液表面。如气泡比较大，内部压强较高，铁液凝固后，将在铸件表面形成大的气孔缺陷。如气泡比较小，内部压强较低，气泡在铁液表面被压缩成一层气膜，由于气膜的存在，导致铸件表面出现不熔合的缺陷。这种缺陷定义为气隔

其磁痕特征为：由于气隔缺陷与基体磁导率相差较大，而且一般呈片状，并有一定的深度和长度，因而在磁粉检测过程中呈线性环形磁痕显示，有时也呈连续或断续环形显示，如图6-12所示。

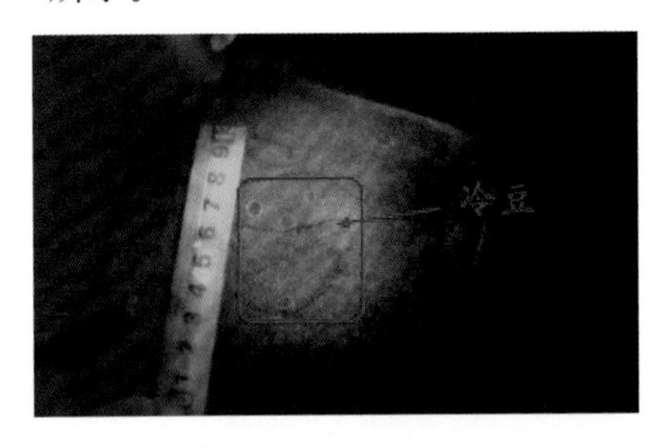

图6-11　冷豆

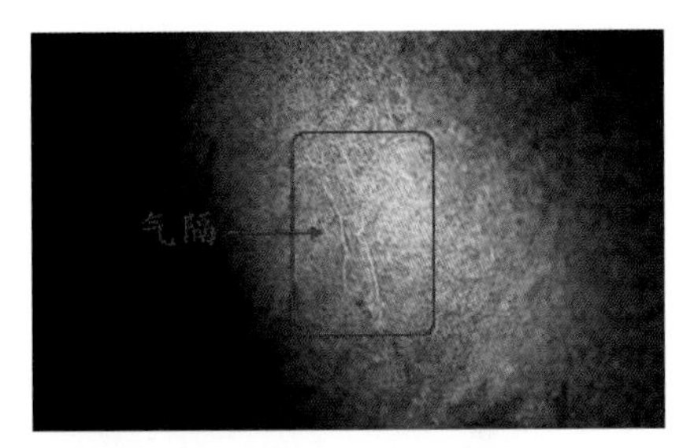

图6-12　气隔

8. 石墨漂浮

石墨漂浮属铸铁件中的缺陷，出现石墨漂浮的主要原因是由于碳含量和其他部分元素（球化剂、硅、铝）不当引起的产品表面轻微石墨漂浮和球化不良。因为蠕虫状石墨（ϕ452 mm和ϕ432 mm）均处在铸件的厚大部位和浇注的顶部（其他地方目前没发现），当碳硅当量超过共晶成分，因浇注温度高，铁液在凝固前就析出石墨，若液态停留一段时间，此时石墨长大并聚集。由于石墨的密度远比铁液小，聚集石墨易上浮，有时夹杂物也被带到铸件的上表面，从而在铸件上表面产生石墨漂浮。

其磁痕特征为：一般呈线状，有时比较短或粗。湿法检测时，磁痕显示比较清晰；但干法检测时，磁痕显示很不清晰，有时无显示，如图6-13所示。

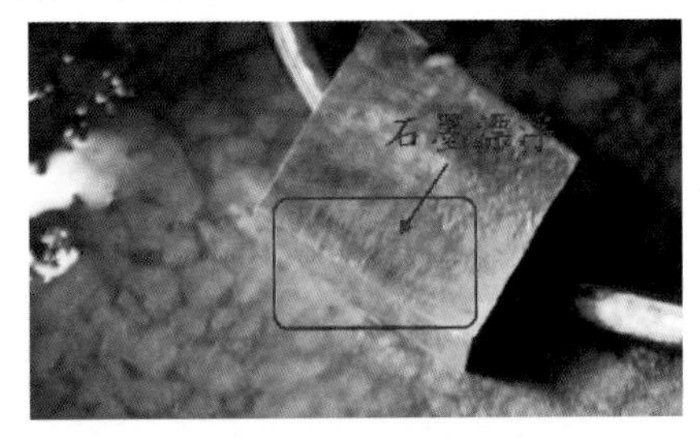

图6-13　石墨漂浮

6.2.3 锻造缺陷及磁痕特征

1. 锻造裂纹

锻造裂纹产生的原因较多，与锻件使用的原材料有关，如原材料存在冶金缺陷；也与锻

造本身有关，如加热不当、操作不正确、终锻温度太低、冷却速度太快等。锻造裂纹一般比较严重，有的肉眼可见。

其磁痕特征为：锻造裂纹一般呈现没有规则的直线或弯曲线状，显示强烈，磁粉聚集浓密，具有尖锐的根部或边缘，轮廓清晰，多出现在锻造比大和截面突变的部位或边缘，如图6-14所示。

2. 锻造折叠

锻造时，坯料已氧化的表层金属被卷折或重叠在另一部分金属上，即金属间被紧紧挤压在一起，但仍未熔合的区域，可发生在工件表面的任何部位，并与工件表面呈一定的角度。

其磁痕特征为：折叠具有尖锐的根部，会造成应力集中。折叠表面形状与裂纹相似，多发生在锻件内圆角或尖角处，磁痕呈纵向直线状，并与表面呈一定夹角，但有时也有圆弧状，一般肉眼可见。显示松散宽大，磁粉附着程度随折叠的深浅和夹角大小而异。锻造折叠缺陷磁痕一般不浓密清晰，但在对表面打磨后，磁痕往往更加清晰，如图6-15所示。

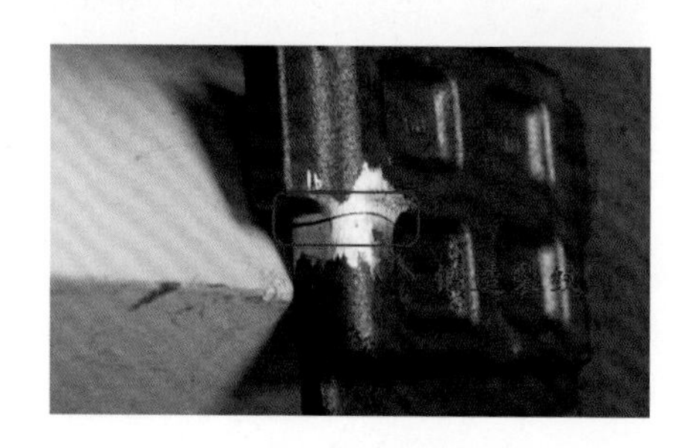

图6-14　锻造裂纹

图6-15　锻造折叠

3. 白点

白点是钢材在锻压或轧制加工时，在冷却过程中未逸出的氢原子聚集在显微空隙中并结合成分子状态，对钢材产生较大的内应力，再加上钢材在热压力加工中产生的变形力和冷却过程相变产生的组织应力的共同作用下，导致钢材内部的局部撕裂。白点多为穿晶裂纹，在横向断口上表现为由内部向外辐射状不规则分布的小裂纹，在纵向断口上呈弯曲线状裂纹或银白色的圆形或椭圆形斑点，故称其为白点。

其磁痕特征为：呈不规则的短线条。显示强烈，磁粉附着好，轮廓清晰。一般成群出现在机械加工过的表面上，如图6-16所示。

图6-16　白点

6.2.4 焊接缺陷及磁痕特征

1. 焊接裂纹

焊接过程中或焊后，在焊接应力及其他致脆因素的共同作用下，焊接接头中局部区域的金属原子结合力遭到破坏，而形成新的界面所产生的缝隙称为焊接裂纹。它具有尖锐的缺口和大的长宽比。

焊接裂纹分为微观裂纹、纵向裂纹、横向裂纹、放射状裂纹、弧坑裂纹、间断裂纹群和枝状裂纹等，它们均可存在于焊缝金属、热影响区和母材金属中。按裂纹形成原因和性质分为焊接热裂纹、焊接冷裂纹。

热裂纹产生于1100~1300 ℃，一般焊接完毕即出现，沿晶扩展，有纵向、横向或弧坑裂纹，露出工件表面的热裂纹断口有氧化色。

其磁痕特征为：热裂纹浅而细小，磁痕清晰而不浓密。

冷裂纹产生于100~300 ℃，焊接接头中存在较大残余应力或含氢量较高，易产生冷裂纹。冷裂纹可能在焊接完毕即出现，也可能在焊完后几小时或十几小时甚至几天后才产生。焊后一定时间产生的裂纹又称延迟裂纹。冷裂纹可能是沿晶开裂、穿晶开裂或两者混合出现，断口未氧化，发亮。有延迟裂纹倾向的焊接接头，磁粉检测一般应安排在焊后24 h或36 h后进行。

其磁痕特征为：冷裂纹多数是纵向的，一般深而粗大，磁痕浓密清晰，如图6-17所示。

2. 未焊透

焊接时母材金属未熔化，接头根部未完全熔透的现象称为未焊透。它是由于焊接电流过小，母材未充分加热和焊根清理不良等原因产生的，磁粉检测只能发现埋藏浅的未焊透。

其磁痕特征为：呈线状，磁粉附着差，松散宽大，边缘模糊，轮廓不清晰。多出现在焊道中间，如图6-18所示。

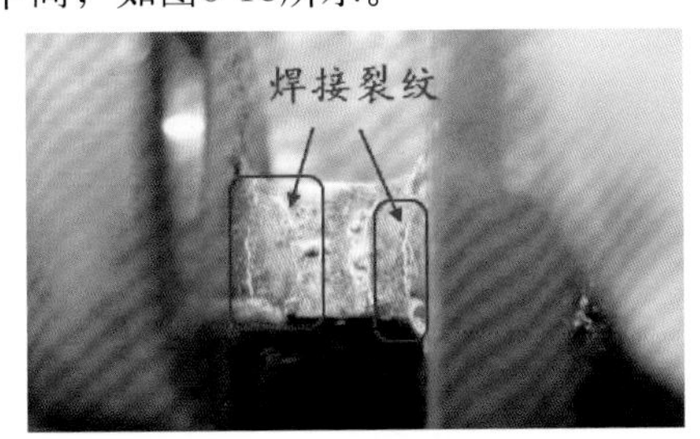

图6-17 焊接裂纹

图6-18 焊缝未焊透

3. 气孔

焊接时，熔池中的气泡在凝固冷却之前因来不及逸出而残留下来所形成的空穴称为气孔，多呈圆形或椭圆形。气孔可分为球形气孔、均布气孔、局部密集气孔、链状气孔、条形气孔、虫形气孔和表面气孔。它是由于母材金属含气体过多，焊条药皮或焊剂潮湿等原因产生的。有的单独出现，有的成群出现。

其磁痕特征为：磁痕显示与铸钢件气孔相同，如图6-19所示。

4. 夹渣

夹渣是在焊接过程中熔池内未来得及浮出而残留在焊接金属内的焊渣。

其磁痕特征为：多呈点状（椭圆形）或粗短的条状，磁痕宽而不浓密，如图6-20所示。

图6-19　焊缝气孔

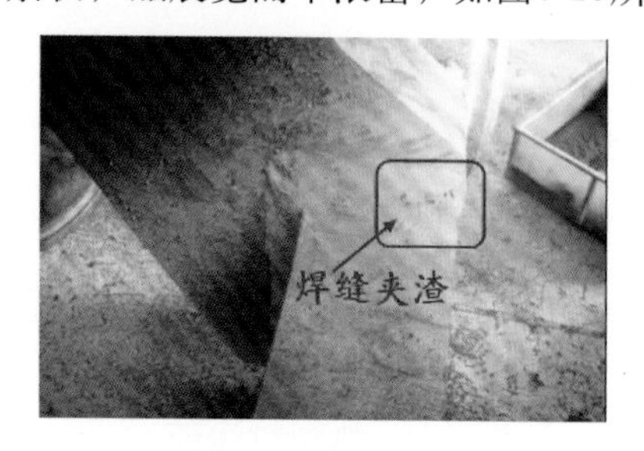

图6-20　焊缝夹渣

5. 未熔合

焊缝金属与母材之间或焊道金属与焊道金属之间未完全熔化结合的部分称为未熔合。可以分为侧壁未熔合、层间未熔合和焊缝根部未熔合。

其磁痕特征为：呈线状。磁粉附着差，松散宽大，边缘模糊，轮廓不清晰。多出现在焊缝侧壁、层间和焊缝根部，如图6-21所示。

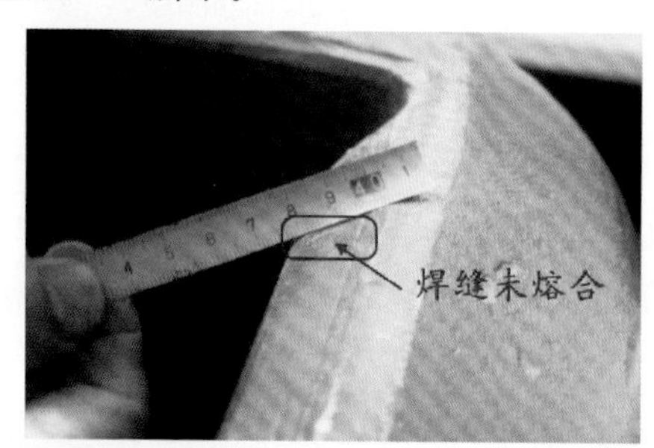

图6-21　焊缝未熔合

6.2.5 热处理缺陷及磁痕特征

1. 淬火裂纹

工件淬火冷却时产生的裂纹称为淬火裂纹，它是由于钢在高温快速冷却时产生的热应力和组织应力超过材料抗拉强度时引起的开裂。产生淬火裂纹的原因很多，主要有：工件原材料原因引起（成分偏析、表面存在缺陷等）；热处理工艺不当引起（如：加热温度过高、冷却速度过快、淬火后未及时回火等）；工件几何形状引起等。淬火裂纹多发生在应力集中部位，如：尖角处、孔边缘、键槽及截面变化处等。

其磁痕特征为：呈线状、树枝状或网状。起始部位较宽，随延伸方向逐渐变细，显示强烈，磁粉附着好，轮廓清晰，如图6-22所示。

图6-22 淬火裂纹

2. 渗碳裂纹

结构钢工件渗碳后冷却过快，在热应力和组织应力的作用下形成渗碳裂纹，其深度一般不超过渗碳层。

其磁痕特征为：磁痕呈线状、弧形或龟裂状，严重时造成块状剥落，如图6-23所示。

图6-23 渗碳淬火裂纹

3. 表面淬火裂纹

为提高工件表面的耐磨性能，可对工件进行高频、中频、工频感应加热，使工件表面的很薄一层迅速加热到淬火温度，并立即喷冷却液进行淬火，在此过程中，因加热冷却不均匀而产生应力裂纹。

其磁痕特征为：磁痕呈网状或平行分布，面积一般较大，也有单个分布的，如图6-24所示。

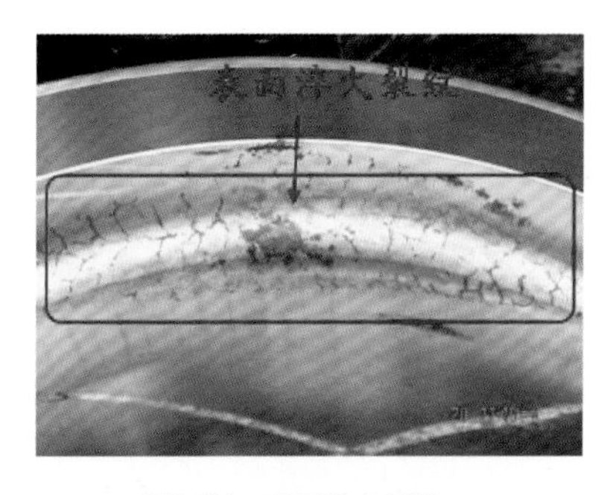

图6-24 表面淬火裂纹

4. 热应力裂纹

采用高频、中频、工频感应加热进行热处理时，感应加热还容易在工件的油孔、键槽、凸轮桃尖、齿轮齿部产生热应力裂纹。

其磁痕特征为：一般呈辐射状或弧形，磁痕浓密、清晰，如图6-25所示。

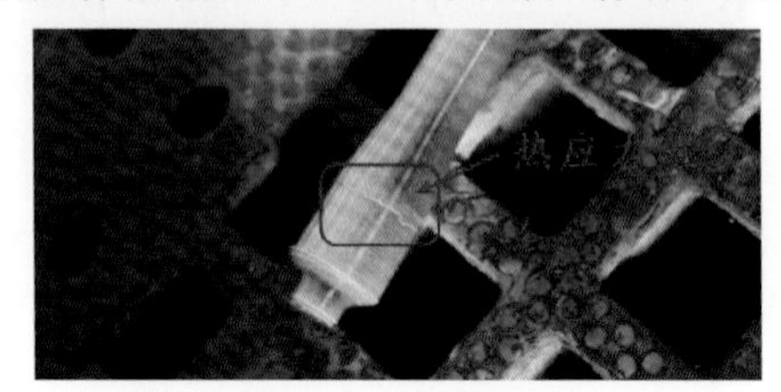

图6-25 热应力裂纹

6.2.6 机加工缺陷及磁痕特征

1. 磨削裂纹

工件进行磨削加工过程中，因热处理不当或磨削工艺不当（砂轮硬度过硬或太粗、磨削速度过快、进给量太大）而引起的裂纹称为磨削裂纹。

其磁痕特征为：磨削裂纹一般与磨削方向垂直，有的呈网状、放射状、平行线状等分布，渗碳表面产生的多为龟裂状；热处理不当引起的磨削裂纹，一般与磨削方向平行；磨削裂纹比较浅，磁痕清晰 ，如图6-26所示。

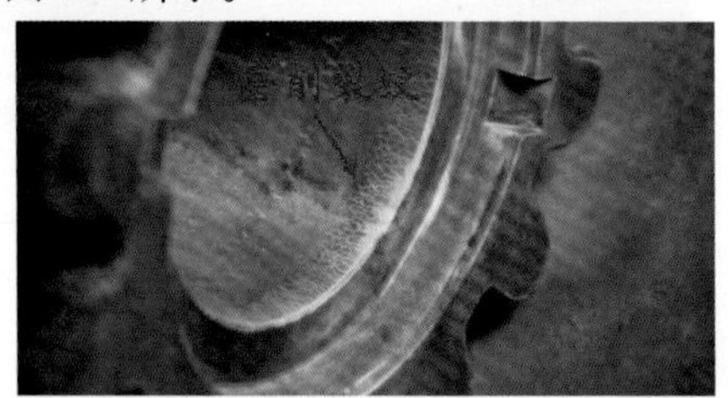

图6-26 内孔磨削裂纹

2. 矫正裂纹

变形工件校直过程中产生的裂纹称为矫正裂纹或校正裂纹。校直过程施加的压力会使工件内部产生塑性变形，在应力集中处产生与受力方向垂直的矫正裂纹。

其磁痕特征为：裂纹中间粗、两头尖，呈直线形或微弯曲，一般单个出现，磁痕浓密清晰，如图6-27所示。

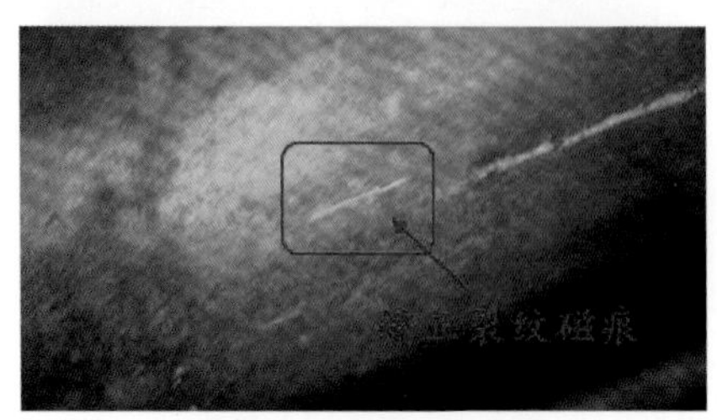

图6-27 矫正裂纹磁痕

6.2.7 在役缺陷磁痕显示特征及分析

1. 疲劳裂纹

工件在长期使用过程中如果反复受到交变应力的作用，会以工件中的微损伤（如：冶金缺陷、刀痕等）为疲劳源形成疲劳裂纹。常见的疲劳裂纹有3种：应力疲劳裂纹、磨损疲劳裂纹、腐蚀疲劳裂纹。疲劳裂纹一般都产生在应力集中部位，其方向与受力方向垂直。

其磁痕特征为：呈线状或曲线状随延伸方向逐渐变细，磁痕浓密清晰，重现性好，如图6-28、图6-29所示。

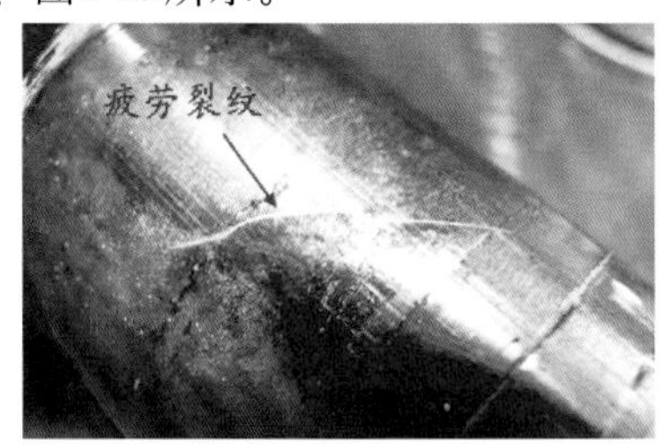

图6-28　车轴疲劳裂纹

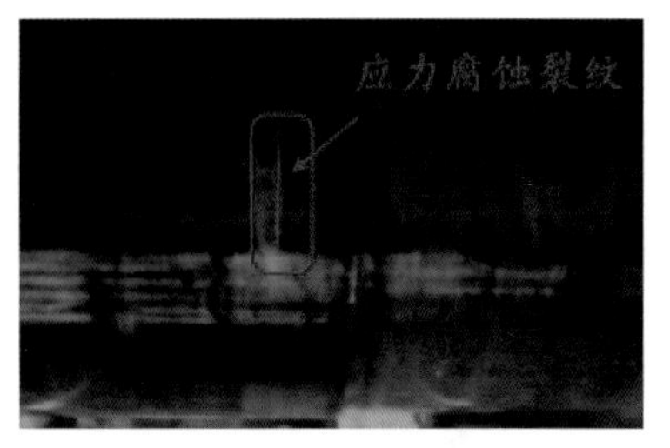

图6-29　应力腐蚀裂纹

6.3 非相关磁痕

非相关磁痕也是由漏磁场产生的，但不是由缺陷引起的。其形成原因非常复杂，一般与工件材料、外形结构、制造工艺和采用的磁化规范等因素有关。非相关磁痕对工件的强度和使用性能并无影响，对工件不构成危害，但是它与相关磁痕容易混淆，也不像伪磁痕那样容易识别，因此实际检测中，应对其产生原因、磁痕特征进行分析，并采用合理的方法进行鉴别。

1. 磁极和电极附近

实际检测过程中，当采用电磁轭检测时，由于磁极与工件接触处，磁力线离开工件表面和进入工件表面都产生漏磁场，而且磁极附近磁通密度大，因此产生磁痕显示。同样，当采用触头法检测时，由于电极附近电流密度大，产生的磁通密度也大，所以在电极附近的工件表面上也会产生一些磁痕显示。

其磁痕特征为：磁极和电极附近的磁痕多而松散，同由缺陷产生的相关磁痕显示特征比较，二者有所不同，实际检测时，也容易区分。但在该处容易形成过度背景，掩盖相关磁痕，如图6-30所示。

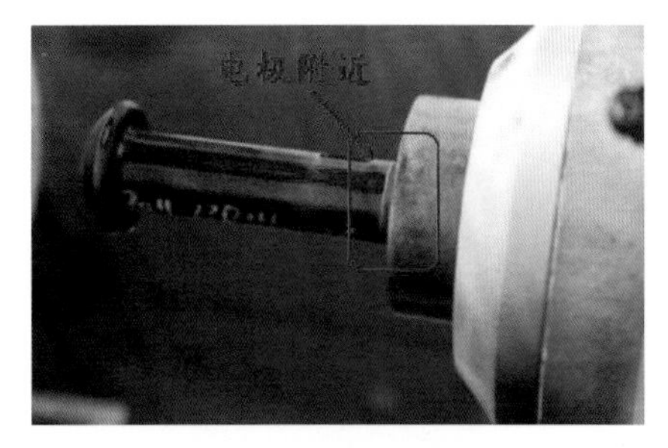

图6-30　磁化电极附近

2. 工件截面突变的非相关磁痕

当工件的厚度方向尺寸或截面尺寸变化较大时（如：工件内键槽等部位），由于截面突然缩小，在这一部分金属截面内所能容纳的磁力线有限，由于磁饱和，所以就迫使一部分磁力线离开和进入工件表面形成漏磁场，吸附磁粉，形成非相关显示。

其磁痕特征为：磁痕松散、不紧凑，有一定的宽度，如图6-31所示。

图6-31　截面突变磁痕

这类磁痕显示都是有规律的出现在同类工件的同一部位，结合工件的几何形状容易找到磁痕显示形成的原因。

3. 磁泻

当两个已磁化的工件互相接触，或用一钢块在一个已磁化的工件上划一下，在接触部位就会产生磁场变化，产生的磁痕显示称为磁泻。

其磁痕特征为：磁痕松散，线条不清晰，磁痕无一定形状，像乱画的样子，如图6-32所示。

可采用以下方法鉴别：先将工件退磁，再重新进行磁化和检测，如果磁痕显示不重复出现，就可判断其为磁泻。但情况严重时，应仔细进行多方向退磁后，磁痕才不再出现。

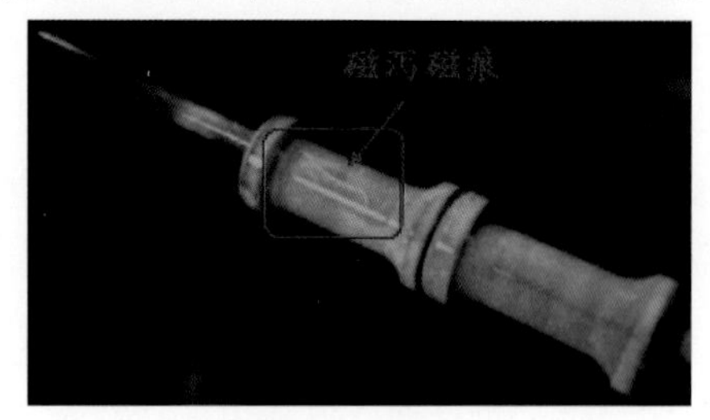

图6-32　磁泻

4. 磁化电流过大（或磁场强度过强）

众所周知，每一种材料都有一定的磁导率，在单位横截面上容纳的磁力线是有限的，当磁化电流过大，在工件截面突变处，磁力线并不能完全在工件内闭合，在棱角处磁力线容纳不下时会逸出工件表面，产生漏磁场，吸附磁粉形成磁痕。

其磁痕特征为：磁痕松散，沿工件棱角处分布，如图6-33所示。

另外，当选择的磁化规范过高时，有时也会把工件的金属流线（金属纤维分布的方向）显示出来。

流线的磁痕特征一般是成群出现，平行状态不连续分布，并与金属流线（金属纤维）方向一致。

出现此类磁痕，一般的鉴别方法是先退磁，然后再选择合适规范进行磁化，磁痕不再出现。

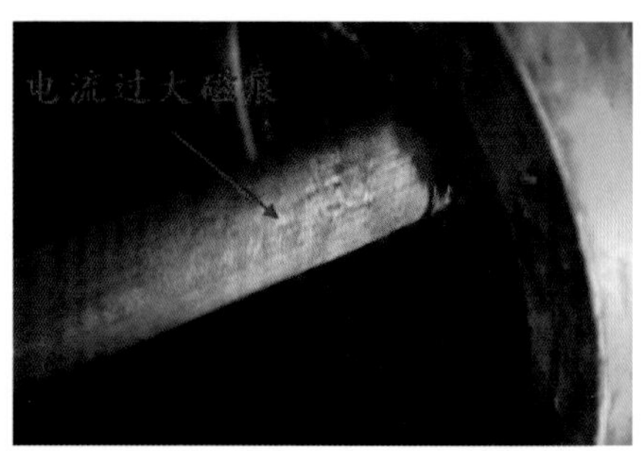

图6-33 磁化电流过大

5. 局部加工硬化

滚压或磨削加工使工件产生局部加工硬化，如车轴局部进行滚压时，滚压部位变硬，磁导率变化，在滚压处就产生漏磁场。因此在滚压和未滚压的分界面上往往会形成磁痕。

其磁痕特征为：磨削加工引起的局部加工硬化磁痕显示松散，呈较宽带状分布；滚压形成的磁痕有一定宽度，位置特定，但不太清晰。实际检测过程中，往往干法检测磁痕显示效果比湿法检测时显示效果好，如图6-34所示。

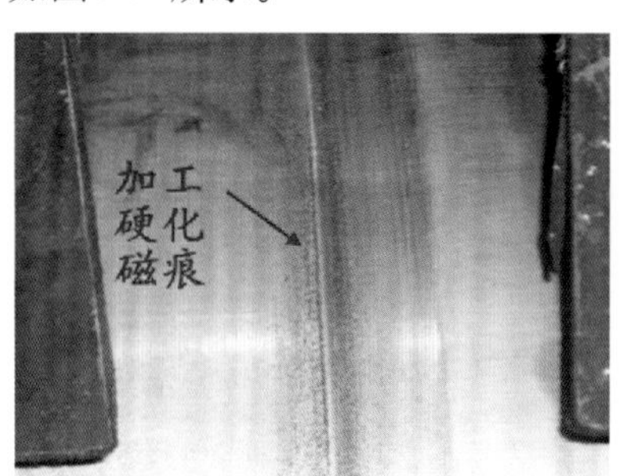

图6-34 滚压引起局部加工硬化磁痕

此类磁痕的鉴别方法有两种：一是根据磁痕特征分析，一般就可以判断其性质；二是将该工件退火消除应力后重新进行磁粉检测，这种磁痕显示不再出现。

6. 金相组织不均匀

金相组织的不均匀，会导致磁导率的差异。其产生原因如下：工件在淬火时有可能产生组织不均匀，如高频感应淬火，因冷却速度不均匀而导致的组织差异，在淬硬层形成有规律的间距；马氏体不锈钢的金相组织为铁素体和马氏体，二者的磁导率存在差异；高碳钢和高碳合金钢的钢锭凝固时，所产生的局部碳化物偏析，导致钢的化学成分不均匀，在其间隙中形成碳化物，在轧制过程中沿压延方向被拉成带状，带状组织导致的组织不均匀性，因磁导率的差异形成磁痕显示。

这类磁痕显示的磁痕特征为：磁粉堆积比较松散不浓密，且具有一定宽度，呈带状分布，单个磁痕类似发纹，有时与条状夹杂物也易混淆，但其长度较短，如图6-35所示。

为正确区分此类磁痕，实际检测工作中，应根据磁痕分布和特征，并结合材料状况进行综合分析。

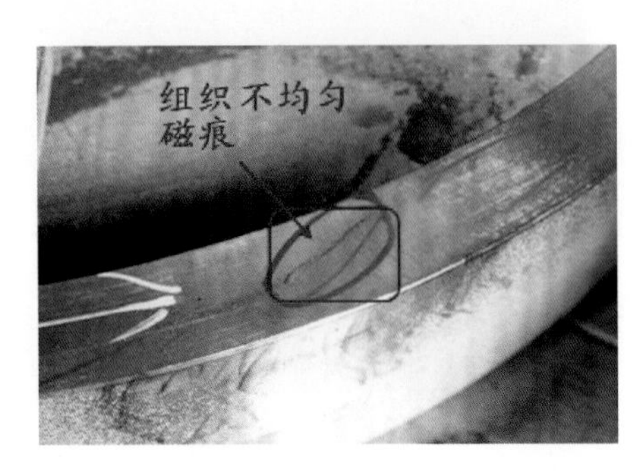

图6-35 铸钢轮芯

7. 应力集中引起的磁痕显示

由于工件结构或加工工艺原因，引起工件局部应力集中也会产生磁痕。这种磁痕磁粉聚集比较散乱，磁痕浅淡、模糊，具有一定宽度，呈带状分布。采用锤敲或钻孔方式，该磁痕即可消除。如图6-36所示。

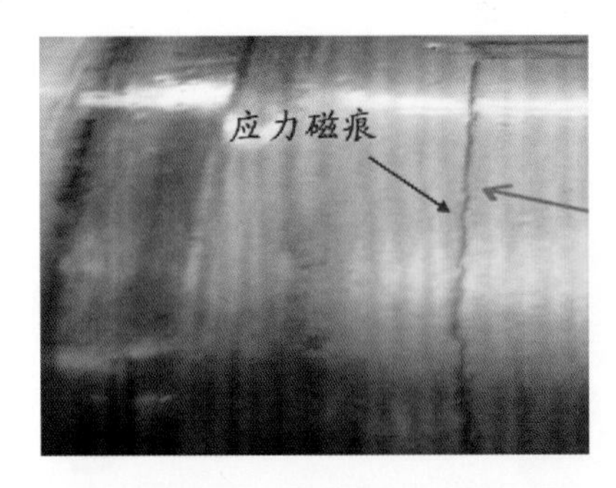

图6-36 应力集中引起磁痕

8. 两种材料交界处的非相关磁痕

实际工作中，由于生产需要将两种磁导率不同的材料焊接在一起，或母材与焊条的磁导率相差很大，如用奥氏体焊条焊接铁磁性材料，在焊缝与母材交界处（焊缝的熔合线上，偏向于磁导率低的材料一侧）就会产生磁粉聚集，形成磁痕显示。如：铸件补焊区域，由于焊接区域与基体材料不同，因此在其连接处磁导率就不同，从而产生的磁痕显示。

其磁痕特征为：磁痕堆积有的松散，有的浓密清晰，类似裂纹磁痕显示，在整条焊缝都出现同样的磁痕显示，极易与焊缝热影响区裂纹相混淆；有的磁痕不太清晰。这种磁痕总位于结合处，降低磁化电流有时可以消失。

实际工作中遇到此类情况，应结合焊接工艺、母材与焊条材料进行分析，准确区分，必要时采用渗透检测予以验证。

6.4 伪磁痕

伪磁痕（也叫假磁痕）的产生原因很多，各自的磁痕特征也有所不同。一般情况下，其磁痕特征和鉴别方法如下：

1. 表面粗糙

类似焊缝两侧的凹陷、焊缝咬边、铸件冒口处的割痕等粗糙的工件表面，常常也会滞留磁粉形成磁痕显示。

其磁痕特征为：磁粉堆积松散，磁痕轮廓不清晰，如图6-37所示。

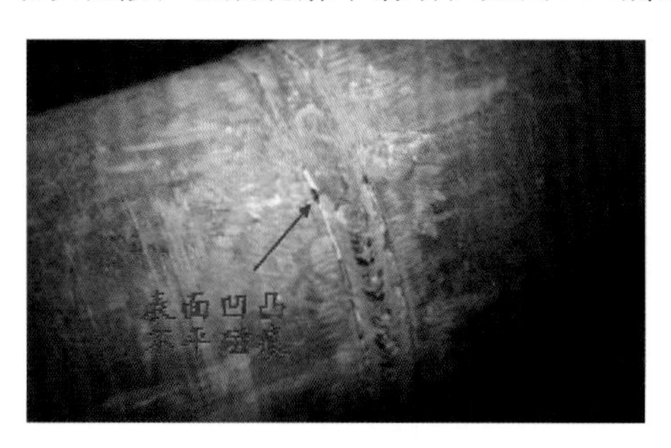

图6-37　焊缝表面凹凸不平

2. 表面油污

工件表面存在油污或不清洁，也会黏附磁粉形成磁痕显示，尤其在干法检测中最常见。

其磁痕特征为：磁粉堆积松散，清洗并干燥工件后重新检测，该显示不再出现，如图6-38所示。

图6-38　表面油污

3. 棉线

湿法检测过程中，如果磁悬液或工件表面有纤维物线头、头发丝等，则黏附磁粉滞留在工件表面，容易误认为磁痕显示，如图6-39所示。

其磁痕特征为：特征比较明显，只要仔细观察即可辨认。

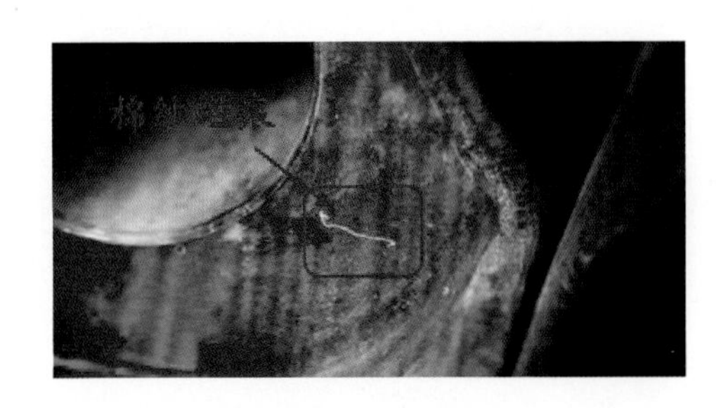

图6-39 棉纱线

4. 氧化皮或油漆斑点

如果工件表面有氧化皮、油漆斑点等，则会在其边缘上滞留磁粉形成磁痕显示，如图6-40所示。

其磁痕特征为：磁痕比较松散、零乱，通过仔细观察或漂洗工件即可鉴别。

图6-40 表面氧化皮

5. 磁悬液浓度过高

磁悬液浓度过高或施加不当，会形成过度背景，如图6-41所示。

所谓过度背景，是指妨碍磁痕分析和评定的磁痕背景。过度背景是因工件表面太粗糙，工件表面污染，过高的磁场强度或过高的磁悬液浓度而产生的。尤其荧光磁粉检测时，若有过度背景现象产生，对磁痕辨别和分析工作带来困难。磁粉堆积多而松散，容易掩盖相关显示。

其磁痕特征为：磁粉堆积多而松散，磁痕轮廓不清晰，漂洗后磁痕不再出现。

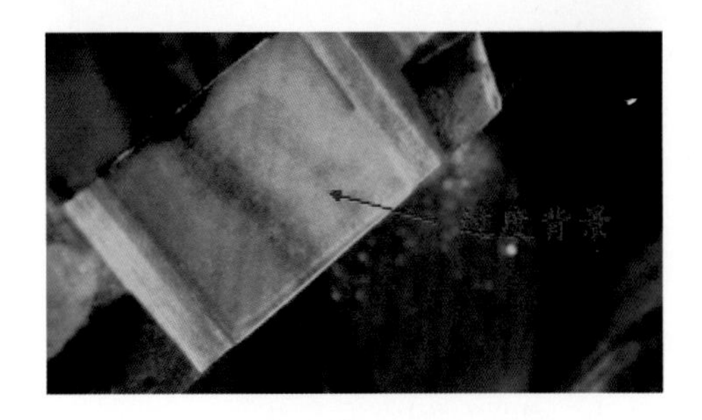

图6-41 磁悬液浓度过高引起过度背景

7 常用零部件磁粉检测

磁粉检测可用于检测铁磁性材料和零部件的表面与近表面缺陷，并具有很高的检测灵敏度，是控制产品质量的重要手段之一。本章主要介绍磁粉检测常见的典型方法，同时介绍磁粉检测在焊缝、锻件、铸件、在役与维修件及一些特殊工件上的应用。此外，还将介绍磁粉检测——橡胶铸型法及其应用。

7.1 焊接件磁粉检测

焊接是利用加热、加压，或两种并用，并且用或不用填充材料，使工件达到结合的一种方法。

焊接技术在机械、石油、化工、冶金、特种设备、造船和宇航等领域已普遍采用，轨道交通行业更是离不开焊接。随着工业和科学技术的发展，焊接材料和工艺方法也日益增多，对磁粉检测方法和工艺也提出了更高的要求。

焊缝中的缺陷，尤其是焊接裂纹，一般是与表面相通的，在使用中容易形成疲劳源，它对承受疲劳载荷和压力作用的焊接结构危害极大。为了保证焊接件的质量可靠和安全运行，必须加强对焊接件的无损检测。而对表面缺陷，因磁粉检测灵敏度高、可靠、设备简单，可方便地在现场检测，发现缺陷能够及时排除和修补，能做到防患于未然，所以受到重视。

7.1.1 焊接件检测的内容与范围

我们已经了解到焊接件在不同的工艺阶段都可能产生缺陷，本节介绍检测这些缺陷的内容和范围。

（1）坡口检测　坡口可能出现的缺陷有分层和裂纹，前者是轧制缺陷，它平行于钢板表面，一般分布在板厚中心附近。裂纹有两种，一种是沿分层端部开裂的裂纹，方向大多平行于板面；另一种是火焰切割裂纹。

坡口检测的范围包括坡口和钝边。

（2）焊接过程的检测　主要有层间检测、碳弧气刨面的检测。

1）层间检测：某些焊接性差的钢种要求每焊一层检测一次，发现缺陷及时处理，确认无缺陷后再继续施焊；另一种情况是特厚板焊接，在检测内部缺陷有困难时，可以每焊一层磁粉检测一次。检测范围是焊缝金属及临近坡口。

2）碳弧气刨面的检测：目的是检测碳弧气刨造成的表面增碳导致的裂纹，检测范围应包括碳弧气刨面和临近的坡口。

（3）焊缝检测　目的主要是检测焊后裂纹等缺陷。检测范围应包括焊缝金属及母材的热影响区，热影响区的宽度大约为焊缝宽度的一半。因此，要求检测的宽度应为两倍焊缝宽度。

（4）机械损伤部位的检测　在组装过程中，往往需要在焊接部件的某些位置焊接临时性的吊耳和夹具，施焊完毕后要割掉，在这些部位有可能产生裂纹，因此需要检测。这种损伤部位的面积不大，一般从几平方厘米到十几平方厘米。

7.1.2 检测方法选择

大型焊接结构不同于机械零件，其尺寸、重量都很大，一般采用便携式设备分段检测。小型焊接件，例如：特种设备零件可在固定式设备上检测。用于焊缝检测的磁化方法有多种，各有特点，要根据焊接件的结构形状、尺寸、检测的内容和范围等具体情况加以选择。

焊缝常用磁化方法如下：

（1）磁轭法　磁轭法是焊缝检测中常用的方法之一，其优点是设备简单、操作方便。但是磁轭只能单方向磁化工件，因此为了检出各个方向的缺陷，必须在同部位至少做两次相互垂直的检测。检测焊缝纵向缺陷时，将磁轭垂直跨过焊缝放置；检测焊缝横向缺陷时，将磁轭平行焊缝放置。磁轭的磁极间距L应控制在75~200 mm之间，但磁极连线间距L应≥75 mm，两次磁化间的两触头间距应≤$L/2$，提升力要符合标准要求。

（2）触头法　触头法是单方向磁化的方法，也是焊缝检测中常用的方法之一，其主要特点是电极间距可以调节，可根据检测部位情况及灵敏度要求确定电极间距和电流大小。检测时为避免漏检，同一部位也要进行两次互相垂直的检测。检测焊缝纵向缺陷时，将触头平行焊缝放置；检测焊缝横向缺陷时，将触头垂直跨过焊缝放置。触头法的电极应控制在75~200 mm之间，但两触头连线间距L应≥75 mm，两次磁化间的两触头间距b应≤$L/2$。

（3）绕电缆法　绕电缆法用于检测焊缝的纵向缺陷，通过软电缆缠绕在工件上通电的方法进行磁化。形成纵向磁场用于发现接管对接焊缝和角焊缝的纵向缺陷，其有效磁化区是从线圈端部向外延伸150 mm的范围内。超过150 mm以外的区域，磁化强度应采用标准试片确定。绕电缆法具有方法简单、非电接触等优点，但工件的L/D值对退磁场和灵敏度有很大的影响，应考虑安匝数。

(4) 交叉磁轭法　用交叉磁轭旋转磁场磁化的方法检测焊缝表面裂纹，可以得到满意的效果。其主要优点是灵敏可靠，检测效率高。

7.1.3 焊接件检测实例

（1）坡口检测　利用触头法沿坡口纵长方向磁化，是检测坡口表面与电流方向平行的分层和裂纹的最有效方法，操作方便，检测灵敏度高。检测时，在触头上应垫铅垫或包铜编织网，以防打火烧伤坡口表面。也可以用交叉磁轭检测坡口的缺陷，检测时把交叉磁轭置于靠近坡口的钢板表面上，连续行走进行磁化检测，交叉磁轭检测坡口示意如图7-1所示。尽管旋转磁场的外侧磁场较弱，但靠近交叉磁轭很近处的有效磁化区内仍可以检测出缺陷。当利用外侧磁场检测时，必须用试片验证检测灵敏度和有效磁化区。

（2）碳弧气刨面的检测　用交叉磁轭检测碳弧气刨面时，应将交叉磁轭跨在碳弧气刨沟槽两侧，如图7-2所示。然后沿沟槽方向连续行走进行磁化检测，并应根据碳弧气刨面采用喷洒磁悬液的方法，原则是交叉磁轭通过后不得使磁悬液残留在气刨沟槽内，否则将无法观察磁痕显示。

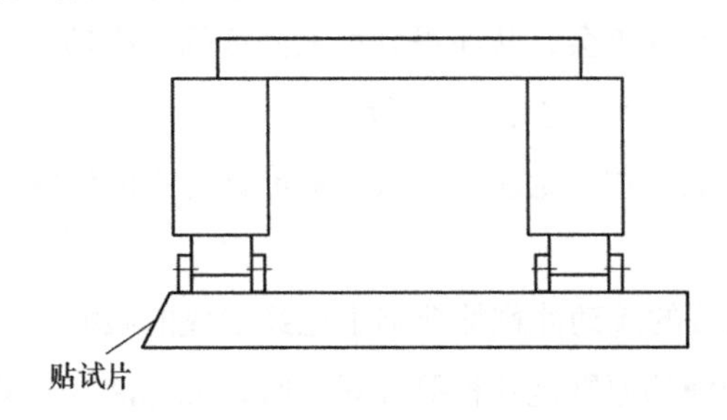

图7-1　交叉磁轭检测坡口示意

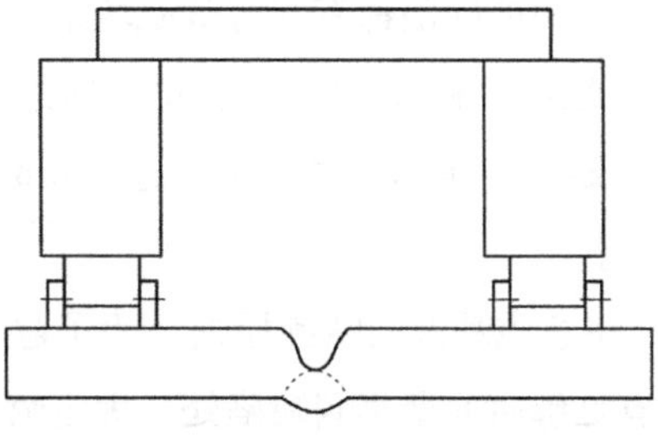

图7-2　交叉磁轭检测碳弧气刨面示意

（3）对接焊缝的检测　检测对接焊缝时，如果工件的曲率半径较大，磁极与工件表面能够保证接触良好，一般选择磁轭法和交叉磁轭法。用磁轭法检测平板和大曲率工件对接焊缝时，磁轭的布置方向和要求如图7-3和图7-4所示。

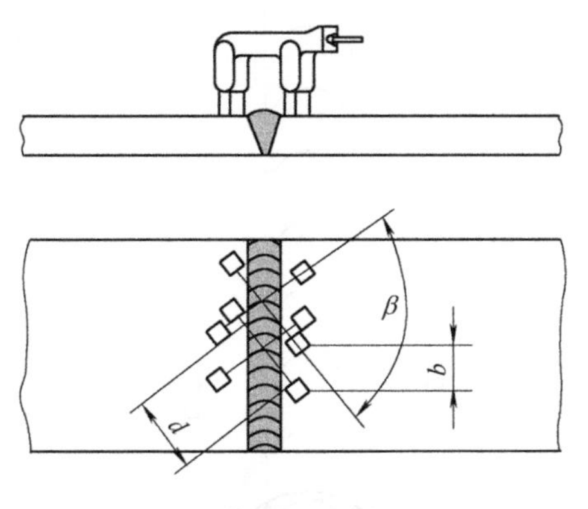

图7-3　检测对接焊缝示例一

注：$d \geqslant 75$mm，$b \leqslant d/2$，$\beta \approx 90°$。

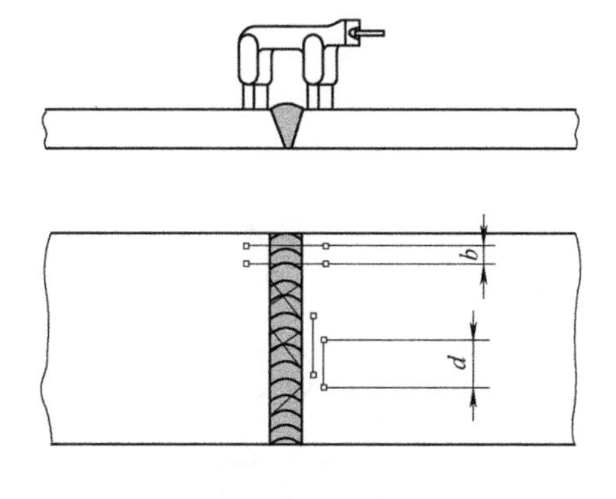

图7-4　检测对接焊缝示例二

注：$d \geqslant 75$mm，$b \leqslant d/2$。

交叉磁轭法常应用于对接焊缝的磁粉检测。使用交叉磁轭检测焊缝时，应当注意以下几个问题：

1）磁极端面与工件表面的间隙不宜过大。磁极端面与工件表面之间保持一定间隙，是为了交叉磁轭能在被检测工件上移动行走。如果间隙过大，将会在间隙处产生较大的漏磁场。这个漏磁场一方面会消耗磁动势使线圈发热，另一方面将扩大磁极端面附近产生的检测盲区，从而缩小检测的有效磁化区。因此，在使用交叉磁轭时应当注意这个问题。一般来说，此间隙在保证能行走的情况下越小越好，如：0.5 mm，提升力应≥118 N，也有标准规定，交叉磁轭的提升力应>88 N。

2）交叉磁轭的行走速度要适宜。与其他方法不同，使用交叉磁轭时通常是连续行走检测。而且从检测效果来说，连续行走检测比固定不动检测不仅效率高，而且可靠性高。只要操作无误，就不会造成漏检。

交叉磁轭相对于工件作相对移动，也就是磁化场随着交叉磁轭在工件表面移动。对于在工件表面有效磁化场内的任意一点来说，始终在一个变化的旋转磁场作用下，因此在被检测面上任意方向的缺陷都有与有效磁场最大幅值正交的机会，从而得到最大限度的漏磁场，这就是使用变叉磁轭旋转磁场检测的独特之处，也是其他磁化方法所不及的。

交叉磁轭行走速度最快不超过4 m/min，灵敏度和行走速度应根据标准试片上的磁痕显示来确定。

3）注意磁悬液的喷洒原则。为了避免磁悬液的流动冲刷掉缺陷上已经形成的磁痕，并使磁粉有足够时间聚集到缺陷处，规定喷洒磁悬液的原则是在检测环焊缝时，磁悬液应喷洒在行走方向的前上方，如图7-5所示。在检测纵焊缝时，磁悬液应喷洒在行走方向的正前方，如图7-6所示。

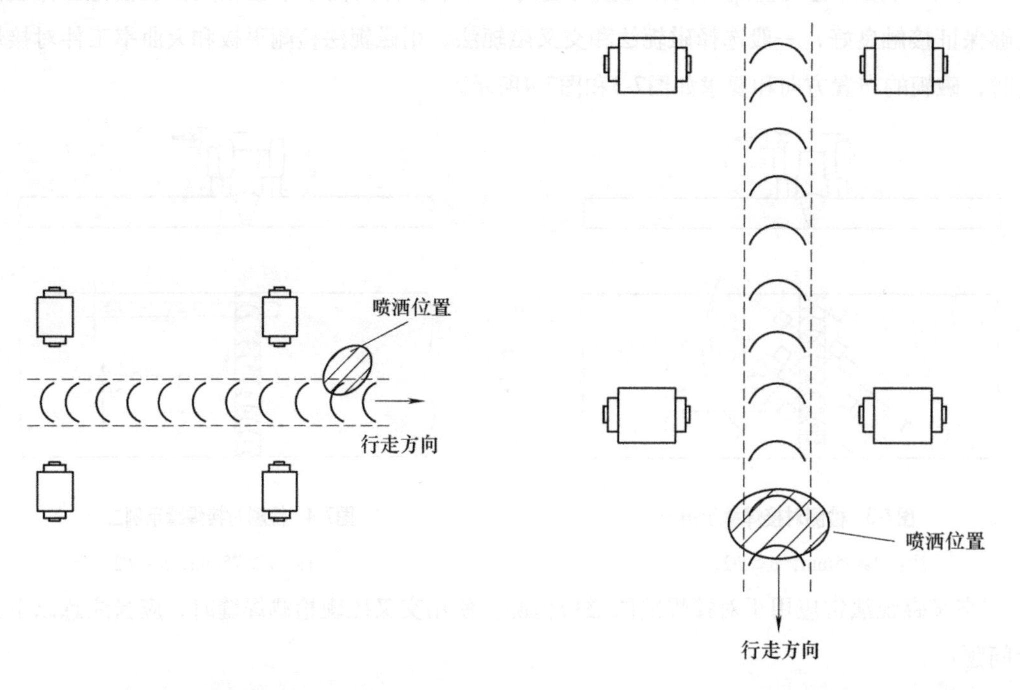

图7-5 检查环焊缝磁悬液喷洒位置

图7-6 检查纵焊缝磁悬液喷洒位置

4）观察磁痕应尽快进行。用交叉磁轭检测时，在交叉磁轭通过检测部位之后，应尽快观察辨认有无缺陷磁痕，以免因磁痕显示被破坏而影响检测结果的正确判定。

如果工件的曲率半径太小，采用磁轭法和交叉磁轭法不能保证磁极与工件表面接触良好或磁极间距无法满足标准要求时（例如：检测直径较小的管子对接焊缝）则应采用触头法或绕电缆法。触头法检测管子对接焊缝时触头布置方向和要求如图7-7和图7-8所示。绕电缆法检测管子对接焊缝如图7-9所示。

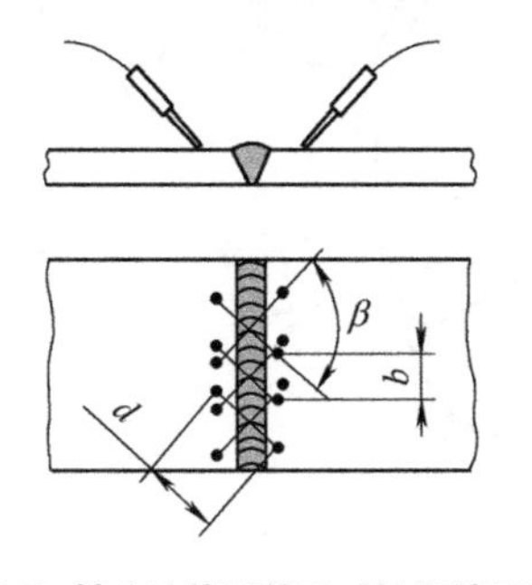

图7-7 触头法检测管子对接焊缝示例一

注：$d \geqslant 75$ mm，$b \leqslant d/2$，$\beta \approx 90°$。

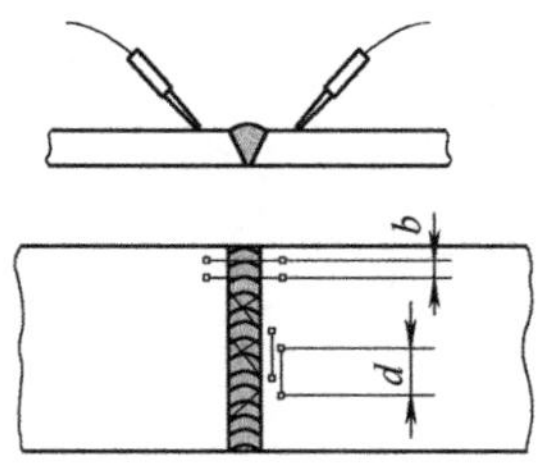

图7-8 触头法检测管子对接焊缝示例二

注：$d \geqslant 75$ mm，$b \leqslant d/2$。

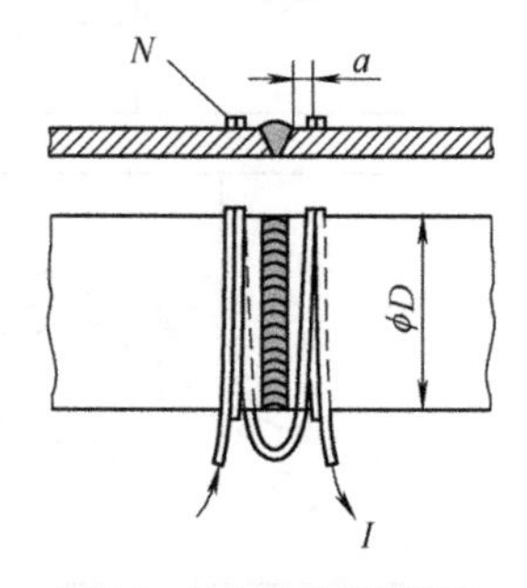

图7-9 绕电缆法检测管子对接焊缝

（4）T形焊接接头的检测 T形焊接接头由于翼板与腹板相互垂直，应选用带活动关节的电磁轭，通过调节活动关节的角度，来保证磁极与工件表面接触良好。磁轭法检测T形焊接接头时，磁轭布置方向和要求如图7-10所示。另外，采用触头法也可实现对T形焊接接头的检测，但采用触头法时通电时间不应太长，电极与工作之间应保持良好的接触，以免烧伤工件。触头法检测T形焊接接头时，触头布置方向和要求如图7-11所示。

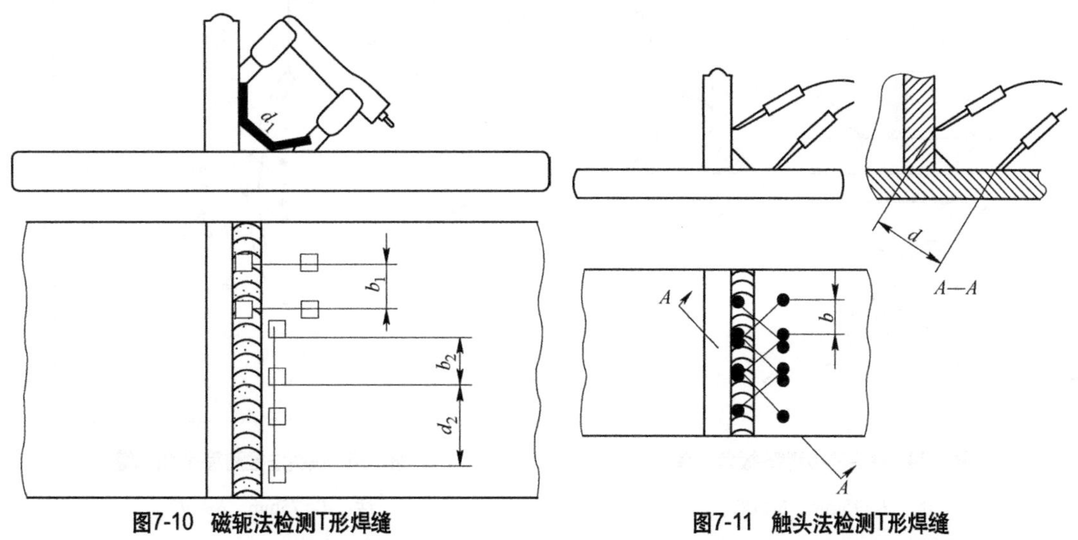

图7-10 磁轭法检测T形焊缝

注：$d_1 \geqslant 75$ mm，$b_1 \leqslant d_1/2$，$b_2 \leqslant d_2-50$，$d_2 \geqslant 75$ mm。

图7-11 触头法检测T形焊缝

注：$d \geqslant 75$ mm，$b \leqslant d/2$。

（5）角接接头的检测 角接接头采用磁轭法检测最大的困难是难以保证磁轭与工件表面可靠的接触，如果工件的曲率半径较大，可选用带活动关节的电磁轭进行检测，通过调节活动关节的角度，来保证磁极与工件表面接触良好。磁轭法检测管-板角焊缝和管-管角焊缝时，磁轭的布置方向和要求分别如图7-12和图7-13所示。

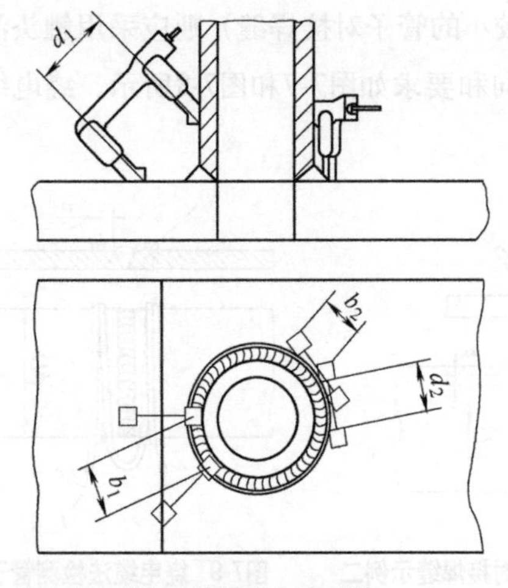

图7-12 磁轭法检测管-板角焊缝

注：$d_1 \geqslant 75$ mm，$d_2 \geqslant 75$ mm，$b_1 \leqslant d_1/2$，$b_2 \leqslant d_2-50$。

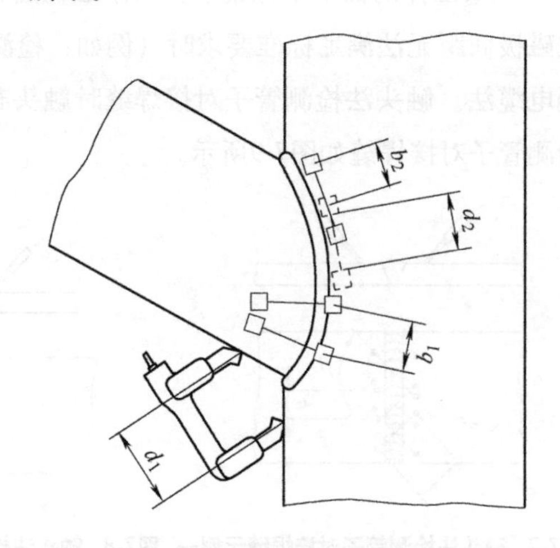

图7-13 磁轭法检测管-管角焊缝

注：$d_1 \geqslant 75$ mm，$b_1 \leqslant d_1/2$，$b_2 \leqslant d_2-50$，$d_2 \geqslant 75$ mm。

触头法是检测角接接头常用的方法，与磁轭法相比，采用触头法基本不受工件曲率的影响，可实现触头与工件表面的可靠接触，从而保证有较高的检测灵敏度。但采用触头法，应注意工件过热和打火烧伤问题。触头法检测管-板角焊缝和管-管角焊缝时，触头的布置方向和要求分别如图7-14和图7-15所示。

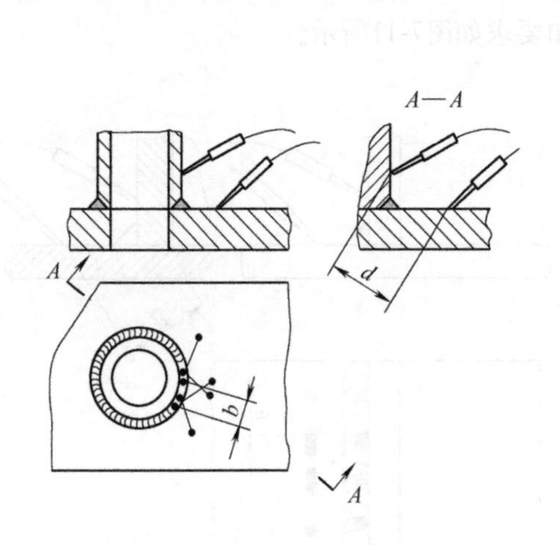

图7-14 触头法检测管-板角焊缝

注：$d \geqslant 75$mm，$b \leqslant d/2$。

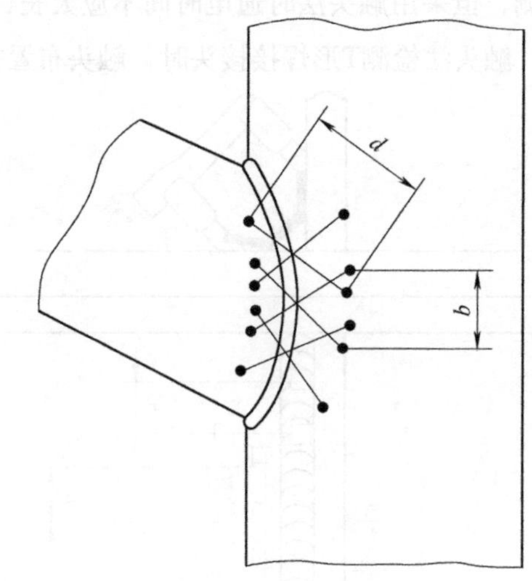

图7-15 触头法检测管-管角焊缝

注：$d \geqslant 75$mm，$b \leqslant d/2$。

对于管-板角焊缝和管-管角焊缝的纵向缺陷，也可用绕电缆法进行检测。绕电缆法一次磁化可以检测所有纵向缺陷，并能实现非电接触，方法简单，检测灵敏度较高。绕电缆法应控制焊缝与电缆之间的间距a，一般要求20 mm$\leqslant a \leqslant$50 mm，同时采用标准试片确认磁化规范是否满足要求。绕电缆法检测管-板角焊缝和管-管角焊缝的要求分别如图7-16和图7-17所示。

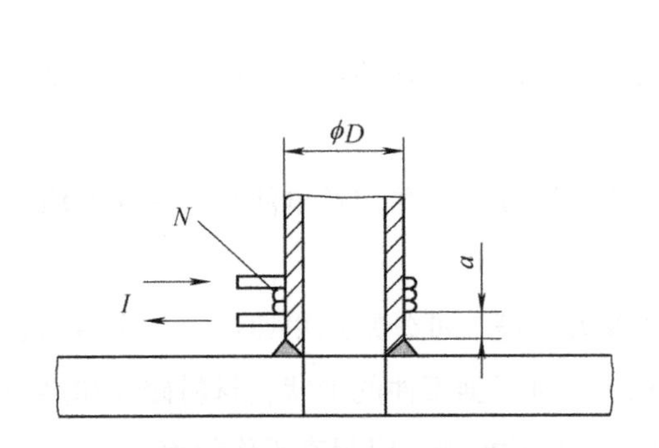

图7-16 绕电缆法检测管-板角焊缝

注：a为焊缝与电缆的间距，N为电缆，D为管径。

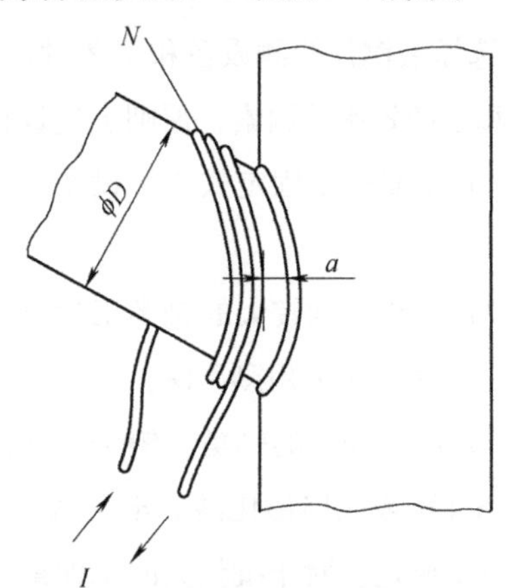

图7-17 绕电缆法检测管-管角焊缝

注：a为焊缝与电缆的间距，N为电缆，D为管径。

7.2 锻钢件磁粉检测

锻钢件是通过把钢加热后锻造或挤压成形的。由于锻造工艺具有节省钢材，生产效率高，锻钢件材料致密、强度高等优点，所以在机械零件生产中占有一定比例。由于锻钢件加工工序较多，在生产上容易产生不同性质的缺陷，所以只有把锻钢件在制造工艺过程中产生缺陷的不合格品挑选出来，才能确保锻钢件的质量。

7.2.1 锻钢件检测的特点

锻造加工成形方法粗略分为自由锻和模锻两种形式，其工艺过程一般由下列工序组成：

下料→加热→锻造→检测→热处理→检测→机加工→表面热处理→机加工→最终检测→成品。

从上面工艺路线来看，锻钢件缺陷来源大体上可归纳为以下几方面：

（1）锻造过程产生的缺陷　锻造过程产生的缺陷包括原材料不良（有夹渣、气孔、夹杂、疏松、缩孔等）、下料剪切和锻造操作工艺不当，以及模具设计不合理等原因产生的锻造裂纹、折叠、白点和发纹等缺陷。

（2）热处理过程产生的缺陷　热处理过程产生的缺陷包括在提高锻件强度消除锻造应力而进行热处理时，由于热处理工艺不当、工件异型尺寸变化大而引起热应力集中，以及材料锻造缺陷在热处理时扩展等原因产生的淬火裂纹等缺陷。

（3）机加工过程产生的缺陷　机加工过程产生的缺陷包括磨削裂纹、矫正裂纹等。

（4）表面热处理过程产生的缺陷　表面热处理过程产生的缺陷包括工艺不当引起的裂纹以及孔槽等部位热应力不均引起的淬火裂纹等。

上面分析了锻钢件的缺陷来源，说明锻件不仅多数形状复杂，而且经历冷、热加工工序，容易产生各种性质的缺陷。

7.2.2 锻钢件检测方法选择

选择锻钢件检测设备和工艺时，应考虑工件的尺寸形状、材料磁性、检测部位、灵敏度要求和生产效率等因素，原则上建议作如下考虑。

1）不能搬上固定式检测设备的大型工件，采用触头法、磁轭法或绕电缆法进行局部检测。

2）形状复杂较大的轴类工件（如：曲轴等）采用连续法，并用通电法和线圈法开路分段磁化，建议不采用剩磁法。

3）尺寸较小的轴类、销子、转向接臂、齿圈及刀具等，可分别选用通电法、穿棒法以及线圈开路或闭路磁化法。至于哪些工件采用剩磁法，可根据工件的形状、材料磁性和热处理状态来确定。对于批量大的工件最好用传送带进行半自动检测，以提高工作效率。

7.2.3 锻钢件检测实例

1. 曲轴磁粉检测

曲轴有模锻和自由锻两种，以模锻居多。

（1）检测方法　曲轴形状复杂且有一定的长度，可采用连续法，并用轴向通电法进行周向磁化，线圈法分段进行纵向磁化，如图7-18所示，也可以采用交叉线圈产生的旋转磁场进行多向磁化。

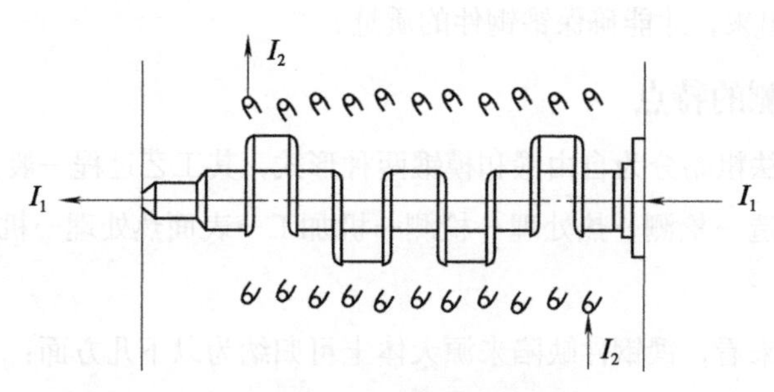

图7-18　曲轴磁粉检测

（2）缺陷特征　曲轴上的缺陷特征为：

第一，剪切裂纹分布于大小头端部，横穿截面明显可见。

第二，原材料发纹沿锻造流线分布，长的可贯通整个曲轴，短的为1~2 mm，出现部位无规律，且与整批钢材质量有关。非金属夹杂严重者在淬火时有的会发展为淬火裂纹，两侧无脱碳，借此可与锻造裂纹相区别。

第三，皮下气孔锻造后呈短而齐头的线状分布。

第四，锻造裂纹磁痕曲折粗大、浓密清晰。

第五，折叠在锻造滚光和拔长对挤时形成，前者磁痕与纵向呈角度出现，后者在金属流动较差部位呈横向圆弧形分布。

第六，感应加热引起的喷水裂纹呈网状，成群分布在圆周过渡区。长度从几毫米开始，深度一般不超过0.1 mm，磁痕很细，如果检测工艺不当容易漏检。

第七，油孔淬裂起因于感应加热时热应力分布不均，深度一般>0.5 mm，长度不等，裂纹由孔向外扩展，个别位于油孔附近。可单个存在，或多条呈辐射状分布。裂纹始端在厚薄过渡区，而不是在最薄部位。

第八，矫正裂纹多集中在淬硬层过渡带。

第九，磨削裂纹是由于曲轴感应加热时已存在一定程度的热应力，在粗磨和精磨过程中又叠加组织应力和热应力，导致开裂。裂纹垂直于磨削方向呈平行分布。

2. 机车牵引电动机转轴磁粉检测

（1）检测方法　电动机转轴采用湿连续法进行检测，并用轴向通电法进行周向磁化，线圈法分段进行纵向磁化。

（2）缺陷特征　电动机转轴由35CrMo材料经锻造而成。其加工工艺过程如下：下料→粗加工→调质→半精加→ 精加工→粗磨→检测→半精磨 →钻孔、铣键槽→轴头淬火→精磨。

制造过程中常见的缺陷有：夹杂物、发纹、裂纹、白点及折叠等。

裂纹：包括锻造裂纹、热处理裂纹、原材料裂纹，其形成原因分别介绍如下：

锻造裂纹形成的原因：一般有加热温度过高、升温速度过快、变形速度太大、终锻温度过低、锻后冷却过快等，也有可能是由于原材料缺陷的存在，在锻造过程中扩大而造成的。锻造裂纹一般比较严重，和工件的形状及锻造方式有直接关系，聚磁浓密而两头尖锐，走势较“硬”。

热处理裂纹形成的原因：一般有加热温度过高、冷却过于激烈，也可能是由于钢的冶金缺陷的存在、化学成分的偏析、加工刀纹较深等原因所造成。热处理裂纹一般比较细长，形状不规则而自然，聚磁清晰而细弱，走势比较“潇洒”。

原材料裂纹：一般在锻造和热处理过程中扩大而产生变形，纯粹的原材料裂纹一般为轴向分布，表现形式与锻造裂纹、热处理裂纹不同。聚磁较宽而浓密，方向不是很有规则。

发纹缺陷：是由于原材料中的微小气孔、针孔、金属或非金属夹杂物等经锻轧加工后被压扁、拉长沿着金属延伸方向分布而形成的原材料缺陷，经常集中表现在棒料或锻件的表面，一般沿着金属纤维方向分布，呈连续或断续的直线。磁痕显示比较平直、细长，两头不尖锐。

夹杂物：主要指非金属夹杂物。是指钢中的铁和其他元素与氧、硫、磷等作用形成的化合物，非金属夹杂物的存在容易导致裂纹等缺陷的产生，因此一般与其他缺陷相伴。转轴检测中发现的夹杂物缺陷主要是皮下夹杂物，单纯的夹杂物缺陷范围较小，聚磁宽而松散，形状弯曲，有些皮下夹杂物聚磁表现为小而不直的线状磁痕。

白点：在转轴检测中不多见，是危害极大的一种缺陷。一旦发现，一般同批轴料均须报废。

3. 内燃机车凸轮轴磁粉检测

（1）检测方法　内燃机车凸轮轴采用连续法进行检测，用轴向通电法进行周向磁化和线圈法分段进行纵向磁化，或者采用便携式磁轭进行局部磁化。

（2）缺陷特征　国产铁路用机车柴油机目前多采用合金结构钢制造凸轮轴，其制造工艺为：下料→加热→模锻→热处理→表面处理→检测→机加工→表面热处理→酸洗磷化→机加工→磁粉检测（退磁）→成品。

从上面的工艺路线来看，凸轮轴缺陷的来源大体上可归为以下几方面：

第一，锻造过程中产生的缺陷：包括原材料不良（夹渣、气孔、疏松、缩孔等），下料剪切和锻造操作工艺不当，模具设计不合理等原因产生的缺陷。

第二，热处理过程产生的缺陷：在提高锻件强度消除锻造应力而进行的热处理时，由于热处理工艺不当，工件尺寸变化大引起热应力集中，以及材料锻造缺陷在热处理中扩展等原因产生的缺陷。

第三，机加工过程产生的缺陷：包括磨削裂纹、矫正裂纹等。

第四，表面热处理过程产生的缺陷：包括感应加热工艺不当引起的应力裂纹，以及孔槽等部位热应力不均引起的淬火裂纹等。

第五，化学作用的影响：工件在磷化、酸洗等表面处理过程中，酸与金属发生反应，所析出的氢原子致使钢中渗氢，使钢脆化，产生脆化裂纹。

脆化裂纹的磁痕特征是：①裂纹不单个出现，而是大面积成群出现。②裂纹走向纵横交错，形成近似于梯形、矩形的小方框，呈折线状发展，网纹粗大，磁粉堆积浓密。

4. 塔形试样磁粉检测

塔形试样是用于抽样检测轧制钢棒和钢管原材料缺陷的试验件，如图7-19所示。磁粉检测主要为了检测发纹和非金属夹杂物等缺陷。

检测塔形试样应作如下考虑：

第一，由于发纹都是沿轴向或和轴向呈一夹角，所以只进行轴向通电法检测。

第二，由于塔形试样都是在热处理前检测，所以采用湿连续法。

第三，磁化电流可按各台阶的直径分别进行计算，磁化和检测的顺序是从最小直径到最大直径，逐阶磁化检测，也可以先按最大直径选择电流检测塔形试样的所有表面，若发现缺陷，再按相应直径规定的磁化电流磁化和检测。

第四，如果磁粉检测不能对缺陷定性，可用酸浸法进行试验验证和定性。

5. 万向接头磁粉检测

万向接头是受力的锻钢件，如图7-20所示。由于缺陷方向不能预估，所以至少应在两个以上方向磁化，可在固定式检测设备上用湿连续法检测。

磁化方法如下：

第一，孔周围是关键的受力部位，应采用中心导体法磁化和检测孔内、外表面及端面的缺陷。

第二，用轴向通电法进行周向磁化，检测纵向缺陷。

第三，在线圈内纵向磁化，检测横向缺陷。纵向磁化$L/D<2$时应采用延长块接长。

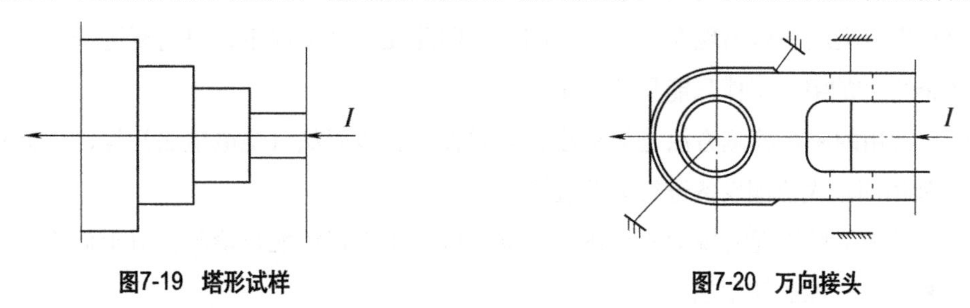

图7-19 塔形试样　　图7-20 万向接头

7.3 铸钢件磁粉检测

7.3.1 铸钢件检测的特点

铸钢件因易成形为复杂工件而被广泛利用。铸钢件种类繁多，大的砂型铸钢件，重达数吨，一般表面粗糙，形状复杂；精密铸钢件形状复杂，体积较小，但表面较光滑。

铸钢件磁粉检测一般可作如下考虑：

1）精密铸钢件由于体积小、重量轻、加工量也少，要求检出表面微小缺陷，所以应在固定式检测设备上至少两个方向磁化，并用湿法检测。

2）砂型铸钢件由于一般体积和重量较大，壁较厚，要求检出表面和近表面较大的缺陷，所以可采用单相半波整流电磁化，并用干法检测，以检出铸造裂纹和皮下气孔、夹渣等缺陷。磁化方法可选用触头法、磁轭法或旋转磁轭。

3）铸钢件由于内应力的影响，有些裂纹延迟产生，所以不应在铸造后立即检测，而应等一两天后再检测。

7.3.2 铸钢件检测实例

凸轮是受力的精密铸件。凸轮需在毛坯件和热处理、机加工后分别进行检测，工件表面要喷砂清理。

磁粉检测可作如下考虑：

1）毛坯件用连续法检测，热处理机加工后可用湿式剩磁法检测。

2）轮子部位应采用中心导体法磁化，经常发现的缺陷是铸造裂纹和夹杂物。

3）对杆部进行轴向通电法磁化，再用线圈法进行纵向磁化，在杆的根部经常发现纵向和横向裂纹。

4）对发现的缺陷，可以用打磨排除。

7.4 在役与维修件磁粉检测

7.4.1 在役与维修件磁粉检测的特点

（1）在役与维修件检测的目的主要是为了检查疲劳裂纹和应力腐蚀裂纹，所以检测前要充分了解工件在使用中的受力状态、应力集中部位、易开裂部位以及裂纹的方向。

（2）疲劳裂纹一般出现在应力最大部位，因此在许多情况下，只需要进行局部检查，特别是不能拆卸的组合工件只能局部检测。

（3）常用的磁粉检测方法是触头法、电磁轭法、线圈法（绕电缆法）等，已拆卸的小工件常常利用固定式检测设备进行全面检测。

（4）对于不可接近或视力不可达的部位，可使用内窥镜配合检测。对于危险孔，最好采用磁粉检测——橡胶铸型法。

（5）许多维修件有镀层或漆层，须采用特殊的检测工艺，必要时要除掉表面覆盖层。

（6）磁粉检测后往往需要记录磁痕，以观察疲劳裂纹的扩展。

7.4.2 在役与维修件检测实例

1. 螺栓孔

飞机在服役过程中，机翼大梁螺栓孔易产生疲劳裂纹，裂纹的方向与孔的轴线平行，集中出现在孔的受力部位。铰刀变钝震颤产生的轴向刀痕也常常导致疲劳开裂，其临界裂纹尺寸很小，安全期限很短，只能利用微裂纹段的寿命，因此定期检测提高早期疲劳裂纹的发现率极为重要。

对于螺栓孔疲劳裂纹的检测，最好的方法是磁粉检测——橡胶铸型法。

下面介绍一下飞机机翼大梁螺栓孔的检测程序：

1) 将螺栓分解下来，将000号砂布装于手电钻上，将孔壁打磨光滑，直至没有任何锈蚀痕迹，然后用干净抹布蘸上溶剂将孔壁彻底擦拭干净。

2）将铜棒穿入孔中，电流取I=40D，用中心导体法磁化螺栓孔。

3）用手指堵住孔的底部，将黑色磁粉与无水乙醇配制的磁悬液注入孔内，直至注满，停留10 s左右，待磁痕形成，让磁悬液流掉，再用无水乙醇清洗掉孔内壁的多余磁粉。

4）让孔壁彻底干燥。

5）用胶布将孔的下部堵住，如孔的下部为铝垫板，可用软木塞、尼龙塞或用蒙有塑料薄膜的橡皮塞塞住。

6) 将加入硫化剂的室温硫化硅橡胶注入孔中，直至灌满。

7) 橡胶固化后，可从孔的上端或下端将橡胶铸型拔出，或从孔的底部轻轻地顶出。

8) 在良好的光线下用10倍放大镜检查橡胶铸型，或在显微镜上观察。

9) 退磁。

对于直径6 mm的小孔，孔上又无足够的空隙可浇橡胶液，可用注射器将橡胶液从孔底压入，或者在孔内抹一薄层橡胶液，固化后取出观察。

有些飞机的机身机翼接耳为横孔，为了向耳孔灌胶，需制作专用夹具，使孔的两端堵住，并留出灌胶的浇口。

橡胶铸型可作为永久记录保存。保存较久的橡胶铸型如果铸面有粘液渗出，可用蘸酒精的药棉擦拭。

2. 起重天车吊钩磁粉检测

起重天车吊钩由于是在重力拉伸负荷应力下工作，容易产生疲劳裂纹，所以为防止吊钩断裂造成重大事故，使用后应定期进行磁粉检测。检测前应清除掉工件表面的油污和铁锈。检测横向疲劳裂纹最好采用绕电缆法，也可以采用交流磁轭法。检测纵向缺陷可采用触头法，但应避免打火烧伤。检测用湿连接法，最好使用灵敏度高的荧光磁粉。

3. 镀硬铬钢管磁粉检测

使用中的镀硬铬钢管易产生疲劳裂纹，所以要定期检测。最好是带铬层检测（如果铬层厚度小），因为高强度合金退铬后再镀，会影响工件使用寿命，一般只允许再镀几次。由于铬层表面粗糙度低，表面覆盖层对检测灵敏度也有一定的影响，因此应采用特殊的工艺。具体如下：

1）采用严格规范进行周向和纵向磁化。

2）用连续法检测，每次只检测一小块面积，因工件表面粗糙度低，磁痕容易分散消失。

3）应将管子沿圆周方向转动4~6次，每次转动钢管60°~90°，检测完一个面再转动。

4）应采用优质黑色磁粉或荧光磁粉检测，并且磁悬液浓度应大一些，建议荧光磁粉磁悬液浓度为2 g/L，黑磁粉磁悬液为20~25 g/L。作为特例，油基载液可选运动粘度较高的材料，检测效果更好。

5）必要时在铬层表面喷洒一层很薄的反差增强剂，以便磁痕更容易形成和观察。

7.5 特殊工件的磁粉检测

某些形状、尺寸、质量特殊的工件，常常需采取些相应的特殊检测工艺或设备，举例如下。

7.5.1 带覆盖层工件

带覆盖层工件有以下几种：非磁性覆盖层工件，主要指镀锌、镀镉、镀铜、镀铬、喷漆、磷化及法兰等类工件。磁性覆盖层工件可能仅有镀镍工件。有时又把喷漆、磷化、法兰等类工件称为非导电覆盖层工件，因为这些覆盖层不导电，而前面几种覆盖层都是导电的。

带覆盖层工件的磁粉检测应考虑以下检测方法：

（1）覆盖层厚度在50 μm以内的工件，其覆盖层对磁粉检测灵敏度几乎没有影响。检测方法和磁化电流的选择同无覆盖层工件一样。实际上工业中为了防锈、耐腐蚀或者装饰性的镀层均不会超过这个厚度。唯独镀铬，除上述用途外，常用于滑动配合（如：作动筒），有时需要进行尺度补偿，很可能会超过这个厚度。带镀铬层表面工件磁粉检测的主要困难，在于可能镀层较厚，而且可能经过了磨削加工或者抛光处理。表面质量高，湿法磁粉很容易被流动的载液带走。电镀和磨削使基体金属产生电镀裂纹或磨削裂纹和磨削烧伤。特别是热处理到180 Ksi（每平方英寸的千磅数）或以上的工件。带镀镍层表面工件磁粉检测的困难，在于镍是磁性材料，它可能会填充工件基体金属上表面开口缺陷，磁力线可以通过它，漏磁场很少溢出表面（类似于近表面缺陷）。因此，对镀铬、镍工件，其镀层厚度超过50~80 μm需要采取下列特殊的检测工艺。

1）采用湿连续法。

2）采用尽可能高的磁化电流，只要不产生过热或工件烧伤，并不会产生金属流线即可。有文献指出，切向磁场强度可用到8 kA/m。

3）要确保磁化时间≥0.5 s。在接通电流期间检查工件表面，每次只能检查工件的很小范围。采用重复瞬时通电技术，直至整个表面检查完毕为止。一般裂纹显示都作为判废的理由。对于圆钢棒或钢管，可沿圆周方向转动6～12次，每次转30°~60°，检测完一个面再转动检测另一个面。

4）若用黑色磁粉，磁悬液浓度应达到1.5mL/100mL~2.4mL/100mL，荧光磁粉应达到0.1mL/100mL~0.2mL/100mL。所有磨削镀铬工件，还应检测镀铬层下的磨削烧伤。磨削烧伤呈环形状，并且可能与磨削裂纹无联系。凡有磨削烧伤的显示都作为判废的理由。凡经磨削的镀铬工件，还应用荧光渗透检测来检测镀层和基体金属的损伤，用磁粉检测来检测基体金属开裂。

（2）带有较厚的非磁性覆盖层（0.1~0.2 mm），建议采用干粉法检测或MRI法检测。有文献介绍，0.38 mm的涂漆层表面下长度达6.35 mm的裂纹可以发现，但使用的交流磁轭提升力必须超过规定值的两倍，达到10 kg以上，而磁痕观察所用的白光照度≥2000 lx。

（3）带有非导电覆盖层工件，如采用通电磁化时，应清除通电部位的非导电覆盖层。如无法清除时，可采用线圈法或磁轭法检测，或者感应电流法检测。

7.5.2 需要检查内腔的工件

飞机起落架作动筒和一些管类件都是具有较深内腔而又需要检查内腔的工件。对于这类工件，磁粉检测可考虑以下检测方法。

第一，如材料磁特性符合要求，应采用湿法剩磁法。因为湿连续法不方便在通电磁化的同时浇注磁悬液。

第二，根据工件的内腔尺寸，选择相适合的内窥镜系统来代替肉眼观察。

目前市售的内窥镜种类繁多，总体可分为以下几种：

1）从可提供的照明条件来分，可分为白光照明和黑光照明两种。而且白光照明居多，黑光照明较少，对于较深内腔黑光辐照度又往往达不到规定的要求。因此，如果黑光辐照度达不到要求，则只能选择白光照明的内窥镜，配合使用黑色磁粉。

2）根据观察者和观察区之间是直通道或弯曲通道，可分为刚性内窥镜和柔性内窥镜。刚性内窥镜的放大倍数通常为3×~4×，插入部分管径一般为4~15 mm，工作长度为20~1500 mm，观测方向可以是0°、45°、90°、110°，且视场角可以是10°、20°、30°…90°。其光源一般都是白光照明。柔性内窥镜有IF6D3系列、IF8D3系列、IF11D3系列可供选择，内窥镜所用光源有冷光源、氙光源和黑光源几种。柔性内窥镜在检测深内腔时缺乏送进深处的支撑，有时倒不如刚性内窥镜好用。

无论刚性内窥镜或柔性内窥镜传光和传像都采用光导纤维（用光学玻璃制成的细纤维），因此又称他们为光纤内窥镜。

3）柔性视频内窥镜成像系统。它由先端部、弯曲部、柔软部、控制部以及视频内窥镜控制组和监视器组成。其原理：首先利用光导束将光送至检测区，先端部的一只固定焦点透镜则收集由检测区反射回来的光线并将之导至CCD芯片（直径约7 mm）表面，数千只细小的光敏电容器将反射光转变成电模拟信号，然后此信号进入探测头，经放大、滤波及时钟分频后，由图像处理器将其数字化并加以组合，最后直接输出给监视器、录像设备或计算机。

与光纤内窥镜相比，视频内窥镜具有分辨力高，焦距更深，文件编制方便、质量高，不存在使用光纤的固有缺点。

7.5.3 过渡级钢和超高强度钢在磁粉检测中遇到的问题

（1）磁导率相当低。例如：Cr16Ni6在退火状态时，最大相对磁导率μ_{rm}=26，相应的磁场强度$H_{\mu m}$=5640 A/m，矫顽力H_c=3240 A/m，剩余磁感应强度B_r=0.15 T。热处理后σ_b=1080 kPa时，最大相对磁导率μ_{rm}=67，相应的磁场强度$H_{\mu m}$=5000 A/m，矫顽力H_c=3100 A/m，剩余磁感应强度B_r=0.42 T。无法保证合适的灵敏度。

（2）工件上时常发现一种“带状组织”吸磁，在使用湿连续法检测时这种吸磁更为强烈。这些吸磁可能无法与裂纹或其他有害缺陷区分，如图7-21所示。

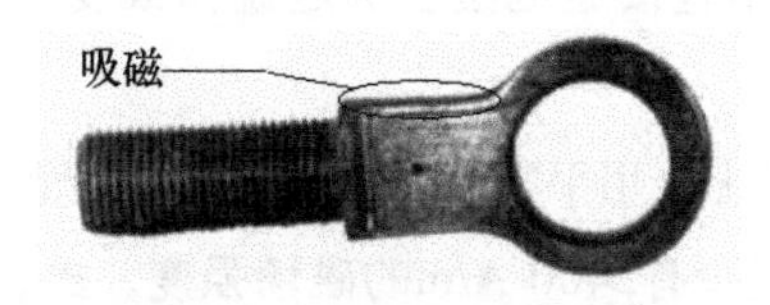

图7-21 带状组织吸磁现象

用带有这种“带状组织”的材料作试样，经过各种实验和金相分析，可以得出下列初步结论：

1）材料的高温纵向力学性能，室温冲击（纵、横向）性能和疲劳性能均符合技术要求。

2）通过对原材料的均匀化处理，再经淬火+回火，可改善和减少带状组织。

3）金相分析认为，这种带状组织是存在于马氏体间，且沿轧制方向断续分布的片状残余奥氏体组织。

4）该钢中含Cr、Ni元素比较高，在冶炼时易造成Cr、Ni元素的富集区，从而形成奥氏体组织区域。在轧制过程中，这种组织被拉成条带，形成带状组织吸磁。

如果这种钢材的“带状组织”（有文献称为“奥氏体夹杂”）的数量和分布使缺陷的准确辨认受到妨碍，那么，磁粉检测应与渗透检测配合使用，或者完全放弃磁粉检测。

个别超高强度钢经常遇到无数平行于金属纤维方向的直线显示，它们可能存在于整个工件厚度，显示通常不在剩磁法时出现。此外，显示的频度及严重性通常随磁化电流的增加而增加。有的显示呈现为模糊的或宽阔的，在10倍放大镜下表现为断断续续的，一般把它称为“合金偏析”。由于超高强度钢所含合金元素较多，所以冶炼时很容易造成局部合金元素的偏析。通过多次重熔冶炼或热处理可能会改善这一状况，这是新材料研制中可能会遇到的问题。在进行评判验收时，有人认为它属于非相关显示，可以不管它。有的文献则认为，金属中的局部偏析能影响耐蚀力、锻造和焊接特性、力学性能、断裂韧性和抗疲劳性能。因此，将“合金偏析”等同于非金属夹杂一样控制。

7.5.4 板弯型材磁粉检测

板弯型材是用轧板机将钢板轧成的型材，例如：材料是17—7PH（Cr17Ni7）沉淀硬化不锈钢，板厚为0.8 mm。其工艺的优点是：钢板在软化状态下成形，然后回火沉淀硬化。

这种工件磁粉检测时应作如下考虑：

1）检测工序应安排在回火沉淀硬化以后。

2）缺陷只存在于轧制线的两条棱上和两端面倒角处，因为棱上在轧制时受的是拉力，当倒角小、塑性变形不良时，原材料上的小缺陷会被扩大，产生纵长裂纹。内倒角受的是压力，不会产生缺陷。两端面倒角处加工粗糙度高，轧制时又受到内挤外拉的力，容易产生缺陷。

3）由于工件壁很薄，采用直接通电法会引起烧伤或变形，触头法磁化同样会引起烧伤。

4）将工件放在铜棒或铜板上，用平行磁化法磁化，可避免烧伤和变形。

5）要保证棱上受检部位至少有2400 A/m的磁场强度，或者保证灵敏度试片上磁痕显示清晰。

6）由于这种钢材磁性较差，又要求检查出微小缺陷，所以应采用湿连续法检测。

7.5.5 带螺纹或键槽的工件

为了检测带螺纹或键槽工件上的横向缺陷，进行纵向磁化时，会在螺纹或键槽部分上形成磁极，而使检测灵敏度严重下降。同时，沿着螺纹螺扣或键槽的磁粉自然沉淀，使该方向上的缺陷很难查出。因此，在这些部位磁粉检测只能查出深度＞0.5 mm，且与螺纹螺扣平行的粗大缺陷。

推荐的检测方法：

1）剩磁法检测。

2）线圈法进行纵向磁化。

3）采用浓度很低的（0.1mL/100mL~0.2mL/100mL）水基或有机基荧光磁悬液较好些。

4）工件水平放置，让磁悬液流淌长久一些再观察。

带键槽的工件情况亦是如此。

7.5.6 异形件磁粉检测

异形工件可以使用井式探伤机，采用旋转磁场进行检测。需要注意的是，采用这种方式时，工件表面磁场分布不均匀，应在工件表面各处贴上试片进行工艺实验，验证磁场分布情况。检测区域若磁场强度较弱或单方向较弱的区域，应进行手工局部补充。

8 轨道交通装备典型零部件磁粉检测应用

8.1 车轴（轮对）磁粉检测

8.1.1 车轴（轮对）

1. 车轴概述

车轴是机车车辆走行部的重要零部件，担负着关键的承载功能。车辆运行过程中，车轴主要承受弯曲应力和扭转应力，如图8-1所示。

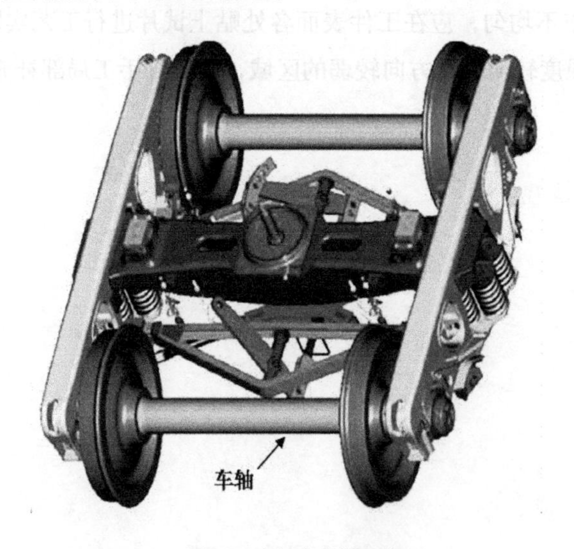

图8-1 车辆走行部示意

随着车辆单车载重的不断增加，要确保车轴在规定的运行条件下，具有足够的安全可靠性和更长的使用寿命，这就对车轴制造材料和相关技术发展提出了越来越高的要求。

车轴材质由LZ40钢发展到LZ50钢，再到合金钢。车轴轴重也逐步增加，目前最大车轴轴重已达到30 t。

2. 车轴各部分的名称及作用

车轴主要结构包括轴颈、防尘板座、轮座、齿轮座、制动盘座和轴身等，各部位作用如下：

（1）轴颈　是车轴上安装轴承的部位，承载着列车的重量和各方向的动载荷、静载荷。

（2）防尘板座　车轴与防尘板的配合部位，位于轴颈和轮座之间的过渡处，直径大于轴颈但小于轮座，避免车轴直径的突然改变引起应力集中。

（3）轮座　是车轮的压装部位，与车轮之间采用过盈配合，承受车轮传递的力和转矩。一根车轴和两个车轮通过过盈配合，组装在一起就组成了一条轮对，如图8-2所示。

图8-2　轮对

（4）齿轮座　是齿轮的压装部位，与齿轮之间采用过盈配合，承受齿轮传递的力和转矩。

（5）制动盘座　是制动盘的压装部位，与制动盘之间采用过盈配合，承受制动盘传递的力和转矩。

（6）轴身　两轮座的连接部分，直径比轮座要小，是车轴受力最小的部位之一。

（7）轴端螺栓孔　通过螺栓固定滚动轴承前盖，防止滚动轴承内圈从轴颈上窜出。

（8）中心孔　顶尖孔两端中心孔连线应为车轴纵向中心线，也用于车轴加工时或轮对车轮加工时的支撑和对中。

3. 车轴的制造工艺

我国车轴制造普遍采用毛坯锻造成形工艺。

车轴钢坯采用冶炼铸造工艺，车轴材质需保证车轴具有足够的强度和良好的韧性，即具有良好的综合力学性能，还需保证车轴具有足够的疲劳强度，保证在所规定的运行条件下的安全性、可靠性和使用寿命。为适应车辆编组的高速重载要求，车轴材质也由碳素结构钢逐步过渡到了微合金钢。

目前我国锻造车轴成形方式有两种，一种是快锻机下的锻造，一种是径向精密锻造。它们的共同特点是，锻造过程中工件均以一定速度间断性旋转，而锤头不旋转，同时工件在夹头或机械手夹持下以一定量轴向进给，轴坯以径向压缩和轴向伸长变形，最终锻造成接近车轴形状的圆柱型阶梯状锻件。锻件再经过热处理、机械加工、超声波及磁粉检测、外观尺寸检查等工序，最终成为成品车轴。

4. 车辆轮对（车轴）的断裂分析

轮对（车轴）主要事故为车轴断裂，即热切轴和冷切轴。

热切轴本质是轴承工作失效 、发热，导致车轴因强度下降、变形、缩颈、拉长、拧成锥形麻花状而断裂，所以热切的原因与车轴内在质量无关，如图8-3所示。

图8-3　轮对热切轴示意

车轴冷切发生的原因以及整个裂断过程都和车轴本身密切相关，冷切本质上是车轴某些质量指标未达到规定的要求或外部的条件超过额定的允许值而引发的裂纹，导致断裂。

冷切轴裂断的机理是车轴薄弱区域在交变载荷的作用下，疲劳累积损伤达到一定程度后，诱发疲劳裂纹，进而裂纹扩展，最后导致断裂。车轴的冷切可以说几乎都是疲劳断裂。

如果车轴的某个区域有缺陷或损伤，那么车轴就更容易萌生裂纹，疲劳寿命可能很短，因而车轴的使用寿命极大地被缩短，这是极端危险的，如图8-4所示。这种断裂的特点是：①发生在常温下。②断裂部位没有明显的塑性变形。③往往承受的载荷不大。④断裂比较突然。

图8-4　车辆轮对冷切轴（箭头处为疲劳裂纹源）

车轴断口由疲劳源区、裂纹扩展区、脆性断裂区三部分组成。

第一，疲劳源区，断口面平坦、细密，经常有发自疲劳裂纹源的放射纹。疲劳裂纹源区常被氧化、腐蚀、变黑。

第二，疲劳裂纹扩展区，疲劳裂纹扩展区在车轴断口上占的面积往往较大。经常有垂直于裂纹扩展方向的"弧线"（疲劳条带），而且疲劳条带的间距随裂纹数扩展逐步增加。

第三，瞬时断裂区（脆性断裂区），疲劳裂纹的扩展由慢到快，直到轴剩余面积承受不住外加载荷而断裂，该区断口常为纤维状，起伏大；位于断口的边缘时，常形成剪切唇；断裂发生时，为银灰色。

5. 车轴常见缺陷

（1）新制车轴进行磁粉检测主要为检查车轴表面和近表面缺陷，车轴主要有原材料缺陷和加工制造缺陷。

原材料缺陷主要是裂纹、发纹、白点等。加工制造缺陷主要有锻造裂纹、锻造折叠、表面划伤、热处理裂纹及磨削裂纹等。

（2）车辆在役车轴（轮对）进行磁粉检测，主要为发现车轴外露部位的疲劳裂纹和应力腐蚀裂纹，以及严重的轴表面划伤。

应力腐蚀裂纹主要产生在车轴的轴颈根部（卸荷槽）部位，由腐蚀和应力共同作用产生，一般为横裂纹，危害性较大。

疲劳裂纹主要产生在轮对镶入部内侧，这个部位是轮对受力的应力集中区，裂纹沿圆周方向，危害性极大，裂纹产生的几率较高。

在役车轴轴身很少有裂纹产生，即使有一般也以纵裂纹居多。轴身划伤偶尔可见，但危害性一般也不大。轴颈部位划伤较多见，危害性也较大，需要谨慎对待。

8.1.2 车轴（轮对）磁粉检测

1. 车轴（轮对）磁粉检测方法

车轴（轮对）的磁粉检测采用荧光磁粉湿连续法，在磁化的同时，用喷淋的方式施加磁悬液。磁悬液应能均匀地在工件检测区表面缓缓流过，施加磁悬液结束后，应再进行1~2次磁化。

2. 检测设备

车轴（轮对）磁粉检测须采用专用床式磁粉探伤机进行检测，磁粉探伤机的最大磁化电流、最大磁化安匝数、绝缘电阻、最小剩磁值等主要性能指标应符合相关规定；磁粉探伤机应具有对车轴（轮对）进行周向磁化、纵向磁化和复合磁化以及对车轴（轮对）局部或全部外表面喷淋磁悬液的功能；磁粉探伤机应能满足对车轴（轮对）进行转动观察的需要。

荧光磁粉检测，工件检测区表面的紫外线辐照度及白光照度的综合作用效果应满足磁痕观察和识别的需要。

车轴（轮对）磁粉检测主要用于检测车轴表面或近表面缺陷，其中最主要是检测车轴原材料缺陷和疲劳裂纹。我国车轴磁粉检测最初使用马蹄形探伤仪，靠手工操作，劳动强度大，可靠性低。自20世纪80年代初开始推广并逐步普及了半自动荧光磁粉探伤机，尤其是自90年代初开始，轮对磁粉探伤机的推广和应用曾进入一个快速发展期，先后有多个不同的厂家推出过数百台各种不同类型的轮对磁粉探伤机，彻底改变了我国轮对磁粉检测设备落后的被动局面，大大提高了检测的准确性和可靠性。

不过，我国目前磁粉检测设备的自动化程度还较低，磁痕的判断全靠人工，检测过程无法监控，因而检测结果仍很难避免人为因素的影响。

为了能检出不同方向的缺陷，车轴（轮对）磁粉检测要求进行复合磁化，相应地磁粉探伤机应能同时对车轴进行两种或两种以上不同方向的磁化。

车轴复合磁化主要由两种方法复合而成，其中一种为直接通电法，另一种为线圈法，可在车轴上产生摆动磁场或旋转磁场。

（1）摆动磁场　车轴中直接通以整流电或直流电，线圈中通以交流电，即整流（或直流）磁场与交流磁场叠加，在车轴表面产生摆动磁场。

摆动磁场的大小和方向都随时间而变化，磁场在车轴表面不同方向上是不均匀的，最大磁场在两磁场最大时的合成方向上。

（2）旋转磁场　车轴中和线圈中都通以交流电，即两交流磁场叠加，在车轴表面产生旋转磁场。目前两交流磁场的相位差为120°，这样可直接利用三相交流电中的两相进行磁化，实现起来较容易，但合成磁场为椭圆旋转，车轴表面不同方向上的磁场分布是不均匀的。在纵向磁场和周向磁场幅度相等时，最大磁场在与车轴轴线30°或60°角的方向上；当两磁场幅度不相等时，最大磁场会偏向较强的磁场一侧。如果将电流的相位差能调整到90°，则可得到圆形旋转磁场，在各个方向上的磁场强度都一样，但实现起来较困难。

在线圈法中，根据线圈的不同形式又可分为开合式线圈、通过式线圈、异型线圈和其他形式线圈等多种不同的类型，并可根据轮对形状合理布置线圈，因而车轴表面不同部位上的磁场可以相对均匀些。

另外，复合磁化也可采用通电法和磁轭法两种方法进行复合。该方式较传统、可靠，缺点是由于车轮的影响，磁场分布往往不够均匀，目前国内几乎没有采用这种方式的设备，如图8-5所示。

3. 磁悬液

根据所采用载液的不同，磁悬液可以分为水基荧光磁悬液和油基荧光磁悬液。磁悬液的载液一般采用水，并添加分散剂、消泡剂和防锈剂。荧光磁悬液的使用浓度控制在（0.1~0.6）mL/100mL。检测过程中，将有部分磁粉和磁悬液被工件表面带走，使浓度发生变化，为保证在整个检测过程中磁悬液浓度始终处于规定的范围内，检测人员应根据磁悬液

图8-5 车辆轮对荧光磁粉探伤机

循环系统的具体情况（主要是磁悬液箱的大小）及检测工作量大小对磁悬液浓度变化情况进行测试，评价在整个检测过程中，磁悬液浓度控制的可靠性，并据此确定开工前浓度调整到理想范围，以及在检测过程中，磁悬液调整或监控频次。另外，由于受到作业环境落尘及工件表面清洁度等多种因素的影响，磁悬液将会受到污染，性能降低，所以应根据季节变化、作业环境及检测工作量的大小，来评价磁悬液的清洁程度，以确定磁悬液的更换周期。在正常生产条件下，磁悬液的最长更换周期不得超过七天。

另外，在磁悬液浓度测试或在检测过程中，如发现因磁悬液受到污染，影响缺陷显示时，必须更换磁悬液。磁悬液污染检查可按以下方法进行：对于荧光磁粉磁悬液，在紫外光下观察时，如果磁粉沉淀管中沉淀物明显分为两层，若上层（污染层）发荧光，它的体积超过下层（磁粉层）体积的50%时，说明磁悬液已污染。另外在紫外光下观察沉淀物之上的液体，如明显发荧光，或在白光下观察时，发现磁悬液已经浑浊、变色甚至结块，都说明磁悬液已污染，应更换新的磁悬液。

4. 磁化规范

磁粉检测与超声波检测不同，不能对“检测灵敏度进行校准”，但必须对磁化规范进行选择或确认，磁化规范直接影响着检测效果，或者直接决定着检测灵敏度的高低和可检出缺陷的大小。

磁化规范的选取，实际上就是磁化电流或安匝数（磁动势）的选取。磁化规范选择合适时，磁化场能够刚好将被检工件磁化到接近饱和状态（约为饱和值的80%），这样既可最大限度的形成漏磁场，同时也不至于产生过多的背景干扰。

对于车轴（轮对）检测，不同车轴的磁性能会有所差别，所需的磁化规范也会有所不同，严格说来，磁化规范应该根据材料各自的磁化曲线来确定。不过一般情况下，车轴表面的磁场强度只要能达到2550~3180 A/m，就可保证检测效果。过低可能会造成漏检，过高则可能出现杂乱显示。另外，轴向和周向两个方向的磁场强度要尽量一致，也可使轴向磁场稍微强一些，以确保不同方向的缺陷尤其是横向缺陷的有效检测。

首先，周向磁化电流的选择。采用复合磁化或直接通电法时，周向磁化电流按下式计算：

$$I = HD / 320 = (8\sim10)\ D \tag{8-1}$$

式中 I——磁化电流（A）；

H——磁场强度（A/m）；

D——车轴最大直径（m）。

车轴材料属碳素钢，检测的主要目的又是检测疲劳裂纹，因而不必采用过高的磁化规范，一般情况下，磁化电流只要能达到（8～10）D，检测灵敏度就可满足检测要求。

其次，纵向磁化磁动势的选择。磁动势或磁化电流的选择，与填充系数、检测要求等因素有关，在中、高填充系数和采用分布式线圈的情况下，纵向磁动势一般可在12 000～16 000 A（安匝）之间。

5. 综合灵敏度校验

磁化规范确定后，要进行综合灵敏度试验，或称为灵敏度校验。灵敏度试验可以使用带有已知自然缺陷的轮对，已知缺陷应符合要求（一般应较小），也可使用标准试片。

6. 表面处理

车轴（轮对）的检测部位为所有外露表面。检测前轮对（车轴）表面锈蚀、油垢、灰尘须清理干净，被检测部位表面应露出基体金属面，除锈质量不符合检测要求者，不得进行检测作业。

7. 检测工艺要点

车轴（轮对）磁粉检测的工艺过程主要包括检测准备、检测操作、缺陷磁痕分析评价三个步骤。检测准备主要是为了完成对检测系统的检查、调整和确认工作，它包括对检测设备状态进行全面检查，调整并测试磁悬液浓度，调整磁化电流，进行系统综合灵敏度试验，以及对检测部位的状态进行检查等相关内容。在检测操作过程中，检测人员应密切关注磁化规范及喷液状态，确保每个工件都能得到有效磁化，且磁悬液能充分润湿全部检测面，尤其要注意是否有冲刷磁痕及检测部位磁悬液积存现象的存在。在进行磁痕评定时，应注意观察检测面的外观状态及磁痕形态，当磁痕难以鉴别时，应对检测面进行打磨，再重新检测。

8. 质量标准

执行各型车轴（轮对）的相关技术标准。

8.2 车轮的磁粉检测

8.2.1 车轮的制造工艺

目前世界各国轨道交通装备车轮的制造，除少量采用铸钢车轮、橡胶车轮外，大多为整体辗钢车轮，即用钢锭制坯，经锻压和轧制后机加工而成，本节主要介绍整体辗钢车轮。

整体辗钢车轮基本工艺流程为：切锭→加热→锻压→冲孔→辗轧→压弯→环冷→粗加工→热处理→理化检测→精加工→静平衡→打标→硬度检测→超声波检测→磁粉检测→抛丸→成品检查。部分主要工序如图8-6所示。

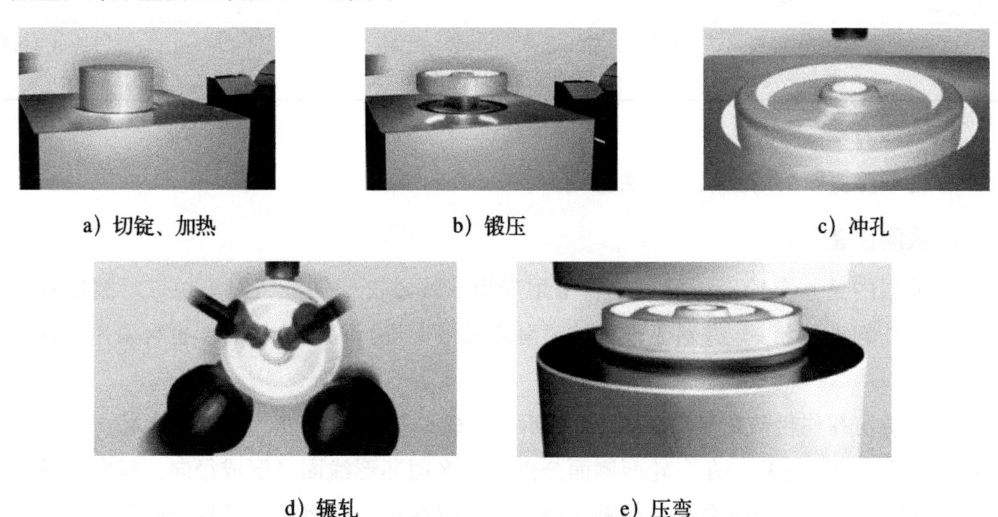

a）切锭、加热　b）锻压　c）冲孔

d）辗轧　e）压弯

图8-6　整体辗钢车轮部分工序图示

车轮常用材料牌号为ER8、ER9，此外ER7、CL60、J11、J12、D1、D2等牌号也有应用。

车轮各部位名称如图8-7所示。图8-7为曲面辐板车轮，常用于踏面制动或单体制动盘制动模式；此外还有直辐板车轮，常用于带制动盘整体车轮制动模式，如图8-8所示。

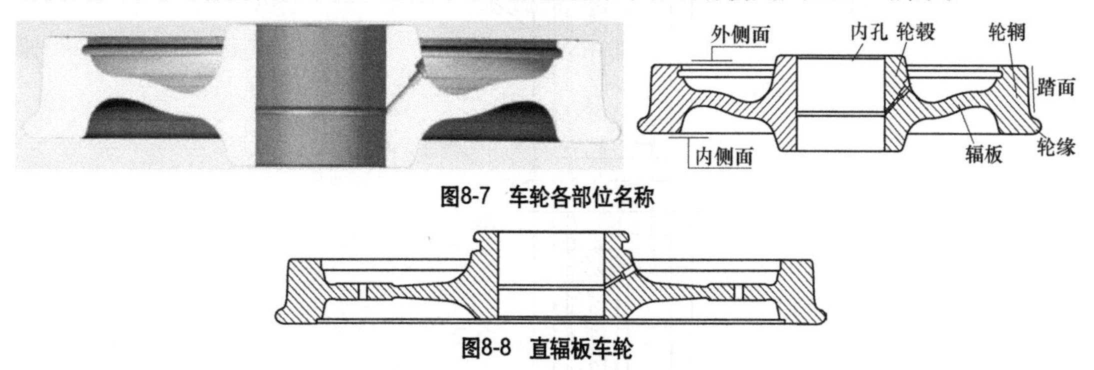

图8-7　车轮各部位名称

图8-8　直辐板车轮

8.2.2 检测工艺要点

目前国内车轮磁粉检测常用检测标准有TB/T 2983、EN 13262（ISO 6933）、AAR M107/M208，其主要差异项点对比如表8-1所示。

表8-1 车轮磁粉检测标准对比

标准	TB/T 2983	EN 13262	ISO 6933	AAR M107/M208
检测部位	轮辋、辐板	全表面（辐板）	辐板	辐板
磁悬液类型	荧光或非荧光湿法	荧光湿法	荧光或非荧光湿法	荧光湿法
磁化方法	线圈法、穿棒法或磁轭法	线圈法、穿棒法或磁轭法	线圈法、穿棒法或磁轭法	禁止使用支杆法
磁场强度 /$A\cdot m^{-1}$	≥2000	≥3200	≥2000	无明确要求
黑光辐照度 /$\mu W\cdot cm^{2}$	无明确要求	≥1500	≥500	≥525
验收限值	不允许有裂纹，非裂纹性缺陷长度≤6 mm	加工表面2 mm长，毛坯、锻造或热轧表面6 mm长	—	＜1/4 in（6.35 mm）

1. 检测方法

车轮磁粉检测采用湿法连续法检测。

2. 检测设备

目前国内整体车轮磁粉检测主要采用专用床式磁粉探伤机，对车轮进行整体复合磁化（缠绕法和旋转磁场法）并对工件整体喷淋磁悬液。进行局部检测时，也可采用磁轭进行作业。

车轮磁粉探伤机磁化装置如图8-9所示。车轮一般采用立姿，沿车轮半径方向均布数匝线圈（形成周向磁场），在车轮两侧面分别布置多圈环形线圈（形成径向、轴向磁场），并套接中心导磁穿棒（形成内孔表面轴向磁场），以在车轮全表面形成复合磁场，检测各个方向的缺陷。

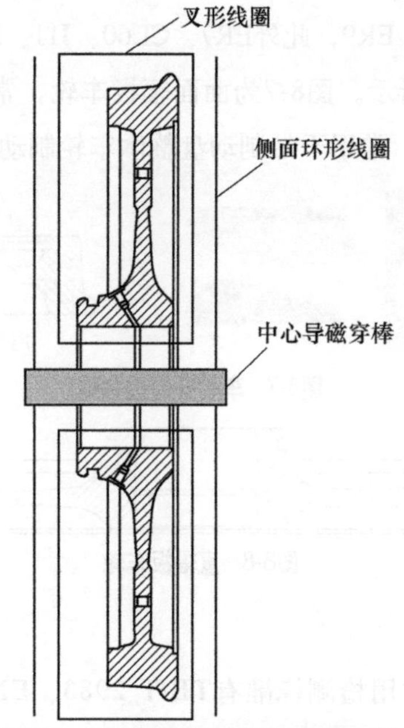

图8-9 车轮磁粉探伤机磁化装置示例

3. 磁悬液

车轮磁粉检测一般采用荧光磁悬液，磁悬液浓度0.1mL/100mL～0.7mL/100mL。

4. 磁化规范

车轮磁粉检测时磁化电流、安匝数值的确定，应根据车轮类型尺寸，通过试验验证确定，一般从设备电流最大值的中间值开始调节，使试片人工缺陷完整清晰显示，并测量此时车轮检测区域表面的切向磁场强度是否满足检测标准或规范的要求，记录此时设备的电流、安匝数值，作为该型车轮的磁化电流参数。

日常检测作业时，调整设备磁化电流为已确定的参数，采用粘贴在车轮典型部位的A1—15/50型标准试片验证检测灵敏度，试片的十字与圆形刻槽应能完整清晰显示，并定期测量车轮检测区域表面内的切向磁场强度应满足要求。

5. 检测规则

（1）车轮磁粉检测工序应在最终机加工之后，轮对压装前进行。磁粉检测后如对车轮进行了整体或局部加工、修整，应重新进行磁粉检测，对局部修整的情况可以采用磁轭进行检测。

（2）车轮磁粉检测时，表面应符合检测要求，并不得有黑皮、磕碰伤或其他明显外观异常。

（3）每班次开工前应进行设备日常性能校验（磁悬液浓度与污染度测定、照度/辐照度测量、灵敏度试片显示验证），验证检测系统灵敏度应满足检测要求。

（4）应定期（如：每周）进行设备磁场强度测量。

（5）通常每季度应进行季度全面性能检查。

6. 检测工艺要点

在进行车轮磁粉检测时，为可靠检出缺陷，检测人员应格外注意以下项点：

（1）磁化参数　在进行磁粉检测作业时，应对每次磁化动作时的磁化参数进行观察，确保磁化参数为该型车轮要求的参数值。

（2）磁悬液喷淋　在进行磁化前，应先对车轮全表面进行充分喷淋润湿；结束磁化后，应注意观察残余磁悬液流动，避免冲掉已形成的磁痕。

（3）磁痕观察与分析　为确保对车轮检测部位全表面进行观察无遗漏，在观察前应确定观察起始位置参考点，通常可以用车轮注油孔作为辅助点，也可在车轮轮辋位置划观察起始线。

在进行表面观察时，应按照一定的观察顺序，确保对检测区域全表面覆盖。

在发现磁痕时，应特别注意辨别车轮表面棉纱形成的伪显示以及刀痕等形成的伪显示或非相关显示，对发现的显示应在抹去显示、退磁后重新磁化进行复核。

新制车轮通常在远离车轮轮毂的位置（如：轮缘、轮辋、靠近轮辋的辐板位置）缺陷较多，轮毂、内孔位置缺陷较少，缺陷的主要类型为表面夹杂、折叠、裂纹等。检修车轮通常在轮缘、踏面位置缺陷较多，缺陷的主要类型为剥离、擦伤、毛细裂纹等。

7. 质量标准

目前国内车轮磁粉检测验收限值如表8-1所示。通常，不允许存在裂纹；非裂纹缺陷的限值有2 mm或6 mm两种，需根据适用的检测标准确定。

8.3 齿轮的磁粉检测

8.3.1 齿轮的制造工艺

根据传递的功率大小，机车液力传动齿轮可分为主传动齿轮和辅助传动齿轮。主传动齿轮负责传递机车的牵引动力，辅助传动齿轮负责传递辅助系统的动力。

（1）主传动齿轮　主传动齿轮因传递的转矩大，转速高（一般速度为25~48 m/s），选用的模数大（模数一般为5~10 mm），精度为6级（GB 10095—2008），多为直齿斜齿齿轮，选用的材料为20CrMnMo或20CrMnTi，齿面硬度为58~63 HRC。

主传动齿轮的工艺流程为：锻坯粗加工→半精加工→滚齿（齿面留磨量）→渗碳→车碳层→整体淬火→精加工（齿部除外）→磨齿→检测（齿部）→动平衡→检测。

（2）辅助传动齿轮　辅助传动齿轮因传递转矩小，速度较高，选用模数小（模数为2～3 mm），精度为6级（GB 10095—2008），材料一般用40Cr，采用直齿齿轮，齿面硬度为55~60 HRC。

辅助传动齿轮的工艺流程为：锻坯粗加工→调质处理→半精加工→滚齿（齿面留磨量）→齿面高频感应淬火→精加工（齿部除外）→磨齿→检测（齿部）→动平衡→检测。

（3）螺旋伞齿轮　螺旋伞齿轮用于车轴齿轮箱的动力传递。其传递的功率大、速度高，还需有较高的传递平稳性。齿轮模数为12 mm左右，齿形为螺旋伞齿，材料20CrMnMo或20CrMnTi。

螺旋伞齿轮的加工工艺流程为：锻坯粗加工→半精加工→铣齿（齿面不留量）→渗碳→车碳层→整体淬火→精加工（齿部除外）→电火花对研→检测。

这里介绍液力传动动车组变速箱一轴增速齿轮加工工艺。齿轮齿顶圆直径为506 mm，材料为20CrMnMo，齿部渗碳深度为1~1.5 mm，齿面硬度为58~63 HRC；需做动平衡，不平衡允差为120 g·cm；齿轮整体磁粉检测，不得有裂纹。

具体工艺过程：

第一，粗车。在立式车床上进行粗车时，齿顶要达到要求尺寸，其余各部分均留去碳层单边3 mm。孔及端面在磨齿工序需作为精加工定位基准，单边留量3.5 mm。

第二，滚齿。滚齿机型号为Y31125E，滚齿精度可达到7级，一般需要7 h。

第三，渗碳。在气体渗碳炉进行。

第四，车去碳层。齿顶不加工，其余各部分均车去碳层。内孔及端面等精加工部位，单边留量0.5 mm。

第五，淬火。用盐炉整体淬火。

第六，精车端面，精磨内孔。加工后达到图样要求。

第七，磨齿。齿轮用工艺心轴定位，在磨齿机上进行磨齿。磨齿时单边留量一般0.3 mm。磨齿机型号为ZSTZ80，该齿轮精度需磨削8 h。

第八，齿部检测。

第九，做动平衡。

第十，检测。

机车牵引齿轮大多为大模数、硬齿面齿轮，所有的加工工艺与液力传动齿轮的大同小异。齿轮加工过程中易产生发纹、白点、磨削裂纹、锻造裂纹、渗碳裂纹及脆性开裂等缺陷。

8.3.2 齿轮磁粉检测

1. 检测方法

齿轮检测一般采用湿法连续法或剩磁法。

2. 检测装备

齿轮磁粉检测必须采用专用床式磁粉探伤机，其主要技术要求如下：

第一，应具有对齿轮进行整体复合磁化功能，以及对工件局部和整体喷淋磁悬液功能。

第二，齿轮表面检测区域内的磁场强度至少为2400 A/m。采用荧光磁粉检测时，观察区域环境白光照度应不大于20 lx，紫外辐照度应不小于1000 μW/cm^2，粘贴于检测部位表面的A1—15/50试片应清晰显示。

第三，采用非荧光磁粉检测时，工件表面被检区域的白光照度不低于1500 lx。

3. 磁悬液

齿轮磁粉检测可采用荧光或非荧光磁悬液。磁悬液载液一般采用无味煤油或专用油载液。荧光磁悬液浓度一般控制在0.1 mL/100mL~0.6mL/100mL，非荧光磁悬液浓度一般控制在0.7mL/100mL~2.5mL/100mL。但由于在检测过程中，会有大量磁粉和磁悬液被工件表面带走，使磁悬液浓度发生变化。为保证在整个检测过程中磁悬液浓度始终处于规定的范围内，检测人员应根据检测工作量大小对磁悬液浓度变化情况进行测试，并根据测试情况实时添加磁粉。另外，由于受到作业环境落尘及工件表面清洁度等多种因素的影响，磁悬液将会受到污染，性能降低，为此应根据季节变化、作业环境及检测工作量的大小，来评价磁悬液的清洁程度，以确定磁悬液的更换周期。在正常生产条件下，磁悬液的最长更换周期不得超过7天。另外，在磁悬液浓度测试过程中或在检测过程中，如发现因磁悬液受到污染，影响缺陷显示时，必须更换磁悬液。

磁悬液污染检查可按以下方法进行：将搅拌均匀的磁悬液取出100 mL注入长颈沉淀管内，静置沉淀至少30 min，出现以下情况之一时，表明磁悬液已经被污染：

第一，若静置下来的磁粉为松散聚结，而不是固体层，则应重新取样；若第二次取样仍为松散聚结，则应更换磁悬液。

第二，在黑光灯和可见光下，检查长颈沉淀管刻度部分是否有不同颜色或外观上的分层、条带或条痕，若有则表示磁悬液被污染，若污染体积超过沉淀磁粉体积的30%时，应更换磁悬液。

第三，荧光磁粉检测时，磁悬液呈乳白色或淡蓝色，表明磁悬液被油脂污染，应更换磁悬液。

磁悬液浓度的测定采用浓度测定管进行测试。取样前，应将磁悬液充分搅拌均匀（搅拌时间至少5 min），然后取样100 mL注入管内，静置30 min后，读出沉淀管中磁粉体积的读数。

4. 检测部位

全部齿面、齿根及端面至齿廓的双点划线区域（见图8-10）。

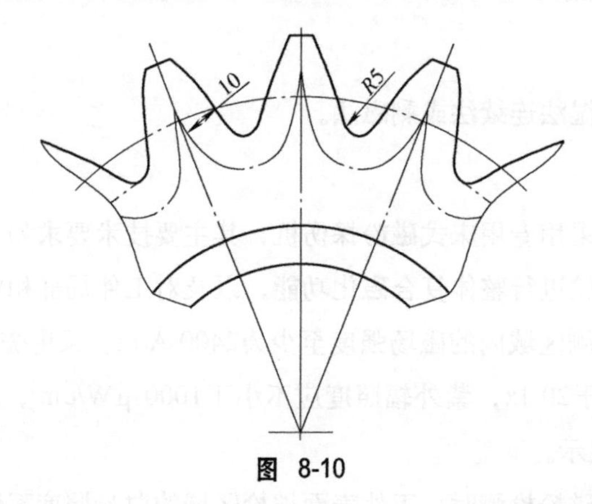

图 8-10

5. 磁化规范

在对齿轮进行磁粉检测时，要求工件表面检测区域内的磁场强度至少为2400 A/m，且检测系统能使粘贴于工件表面的A1—15/50型标准试片清晰。

如采用通电法或穿棒法对齿轮进行磁化，通电法或穿棒法（非偏置）磁化电流值按公式（8-2）计算：

$$I = HD/320 \tag{8-2}$$

式中 H——磁场强度（A/m）；

D——齿轮受检部位的直径（m）；

I——磁化电流（A）。

磁场强度H值由B—H曲线的对应关系查得（见图8-11）。

偏置穿棒法按下述公式计算磁化电流

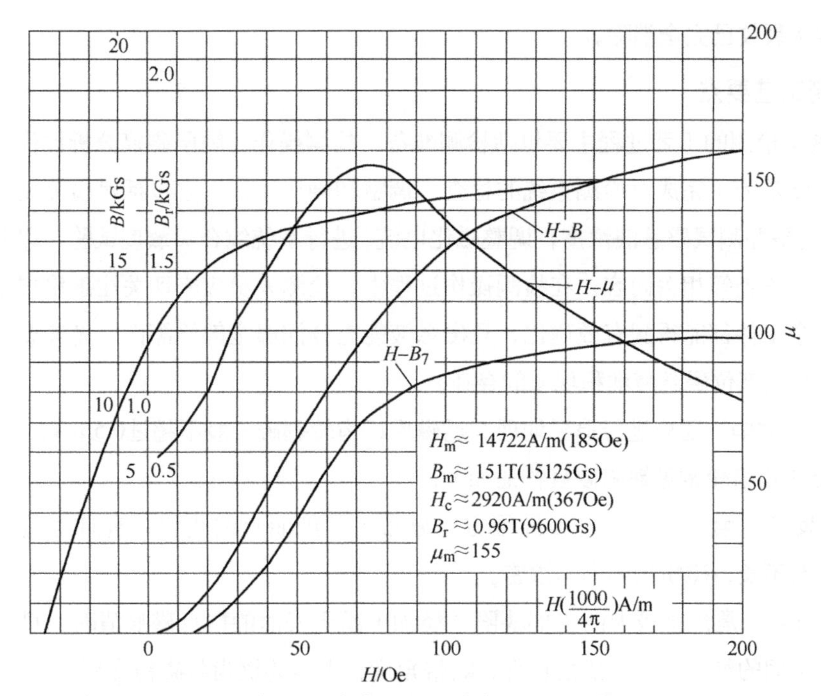

图8-11 20CrMnMo钢925℃渗碳，845℃油淬，210℃回火，58～64 HRC

$$I = 2\pi rH \tag{8-3}$$

式中 H——磁场强度（A/m）；

r——穿棒中心至齿顶距离（m）；

I——电流（A）。

采用线圈法进行纵向磁化时，将齿轮置于通电线圈内，使齿轮纵向磁化，剩磁法线圈的磁动势IN=10 000～11 000 A（安匝），连续法是剩磁法的1/3。

实际检测过程中也可采用复合磁化进行检测，即用两个互呈120°的交叉线圈，对齿轮沿圆周分六段用连续法磁化检查。

无论采用何种方法进行磁化，或通过何种方法确定磁化规范，对磁化规范的正确性均要进行评价。评价方法可通过检测一定数量的带有自然缺陷的实物试件，及系统综合灵敏度试验来进行。磁化规范一经确定，在每班开工之前，检测人员应严格按此规范对磁化电流进行调整，在检测过程中还要进行监测。

6. 检测规则

为保证齿轮的检测效果，齿轮磁粉检测应遵守如下规则：

（1）齿轮磁粉检测应安排在最终热处理和机加工工序之后进行。

（2）齿轮检测部位表面粗糙度应达到齿轮机加工标准要求，检测部位不得存在油污、尘垢等影响磁化及磁痕识别的物质。

（3）齿轮磁粉检测应在检查员对外观检查合格后进行。

（4）检测部位经过修磨或机加工后，必须进行复检，清除检测部位的裂纹时，必须经磁粉检测确认裂纹已完全消除。

7. 检测工艺要点

齿轮磁粉检测的工艺过程主要包括检测准备、检测操作、缺陷磁痕分析评价三个步骤。检测准备主要是为了完成对检测系统的检查、调整和确认工作，它包括对检测设备状态进行全面检查，调整并测试磁悬液浓度，调整磁化电流，进行系统综合灵敏度试验，以及对检测部位的状态进行检查等相关内容。在检测操作过程中，检测人员应密切关注磁化规范及喷液状态，确保每个工件都能得到有效磁化，且磁悬液能充分润湿全部检测面，尤其要注意是否有冲刷磁痕及检测部位磁悬液堆积现象的存在。

磁粉检测完毕，还应进行退磁处理。退磁后，齿轮剩磁一般不超过0.5 mT。

轨道交通用齿轮常见缺陷磁痕特征如下：

（1）发纹磁痕　一般沿金属纤维方向分布，呈细而直的线状，有时也随纤维方向微弯，深度浅而不长，磁粉均匀而不浓密。

（2）白点　是危害极大的内部缺陷，经加工露于表面的白点磁痕清晰。横截面上白点是各种方向不同的细小裂纹。磁痕较直，略带角度，大多为锯齿状磁粉堆积。

（3）锻造裂纹　一般具有尖锐的根部或边缘，磁痕浓密清晰，呈折线或弯曲线状。

（4）热处理裂纹　渗碳裂纹磁痕呈线状，磁痕浓密清晰，一般呈细直线状，尾端尖细，棱角较多。渗碳淬火裂纹的边缘呈锯齿形，锐角处的裂纹磁痕呈弧形。表面感应淬火裂纹，其磁痕呈网状或平行分布，面积一般较大，也有单个分布的。轮齿处易成弧形。

（5）磨削裂纹　一般较浅，磁痕轮廓清晰，均匀而不浓密，一般与磨削方向垂直。由热处理不当产生的磨削裂纹有的与磨削方向平行，磁痕有呈网状、鱼鳞状、放射状或平行线状。渗碳淬火齿轮经磨削后产生的裂纹多为龟裂状。

（6）脆性开裂　磁痕以大面积成群出现，走向纵横交错。形成近似于梯形、矩形的小方框，呈折线状发展，网状粗大，磁痕浓密。

8. 质量标准

执行齿轮的相关技术标准。

8.4 机车车辆用制动盘磁粉检测

8.4.1 机车车辆用制动盘

1. 机车车辆用制动盘概述

制动盘是机车车辆制动系统中用以产生阻碍车辆运动或运动趋势制动力的部件。除各种缓速装置以外，机车车辆制动盘是利用固定元件与旋转元件工作表面的摩擦产生制动力矩的摩擦来进行制动。制动盘实质上是一种能量转换装置，将列车高速运动的动能转变为热能，并消散到大气中去。

从结构上区分，机车车辆用制动盘可以分为分体式制动盘和整体式制动盘（见图8-12）。

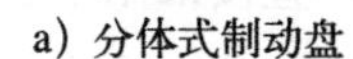

a）分体式制动盘　　b）整体式制动盘

图8-12 制动盘产品结构

从材料上区分，机车车辆用制动盘可以分为铸铁盘、钢制盘和其他材料制动盘。

（1）铸铁盘　铸铁作为摩擦制动的材料应用在列车制动装置中已经有一百多年了。在1935年法国列车以盘形制动代替踏面制动后，铸铁制动盘由于综合性能良好且制造方便得到广泛的应用。从普通的片状石墨铸铁，到低合金铸铁以及现在广泛使用的蠕墨铸铁材料，铸铁盘适用于200 km/h以下时速的列车制动。

（2）钢制盘　钢制盘分为锻钢盘和铸钢盘。

（3）其他材料　随着技术的不断完善，具有更高效能的材料相继投入使用，如：铝合金基复合材料、陶瓷基复合材料和碳纤维加强碳基复合材料（C/C复合材料）等。

2. 制动盘在运用中的受力分析及主要失效原因

列车在制动时，通过制动盘与闸片的摩擦，将列车巨大的动能转化为热能，并将热量逸散到周围的环境。此时，作用于盘体两侧的制动力矩，通过周向均布的弹性销来传递到盘毂直到车轴，而同时，制动盘摩擦盘体在周期性热负荷作用下膨胀或者收缩。

制动盘盘体的失效方式主要有热裂纹和磨耗两种。制动盘盘面裂纹又分为热裂纹和抗冲击疲劳裂纹。因此，制动盘盘面近表面的气孔、缩孔和盘面的其他不连续都有可能成为裂纹源。

3. 制动盘成品表面常见的缺陷

（1）显微疏松　在加工后的盘面上可以通过磁粉检测发现，出现的位置不固定。

（2）夹砂夹渣　加工后的盘面上若存在夹砂夹渣，目视检查能够发现。

（3）组织偏析和偏析带的尖端开裂　容易出现在盘体散热筋与凸台转角处，磁粉检测能够发现。

8.4.2 制动盘磁粉检测

1. 磁化方法

制动盘的磁粉检测多采用湿法连续法。

2. 磁化方式

（1）分体盘的磁化方式　由于分体盘为半环形结构，因此多采用便携式磁轭进行磁化，在磁化时需注意相邻有效磁化区的重叠和分体盘边缘位置的有效磁化。

(2) 整体盘的磁化方式 整体盘可以算是环形结构，因此可采用复合磁化法进行磁化。

目前国内整体盘磁粉检测主要采用专用床式磁粉探伤机，进行整体复合磁化并对工件整体喷淋磁悬液。

制动盘一般采用立姿，可以采用中心导磁穿棒形成内孔表面及盘面周向磁场，次级线圈感应法在盘体上形成涡流产生径向磁场，在制动盘表面形成复合磁场，检测各个方向的缺陷。

然而，由于制动盘盘面内、外直径差别较大，直接采用中心导体进行周向磁化时，盘面上内、外边缘的磁场强度差别较大，容易引起局部区域的过渡磁化，可以将中心导体分为多股闭合电路，使得磁场分布更加均匀，如图8-13所示。

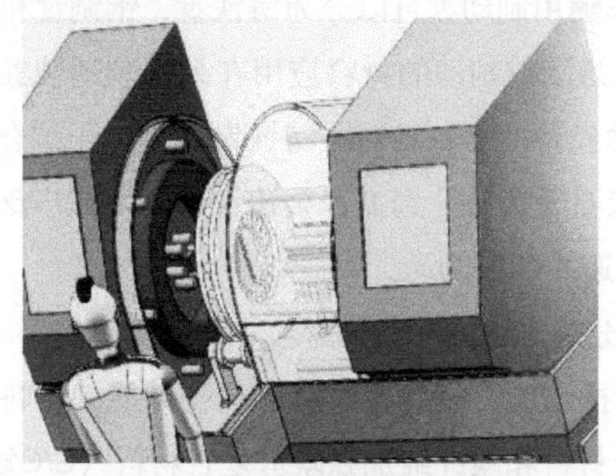

图8-13 制动盘轴向磁化方式实例

3. 质量标准

质量标准执行 TB/T 2980—2014 《机车车辆用制动盘》。

8.5 轴承零件磁粉检测

8.5.1 轴承概述

轴承指用于机车和车辆之中的轴承。机车上的轴承包括轴箱轴承、牵引电动机轴承、传动系统轴承、动力装置轴承和冷却系统轴承等；车辆上的轴承主要是轴箱轴承，客车轴箱多用短圆柱滚子轴承，货车轴箱主要采用圆锥滚子轴承。车辆轴承的品种、结构、性能等基本与机车轴箱轴承相似。机车、客车典型轴承如图8-14所示，货车典型轴承如图8-15所示。

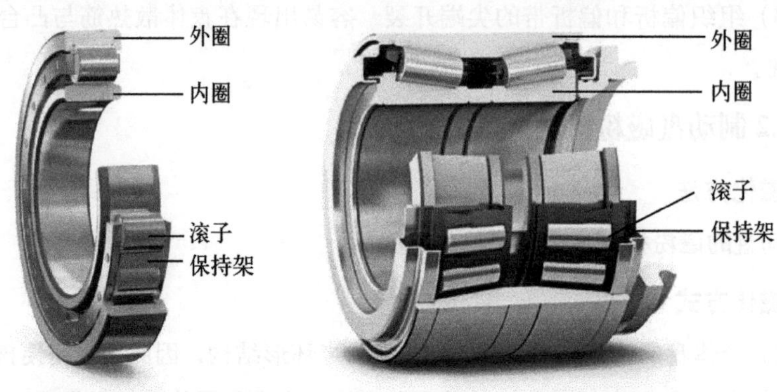

图8-14 机车、客车典型轴承示意　　图8-15 货车典型轴承示意

8.5.2 轴承生产及检修

（1）轴承材料　常用机车、客车、货车轴承采用电渣重熔高碳铬轴承钢制造，材质为GCr18Mo、GCr15、G20CrNi2MoA等。

（2）轴承制造工艺流程　典型轴承制造工艺流程如图8-16所示。

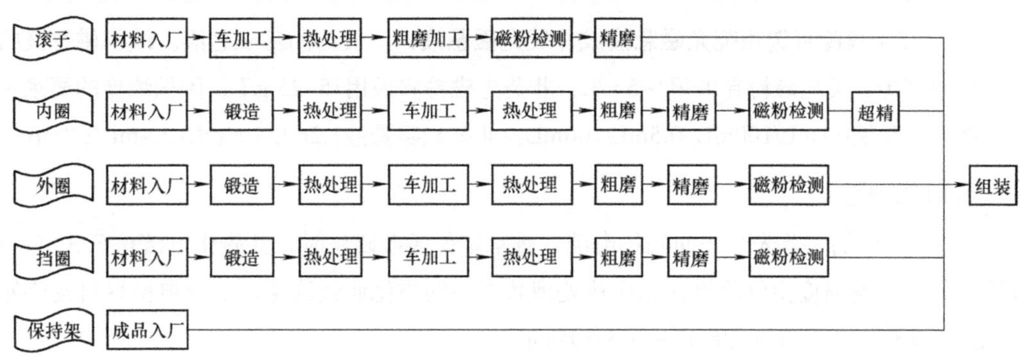

图8-16　典型轴承制造工艺流程

典型轴承检修基本工序：轴承清洗，外圈除锈，内圈、外圈、滚子、平挡圈及保持架外观检查、修磨，内圈、外圈及滚子磁粉检测，轴承精铣，轴承零件尺寸检测、数据微机输入，轴承防锈。

8.5.3 轴承磁粉检测

1. 磁化方法

（1）轴承内外圈周向磁化采用穿棒法，纵向磁化采用感应电流法。

（2）滚子周向磁化采用通电法，纵向磁化采用磁轭法。

2. 磁粉检测设备

轴承零件磁粉探伤机应具有手动和自动两种操作方式，用连续法进行磁粉检测时，磁粉检测设备应具备周向磁化、纵向磁化、复合磁化、自动退磁以及对轴承零件表面喷淋磁悬液的功能。轴承内圈、外圈磁粉检测设备最大周向额定磁化电流应≥6000 A并连续可调；最大纵向磁化磁动势应≥9000 A（安匝）并连续可调。轴承滚子磁粉检测设备最大周向额定磁化电流应≥700 A并连续可调；最大纵向磁化磁动势应≥2000 A（安匝）并连续可调。采用直接通电法磁化时应防止出现打火烧伤现象。用剩磁法进行磁粉检测时，交流磁粉探伤机应具备断电相位控制功能，以保证零件磁化后有足够并稳定的剩磁。直流和三相全波整流探伤机应配备通电时间控制继电器。采用荧光磁粉检测时，应配备波长范围为320～400 nm，中心波长为365 nm的紫外光源，被检工件表面紫外辐照度≥1000 μW/cm^2，环境白光照度≤20 lx。采用非荧光磁粉检测时，被检工件表面白光照度≥1000 lx。磁粉检测设备退磁效果应满足剩磁≤0.3 mT，磁粉检测设备磁化时间应可调。检测设备应经检定合格后才能投入使用，并定期进行计量检定。

3. 磁粉检测器材

白光照度计、紫外辐照计、磁强计等器材，应经检定合格后才能投入使用，并定期进行计量检定。灵敏度试块应由专业生产厂家采用被检轴承零件实物制作。

4. 磁悬液

轴承磁粉检测可选用荧光磁悬液或非荧光磁悬液，一般为油基磁悬液。油基磁悬液的推荐配比浓度为：荧光磁粉宜采用1~5 g/L；非荧光磁粉宜采用15~25 g/L。体积浓度的要求一般为：荧光磁悬液0.1mL/100mL~0.5mL/100mL；非荧光磁悬液1.2mL/100mL~2.4mL/100mL。

5. 磁化规范

（1）连续法　首先，周向磁化电流：轴承零件周向磁化时，其磁化电流按公式（8-4）计算，其中磁场强度由轴承钢在相应热处理状态下的磁化曲线选定，部分典型材料及热处理状态的轴承钢磁化曲线如图8-17～图8-19所示。

$$I = HD/320 \tag{8-4}$$

式中 I——磁化电流（交流有效值）(A)；

H——磁场强度（A/m）；

D——零件直径，套圈按外径计算（m）。

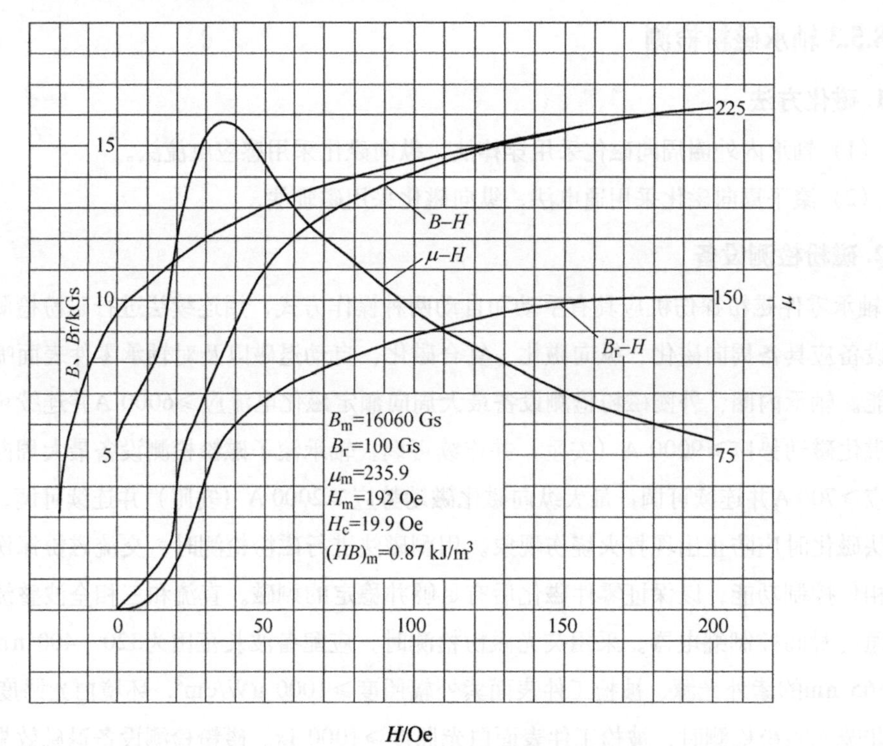

图8-17　G20CrNi2MoA（渗透+淬火+回火状态）轴承钢磁化曲线

注：930℃渗碳→ 880℃一次淬火→ 810℃二次淬火→170℃回火渗碳深度2.2 mm。

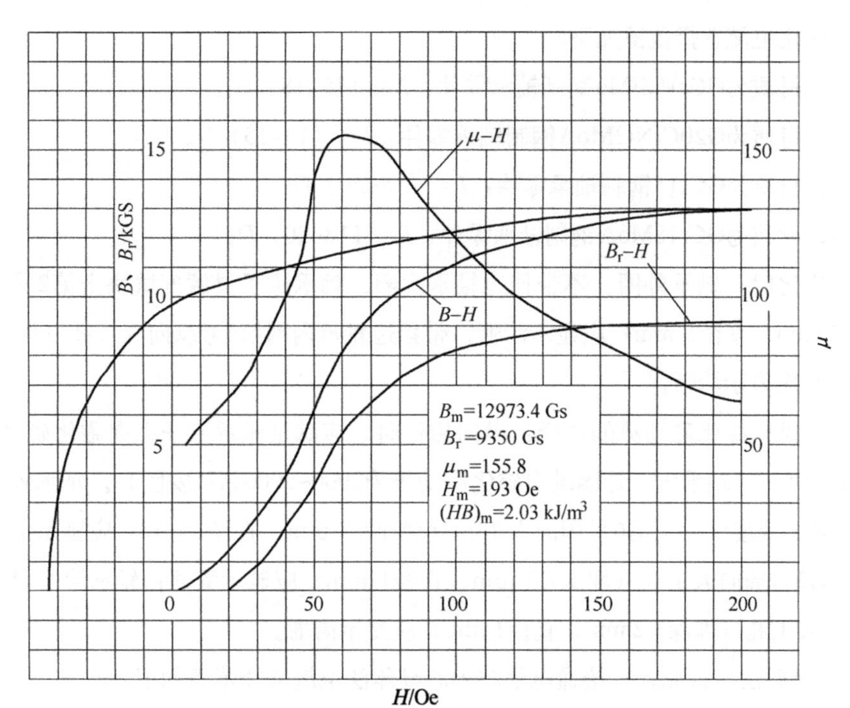

图8-18 GCr15SiMn（淬火+回火状态）轴承钢磁化曲线

注：830℃淬火→200℃回火，硬度：60.8 HRC。

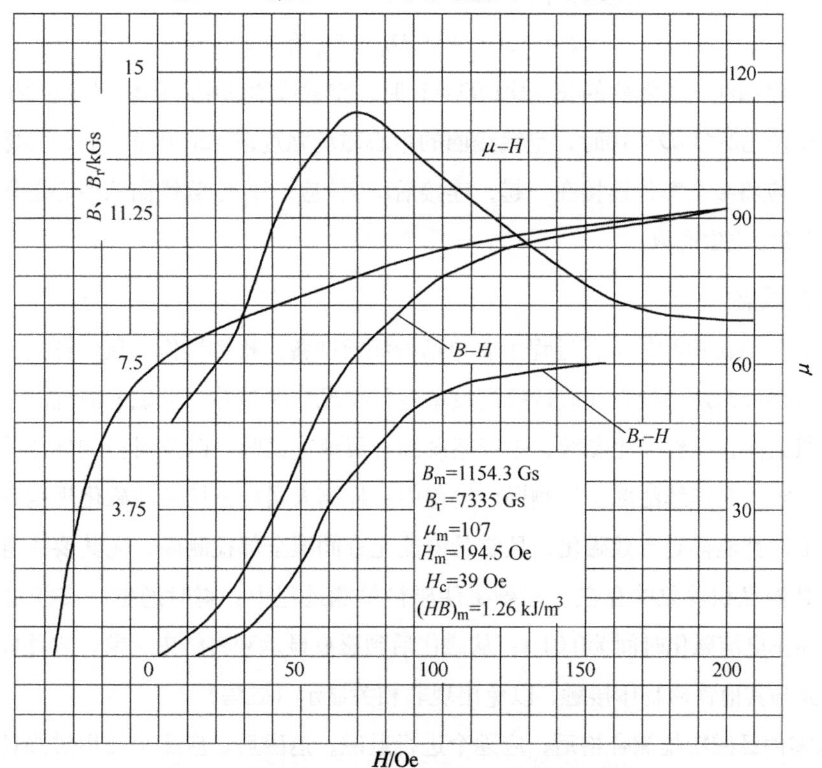

图8-19 GCr15（淬火+回火状态）轴承钢磁化曲线

注：840℃淬火→190℃回火，硬度：61 HRC。

周向磁化电流选择范围如下:

第一，材质为GCr15SiMn钢制轴承零件：$I=$（15~18）D。

第二，材质为G20CrNi2MoA钢制轴承零件：$I=$（13~15）D。

第三，材质为GCr15钢制轴承零件：$I=$（18~20）D。

第四，材质为GCr18MoA钢制轴承零件：$I=$（18~20）D。

周向磁化时，轴承外圈、不带挡边轴承内圈、轴承滚子灵敏度试块上第2号纵向人工孔（埋深1.2 mm，直径1 mm）应显示清晰；带挡边轴承内圈第6号纵向人工孔（埋深1.2 mm，直径1 mm）应显示清晰。

其次，纵向磁化磁动势的选择：纵向磁化时，应满足轴承滚子纵向磁化磁动势为300～2000 A（安匝），轴承内、外圈纵向磁化磁动势为2000~9000 A（安匝）。轴承外圈、不带挡边轴承内圈灵敏度试块上第6号周向人工孔（埋深1.2 mm，直径1 mm）应显示清晰；带挡边轴承内圈第2号周向人工孔（埋深1.2 mm，直径1 mm）应显示清晰；轴承滚子灵敏度试块上第6号周向人工孔（埋深1.2 mm，直径1 mm）应显示清晰。

（2）剩磁法　首先，直接通电法与中心导体法电流选择范围如下：

$$I=(30\sim40)\,D$$

其次，感应电流法电流选择范围如下：

$$I=(30\sim40)\,D_{eff}\ (D_{eff}\text{为有效直径})$$

最后，线圈法。①零件的长径比$L/D \geqslant 10$时，空载线圈的中心磁场强度应>12 000 A/m。②零件的长径比$2 < L/D < 10$时，空载线圈的中心磁场强度应>20 000 A/m。③零件的长径比$L/D \leqslant 2$时，应将多个零件连接在一起，连接后L/D值应>5。空载线圈的中心磁场强度应根据实际L/D值按①或②选取。

6. 检测要点

轴承零件磁粉检测的工艺过程主要包括检测前准备、检测操作、显示评定三个步骤。检测前准备主要目的是：检查并确认检测设备运行状况，调整并测量磁悬液沉淀浓度，测量检测系统光照条件，调整磁化参数，进行系统综合灵敏度试验，以及对检测部位的状态进行检查等相关内容。在连续法磁粉检测操作过程中：检测人员应密切关注磁化规范及喷液状态，确保每个工件都能得到有效磁化，且磁悬液能充分润湿全部检测面，尤其要注意是否有冲刷显示及磁悬液堆积现象的存在。在剩磁法磁粉检测过程中：瞬时通电，交流电磁化时间为0.5~1 s；冲击电流磁化时间为0.01 s；从磁化后到磁痕显示观察结束之前，零件间不应相互碰撞、摩擦或与其他铁磁物体接触，以免出现非相关显示（磁泻）。

轴承零件经磁粉检测合格后，应逐个进行退磁。退磁后，应逐个使用磁强计在距检测设备1 m以外，在轴承零件的端面棱角处进行剩磁测量，其剩磁应≤0.3 mT。

7. 典型相关显示

（1）裂纹

1）材料裂纹　磁痕一般呈直线状，有时也分叉，多与材料拔制方向一致，酸洗后有脱碳现象。钢球上的材料裂纹多与环带垂直。

2）锻造裂纹　磁痕浓密而清晰，呈折线状或弯曲线状，具有尖锐的根部或边缘。

3）锻造湿裂　因锻造后接触水而致。磁痕同淬火裂纹，但比淬火裂纹大，呈圆周方向的树枝状，酸洗后有脱碳。多产生于套圈端面或壁厚差较大处。

4）淬火裂纹　磁痕呈细直的线状，尾部尖细，棱角较多，磁痕清晰。淬火裂纹多从刀痕、尖角、打字等处开始沿一定方向延伸。套圈过热形成的淬火裂纹多为贯穿性大裂纹；滚子过热形成的淬火裂纹也是贯穿性裂纹，但多交叉成Y形；钢球过热形成的淬火裂纹多呈Y形或S形。

5）表面感应淬火裂纹　磁痕呈网状或平行分布，面积较大，也有单个分布的。

6）磨削裂纹　磁痕呈网状、鱼鳞状、龟裂状、放射状或平行线状，渗碳表面多为龟裂状。磨削裂纹一般较浅，裂纹方向与磨削方向垂直，因热处理不当而在磨削时产生的裂纹与磨削方向平行。酸洗后有烧伤现象。

（2）其他线性显示

1）锻造折叠　磁痕呈不规则状（直线状、圆弧状等），一般与表面呈锐角，与金属流线方向呈直角。酸洗后，折叠两侧有严重脱碳，钢球冲压折叠多分布在两极边缘呈短弧线状。

2）发纹　是一种原材料缺陷。磁痕均匀而不浓密，沿纤维方向分布，呈细而直的线状，有时微弯曲。发纹在淬火时常常发展为淬火裂纹。

（3）非线性显示　在轴承零件的磁粉检测中，非线性显示是由非金属夹杂物产生的，呈短线状或弯曲状。由其他如疏松和孔洞所形成的非线性磁痕，在轴承磁粉检测中很少见。

8. 质量标准

轴承零件不允许存在任何相关显示。

8.6 摇枕侧架磁粉检测

8.6.1 概述

转向架主要由摇枕、侧架、轮轴、弹簧减振装置和基础制动装置等组成。

转向架的主要作用：一是导向作用，即通过对轮轴的安装和定位，使得车轮踏面在滚动时始终与钢轨能够有效接触，从而对车辆的运行起到引导作用。二是承载作用，转向架承载了所有来自车辆自重和载重的全部载荷。三是减振作用，车辆运行时带来的振动被弹簧减振装置和安装在轴箱上的一系弹性悬挂系统有效吸收和转化，从而有效改善车辆运行的品质。

四是制动作用，来自车辆制动系统的制动力被传递到转向架基础制动装置上之后，通过闸瓦与车轮踏面的抱合及摩擦，使车辆慢慢减速直至制动停车。摇枕、侧架属于转向架的重要承载部件，摇枕、侧架质量的好坏直接关系到车辆运行的安全，如图8-20所示。

图8-20 转向架组成示意

目前，我国铁路货车铸钢摇枕、侧架主要有下列6种型号：转K2型、转K4型、转K5型、转K6型、DZ1型、DZ2型。

铸钢摇枕、侧架的表面及近表面缺陷有：裂纹、冷隔、气孔、疏松、夹杂、割疤和撑疤等，裂纹又分为铸造热裂纹和冷裂纹、热处理裂纹，当后续工序的缺陷焊补不当，也可产生焊接裂纹。

摇枕、侧架在役检修时的缺陷主要是疲劳裂纹。疲劳裂纹是工件在交变应力的长期作用下，工件表面的已有裂纹源（成分组织不均匀、冶金缺陷、缺口、划伤等）或后期萌生的裂纹源逐步扩展形成的。疲劳裂纹一般出现在应力集中处，其方向与受力方向垂直。

8.6.2 制造工艺流程

摇枕、侧架制造工艺流程主要包括：造型、制芯、熔炼、浇注、一次表面清理、热处理、二次表面清理和磁粉检测。

8.6.3 磁粉检测

1. 检测方法

摇枕、侧架磁粉检测采用整体复合磁化，湿连续法进行磁粉检测，即在磁化的同时，用喷淋的方式施加磁悬液，磁悬液应在检测区缓缓流过，施加磁悬液结束后应再进行1~2次磁化，或使喷液较磁化提前1 s结束。复检时，可采用便携式交流磁轭探伤仪局部干法或湿法检测。

2. 检测装备

摇枕、侧架磁粉检测必须采用专用的磁粉探伤机，其主要技术要求如下：应具有对工件进行整体复合磁化的功能、整体喷淋磁悬液的功能及整体转动观察的功能。应能使粘贴于检测部位表面的A1—15/50型试片上的人工缺陷磁痕清晰、完整显示。工件表面检测区域内的磁场强度至少为2000 A/m。

目前，摇枕、侧架磁粉探伤机主要采用通电法+线圈法对摇枕、侧架进行整体复合磁化，采用直接通电法对工件进行周向磁化，采用线圈法对工件进行纵向磁化。

3. 磁粉

整体复合磁化时采用湿法荧光磁粉，磁粉颗粒直径≤0.045 mm（≥320 目）。局部复检时可采用非荧光湿法磁粉，磁粉颗粒直径≤0.045 mm（≥320 目）。局部复检时可采用干法黑磁粉，磁粉颗粒直径0.06～0.18 mm（80～250 目）。

磁粉经使用单位入厂复验合格后，方可投入使用。磁粉应放置在带盖容器内保存，受潮结块或超过质保期的不应使用。

4. 磁悬液

摇枕、侧架磁粉检测采用水基磁悬液，荧光磁粉磁悬液的体积浓度为0.2mL/100mL～0.7mL/100mL。非荧光磁粉磁悬液的体积浓度为1.2mL/100mL～3.0mL/100mL。

5. 磁化规范

在对摇枕、侧架进行磁粉检测时，要求工件检测部位表面的磁场强度至少为2000 A/m，且应能使粘贴于工件表面的A1—15/50型标准试片上的人工缺陷磁痕清晰、完整显示。

由于摇枕、侧架形状比较复杂，截面有效直径变化太大，不适合采用经验公式计算的方法来确定磁化规范。目前有效和可靠的方法是：在确定摇枕、侧架磁粉检测周向磁化电流和纵向磁化磁动势时，使用磁场强度测试仪器分别对图8-21所示的测试点部位的表面切向磁场强度进行测试，各部位磁场强度至少为2000 A/m。同时应能使粘贴于图8-21所示测试点部位的A1—15/50型标准试片上的人工缺陷清晰、完整显示。

经过上述方法的测试，若采用通电法和线圈法对摇枕、侧架进行有效磁化，推荐的周向磁化电流值为4000～4600 A；纵向磁化磁动势为8000～12 000 AT（安匝）。

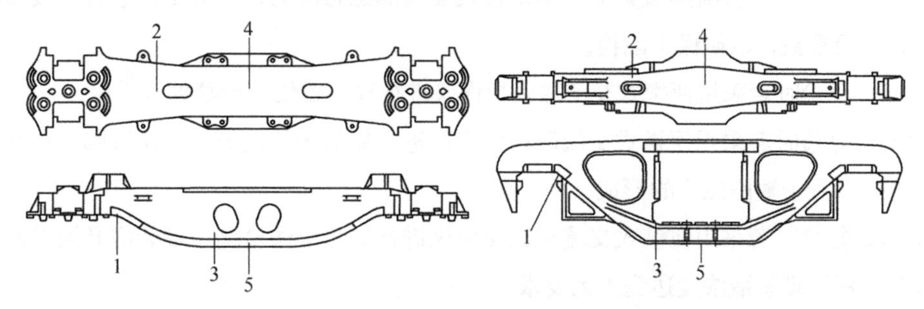

图8-21　摇枕侧架表面磁场强度测试部位和试片粘贴部位示意

注：1~5为测试和试片粘贴部位。

6. 检测操作要点

（1）检测前准备　检测前准备主要是为了完成对检测系统的检查、调整和确认工作。

第一，检查探伤机各部位及附属仪器仪表技术状态：查看电气连接线应无破损、无折断、无松动，附属仪表、照度计检定不过期且能正常使用；电源开启前电压表、电流表指针须在零位；接通电源开启磁悬液搅拌装置搅拌磁悬液10 min左右；开启喷淋系统2～3次，以检查和清理喷淋系统；检查紫外线灯滤光板是否有损坏，损坏立即更换。当确认性能良好无故障后方允许使用设备。

第二，磁悬液浓度测定：取样前应对磁悬液进行充分搅拌（搅拌时间不少于10 min），磁悬液静止沉淀至少30 min，然后读取磁悬液浓度值。

第三，磁悬液污染检测：由于受到作业环境、落尘及工件表面清洁度等多种因素的影响，磁悬液将会受到污染使其性能降低，故每班开工前应进行磁悬液污染情况检测。

第四，试片粘贴：实物样件粘贴试片的部位须擦拭干净，应无锈蚀、无油污、无灰尘，露出基体金属面并保持干燥，然后将A1—15/50型标准试片按照工艺规定的位置粘贴在工件上。试片需平整，无破损、无折皱和无锈蚀，使用前须将试片表面油脂擦拭干净。

第五，磁化电流调整：将粘贴有A1—15/50型标准试片的样件吊上磁粉探伤机，按照磁化规范的规定调整磁化电流，直至符合磁化规范要求。

第六，综合灵敏度试验：调整好磁化电流后，对粘贴有A1—15/50型标准试片的样件进行喷液、磁化，磁化结束后观察A1—15/50型标准试片的显示情况，试片上人工缺陷磁痕应清晰、完整显示。试片显示情况不良时，应检查磁悬液并对磁化电流进行调整，直至试片上人工缺陷磁痕清晰、完整显示为止。

（2）检测操作

第一，检测操作时检测人员应密切关注磁化电流的变化及磁悬液喷液状态，确保每个工件都能得到有效磁化，且磁悬液能充分润湿全部检测面。

第二，喷液、磁化结束后，注意观察是否有冲刷磁痕及检测部位磁悬液堆积现象存在。

第三，若采用手持喷淋装置对检测部位表面喷淋磁悬液的，应对工件进行分段喷淋、分段磁化，分段观察，以确保不漏检。

第四，复检时若采用便携式交流磁轭探伤仪进行局部磁化，严禁单极磁化。

第五，复检时若采用便携式交流磁轭探伤仪进行局部干法检测，应使缺陷所在的面处于水平状态，以利于缺陷磁痕的形成。

第六，复检时若采用便携式交流磁轭探伤仪进行局部湿法检测，罐装磁悬液在使用前应充分摇匀，保证磁悬液浓度达到工艺要求。

（3）磁痕评定　磁痕评定时应注意观察检测面的表面状态及磁痕形态，应首先确认磁痕不是由于割疤、撑疤、氧化皮等伪缺陷造成的。当磁痕难于鉴别时，应对检测面进行打磨，再重新检查。

7. 摇枕侧架的检测部位

现阶段摇枕、侧架的主型产品为转K6型。转K6型摇枕、侧架检测部位如图8-22所示。

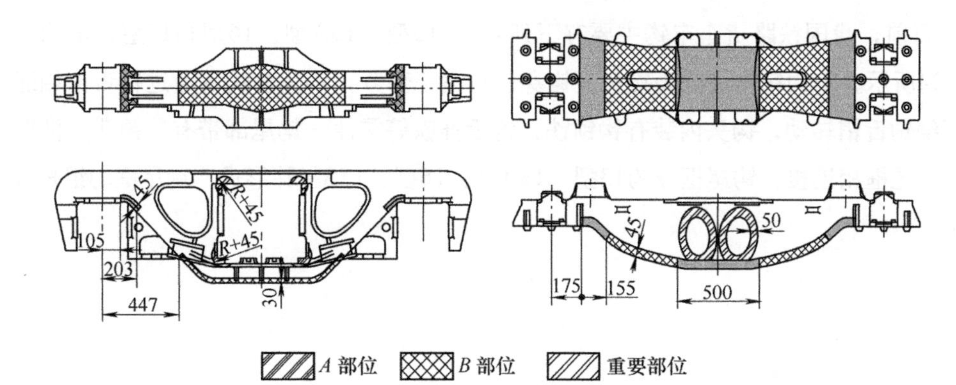

图8-22 转K6型摇枕、侧架检测部位

8. 质量验收标准

按照相关技术标准执行。

8.7 车钩缓冲装置磁粉检测

8.7.1 概述

车钩缓冲装置由车钩、缓冲器、钩尾框、从板等零件组成。图8-23为车钩缓冲装置的一般结构形式，在钩尾框内依次装有从板、缓冲器，借助钩尾销把车钩和钩尾框连接成一个整体，从而使车辆具有连挂、牵引和缓冲三种功能。

车钩缓冲装置一般组成一个整体安装于车底架两端的牵引梁内。在车钩缓冲装置中，车钩的作用是用来实现机车和车辆或车辆与车辆之间的连挂和传递牵引力及冲击力，并使车辆之间保持一定的距离。缓冲器是用来缓和列车运行及调车作业时车辆之间的冲撞，吸收冲击动能，减少车辆相互冲击时所产生的动力作用。从板和钩尾框则起着传递纵向力（牵引力或冲击力）的作用。车钩缓冲装置无论是承受牵引力、还是冲击力，都要经过缓冲器将力传递给牵引梁，这样就有可能使车辆间的纵向冲击振动得到缓解和消减，从而改善了运行条件，保护车辆及货物不受损害。

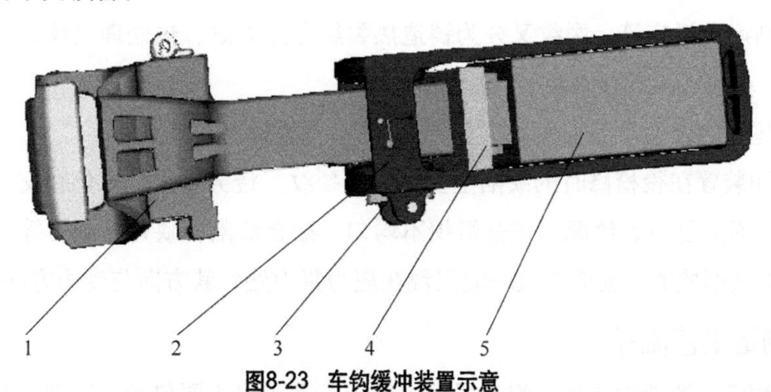

图8-23 车钩缓冲装置示意

1—车钩组成 2—钩尾框 3—钩尾销 4—从板 5—缓冲器

目前，我国铁路货车车钩主要有下列4种：13型、13A型、16型和17型，车钩的组成如图8-24所示。车钩钩体可分为钩头、钩身、钩尾三部分，钩头与钩舌通过钩舌销相连接，钩舌可绕钩舌销转动，钩头内装有钩锁铁、钩舌推铁等零件，钩尾部带有尾销孔，借助于钩尾销与钩尾框相连接。钩尾框分为13型、13A型、16型、17型4种形式，钩尾框的组成如图8-25所示。

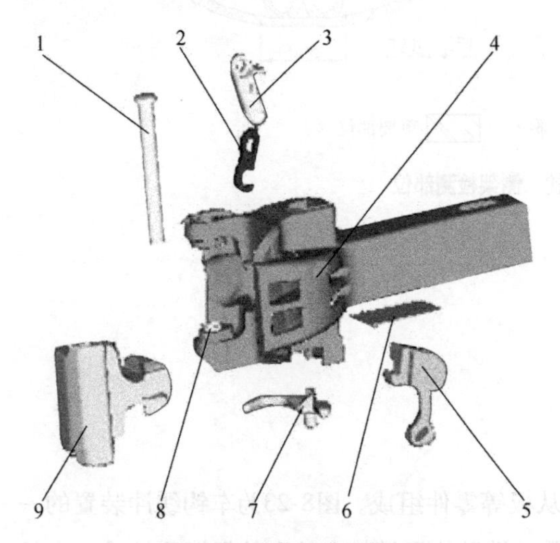

图8-24 车钩组成示意

1—钩舌销 2—上锁销杆 3—上锁销 4—钩体 5—钩锁 6—磨耗板 7—钩舌推铁 8—衬套 9—钩舌

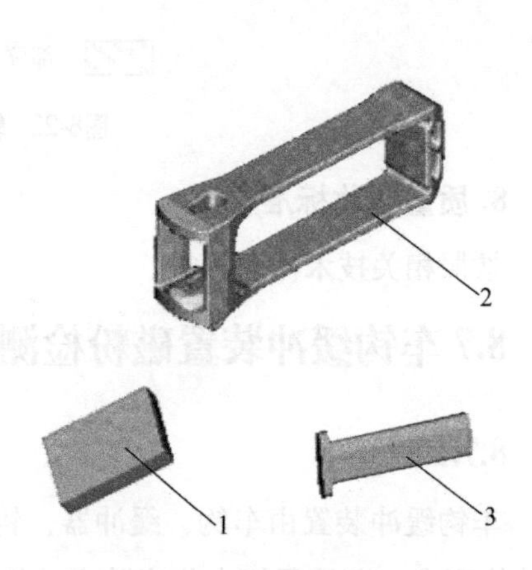

图8-25 钩尾框的组成

1—从板 2—钩尾框 3—钩尾销

我国铁路货车专用的缓冲器主要有5种，分别为2号、ST型、MT—2型、MT—3型和HM—1型。其中MT—2型和MT—3型缓冲器是为满足重载列车和单元列车要求，于20世纪90年代研制开发的新一代缓冲器，具有性能稳定、容量大、使用寿命长、检修方便等特点。MT—2型和MT—3型缓冲器主要由箱体、角弹簧座、角弹簧、外圆弹簧、内圆弹簧、复原弹簧及弹簧座等部件组成。

钩体、钩舌、铸造钩尾框、缓冲器箱体的表面及近表面缺陷有：裂纹、冷隔、气孔、疏松、夹杂、割疤及撑疤等，裂纹又分为铸造热裂纹和冷裂纹、热处理裂纹，当后续工序的缺陷焊补不当，也可产生焊接裂纹。

锻造钩尾框的表面及近表面缺陷主要有折叠、裂纹和发纹。

车钩缓冲装置在役检修时的缺陷主要是疲劳裂纹。疲劳裂纹是工件在交变应力的长期作用下，工件表面的已有裂纹源（成分组织不均匀、冶金缺陷、缺口、划伤等）或后期萌生的裂纹源逐步扩展形成的。疲劳裂纹一般出现在应力集中处，其方向与受力方向垂直。

8.7.2 制造工艺流程

钩体、钩舌、铸造钩尾框、缓冲器箱体制造工艺流程主要包括：造型、制芯、熔炼、浇注、一次表面清理、热处理、二次表面清理、磁粉检测。

8.7.3 钩体、钩舌、钩尾框磁粉检测

1. 检测方法

钩体、钩舌、钩尾框磁粉检测采用整体复合磁化，湿连续法进行磁粉检测，即在磁化的同时，用喷淋的方式施加磁悬液，磁悬液应在检测区缓缓流过，施加磁悬液结束后应再进行1~2次磁化，或使喷液较磁化提前1 s结束。复检时，可采用便携式交流磁轭探伤仪局部干法或湿法检测。

2. 检测装备

钩体、钩舌、钩尾框磁粉检测必须采用专用的磁粉探伤机，其主要技术要求如下：应具有对工件进行整体复合磁化的功能、整体喷淋磁悬液的功能及整体转动观察的功能。应能使粘贴于检测部位表面的A1—15/50型试片上的人工缺陷磁痕清晰、完整显示。工件表面检测区域内的磁场强度至少为2400 A/m。

目前，钩体磁粉探伤机主要有两种：一种是采用通电法加线圈法对钩体进行整体复合磁化的磁粉探伤机。采用直接通电法对工件进行周向磁化，采用线圈法对工件进行纵向磁化。另外，有时为保证各部位的复合磁化效果，有的探伤机还建立了多路磁化，例如：钩体磁粉探伤机的磁化系统，除对工件直接通电磁化和线圈法磁化外，还在钩体钩耳部位采用穿棒法进行磁化。该类探伤机对工件的外形尺寸要求较严，当工件装夹不到位时容易电打火。另一种是采用旋转磁场对车钩零部件进行整体磁化的井式磁粉探伤机。该类设备由三组相互交叉的磁化线圈，分别接入相位不同的交流电，在线圈包容的空间内，各组线圈分别形成幅值相同，相互呈一定角度，并具有一定的电流相位差的交流磁场，磁场发生矢量叠加，从而形成了强弱、方向随时间不断改变的周期性旋转磁场。该旋转磁场在平面上的轨迹同样呈圆形或椭圆形，当两交叉线圈的夹角为90°，且电流相位差也是90°时，可形成圆形旋转磁场；若电流的相位差为120°时，则形成椭圆形旋转磁场。该种磁化方法为非接触磁化，能适用于多种且几何形状复杂的工件检测，钩体、钩舌、钩尾框可以在同一台设备上进行检测。

3. 磁粉

整体复合磁化时采用湿法荧光磁粉，磁粉颗粒直径≤0.045 mm（≥320 目）。

局部复检时可采用非荧光湿法磁粉，磁粉颗粒直径≤0.045 mm（≥320 目）。局部复检时可采用干法黑磁粉，磁粉颗粒直径0.06～0.18 mm（80～250 目）。

磁粉经使用单位入厂复验合格后，方可投入使用。磁粉应放置在带盖容器内保存，受潮结块或超过质保期的不应使用。

4. 磁悬液

钩体、钩舌、钩尾框磁粉检测采用水基磁悬液，荧光磁粉磁悬液的体积浓度为0.2mL/100mL~0.7mL/100mL；非荧光磁粉磁悬液的体积浓度为1.2mL/100mL~3.0mL/100mL。

5. 磁化规范

在对钩体、钩舌、钩尾框进行磁粉检测时，要求工件检测区域表面的磁场强度至少为2000 A/m，且应能使粘贴于工件表面的A1—15/50型标准试片上的人工缺陷磁痕清晰、完整显示。

采用通电法和线圈法对钩体进行磁化时，磁化规范的确定方法为：周向磁化电流值按公式（8-5）计算，纵向磁化磁动势按公式（8-6）计算：

$$I = HD / 320 \tag{8-5}$$

式中 I——磁化电流（A）；

H——磁场强度（A/m）；

D——工件截面当量直径（m）。

$$NI=45000D/L \tag{8-6}$$

式中 N——线圈匝数；

L——工件长度（mm）；

D——工件截面有效直径（m）。

采用旋转磁场磁粉探伤机对钩体、钩舌、钩尾框进行磁化时，其磁化电流应通过粘贴于工件检测区域的A1—15/50型标准试片上人工缺陷磁痕的显示情况，以及工件表面检测区域的磁场强度的测试情况来确定。

6. 检测操作要点

（1）检测前准备：（同摇枕、侧架磁粉检测）。

（2）检测操作：（同摇枕、侧架磁粉检测）。

（3）磁痕评定：（同摇枕、侧架磁粉检测）。

7. 钩体、钩舌、钩尾框的检测部位

现阶段铁路货车用钩体的主型产品为17型车钩钩体，钩舌的主型产品为16H型车钩钩舌，钩尾框的主型产品为17型车钩钩尾框。新造和厂修16H型车钩钩舌的检测部位如图8-26所示；新造和厂修17型车钩钩体的检测部位如图8-27所示；新造17型车钩钩尾框检测部位如图8-28所示。厂修17型车钩钩尾框检测部位如图8-29所示。

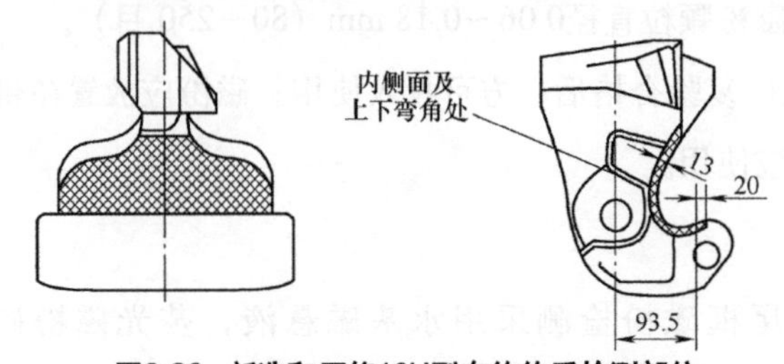

图8-26 新造和厂修16H型车钩钩舌检测部位

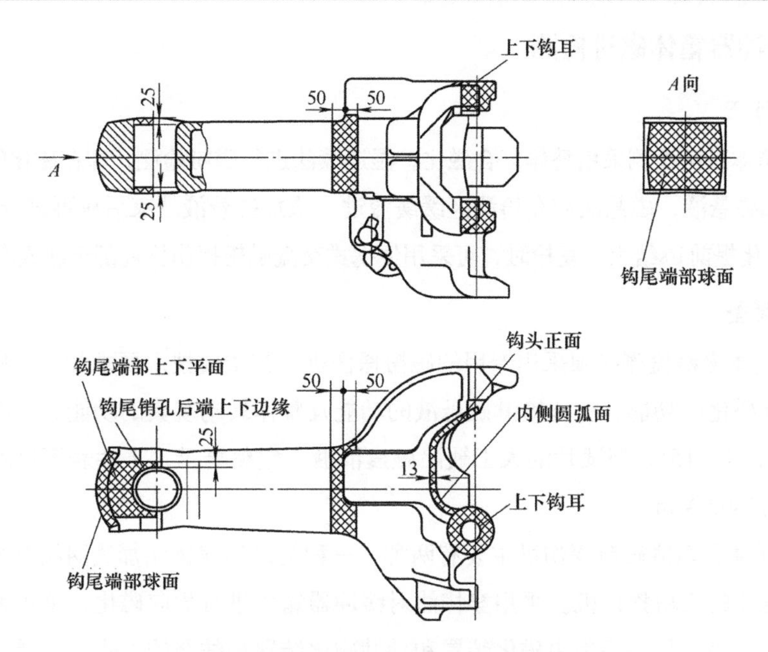

图8-27 新造和厂修17型车钩钩体检测部位

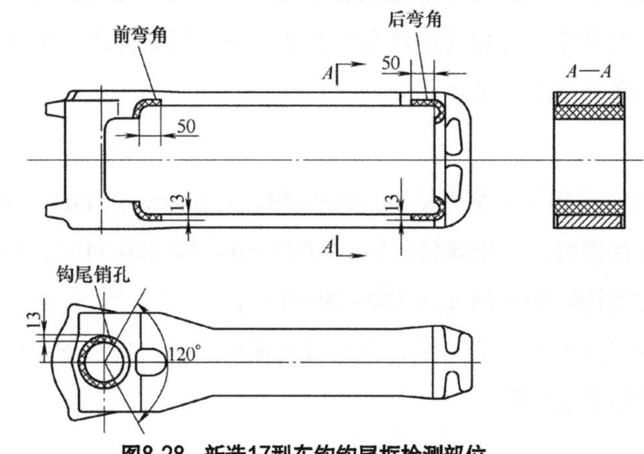

图8-28 新造17型车钩钩尾框检测部位

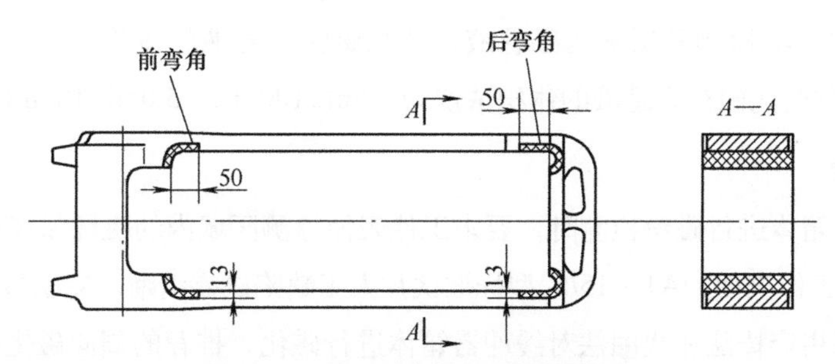

图8-29 厂修17型车钩钩尾框检测部位

8. 质量验收标准

按照相关技术标准执行。

8.7.4 缓冲器箱体磁粉检测

1. 检测方法

缓冲器箱体磁粉检测采用整体复合磁化，湿连续法进行磁粉检测，即在磁化的同时，用喷淋的方式施加磁悬液，磁悬液应在检测区缓缓流过，施加磁悬液结束后应再进行1~2次磁化，或使喷液较磁化提前1 s结束。复检时，可采用便携式交流磁轭探伤仪局部干法或湿法检测。

2. 检测装备

缓冲器箱体磁粉检测必须采用专用的磁粉探伤机，其主要技术要求如下：应具有对工件进行整体复合磁化的功能、整体喷淋磁悬液的功能及整体转动观察的功能。应能使粘贴于检测部位表面的A1—15/50型试片的人工缺陷磁痕清晰、完整显示。工件表面检测区域内的磁场强度至少为2400 A/m。

目前，缓冲器箱体磁粉探伤机主要有两种：一种是采用穿棒法加线圈法对缓冲器箱体进行整体复合磁化的磁粉探伤机。采用穿棒法对缓冲器箱体进行周向磁化，采用线圈法对箱体进行纵向磁化。另一种是采用主磁化装置和辅助磁化装置相结合的方式，对缓冲器箱体进行整体复合磁化的磁粉探伤机。其中主磁化装置采用穿棒法加线圈法对缓冲器箱体进行整体复合磁化，辅助磁化装置采用直接通电法和线圈法对缓冲器箱体进行整体复合磁化，目的是为了确保缓冲器箱体底平面的磁化效果。

3. 磁粉

整体复合磁化时采用湿法荧光磁粉，磁粉颗粒直径≤0.045 mm（≥320 目）。局部复检时可采用非荧光湿法磁粉，磁粉颗粒直径≤0.045 mm（≥320 目）。局部复检时可采用干法黑磁粉，磁粉颗粒直径0.06~0.18 mm（80~250 目）。

磁粉经使用单位入厂复验合格后，方可投入使用。磁粉应放置在带盖容器内保存，受潮结块或超过质保期的不应使用。

4. 磁悬液

缓冲器箱体磁粉检测采用水基磁悬液，荧光磁粉磁悬液的体积浓度为0.2mL/100mL~0.7mL/100mL；非荧光磁粉磁悬液的体积浓度为1.2mL/100mL ~ 3.0mL/100mL。

5. 磁化规范

在对缓冲器箱体进行磁粉检测时，要求工件表面检测区域内的磁场强度至少2400 A/m，且应能使粘贴于工件表面的A1—15/50型标准试片人工缺陷磁痕清晰、完整显示。

经测试，采用穿棒法和线圈法对缓冲器箱体进行磁化，推荐的周向磁化电流值为2000 ~ 2300 A；纵向磁化磁动势为4500 ~ 6500 A（安匝）。

6. 检测操作要点

（1）检测前准备：（同摇枕、侧架磁粉检测）。

（2）检测操作：（同摇枕、侧架磁粉检测）。

（3）磁痕评定：（同摇枕、侧架磁粉检测）。

7. 缓冲器箱体的检测部位

新造和厂修时需检测的缓冲器箱体型号主要有MT—2型、MT—3型。新造MT—2型、MT—3型缓冲器箱体的检测部位如图8-30所示。厂修MT—2型、MT—3型缓冲器箱体的检测部位如图8-31阴影部位所示。

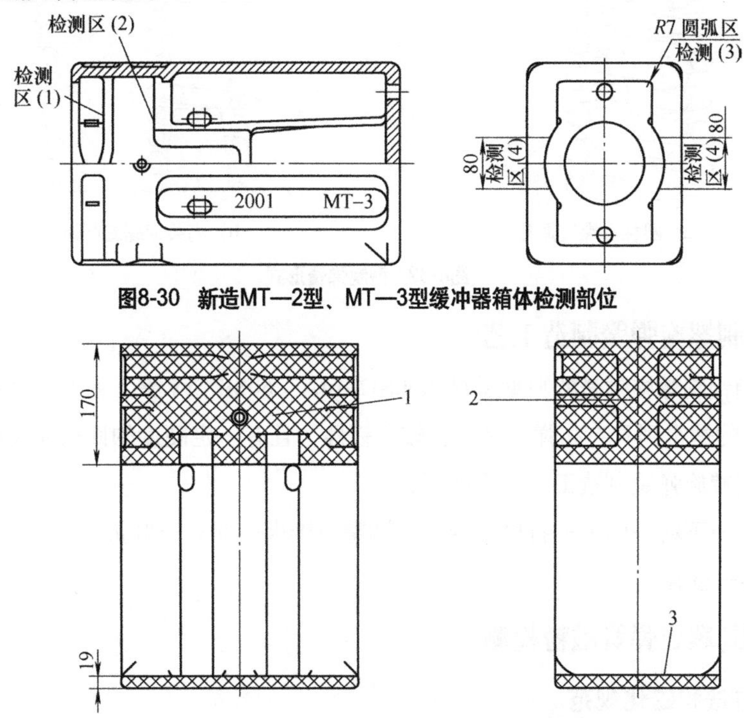

图8-30 新造MT—2型、MT—3型缓冲器箱体检测部位

图8-31 厂修MT—2型、MT—3型缓冲器箱体的检测部位

注：1~3为检测部位。

8. 质量验收标准

按照相关技术标准执行。

8.8 钢制螺旋弹簧磁粉检测

8.8.1 弹簧概述

轨道车辆转向架常用的弹簧主要有板弹簧、螺旋弹簧、橡胶弹簧和空气弹簧等，前两者为钢制弹簧。弹簧用于减小作用力和振动，防止脱轨，减小轮对和车体之间的振动和噪声。

（1）螺旋弹簧　是机车车辆弹簧悬挂装置中使用最广泛的一种弹簧，通常由圆形截面的弹簧钢棒卷绕而成，多呈圆柱形。它的制造简单、质量轻、成本低，但不具备内摩擦，因此需要外加减振器。一些新型的机车和客车转向架在螺旋弹簧两端加橡胶垫，可以增大弹簧轴向和横向的柔性，从而提高机车和客车的走行质量。

（2）圆柱形螺旋弹簧　如图8-32a所示，由圆钢棒制成。通过改变弹簧高度和簧条间距，可作为多级刚度弹簧使用。此类弹簧可作用于轴箱顶端或两侧。

（3）高柔度螺旋圆弹簧　如图8-32b所示，通过横向弯曲作用，结合弹簧功能与转向架构架的导向功能，在弹簧的回复力下，车体能够相对于转向架横向运动。此类弹簧广泛应用于机车。

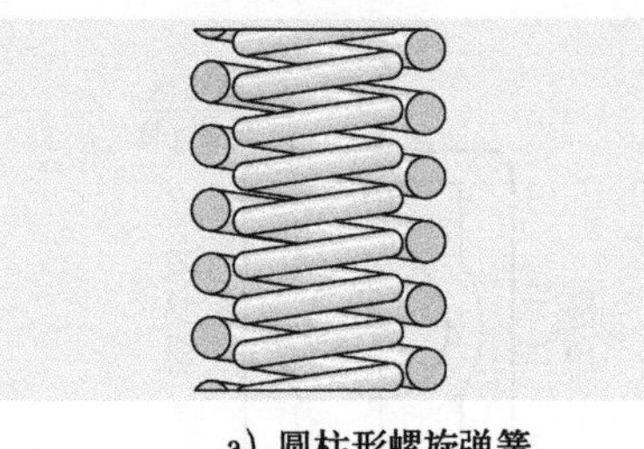

a）圆柱形螺旋弹簧

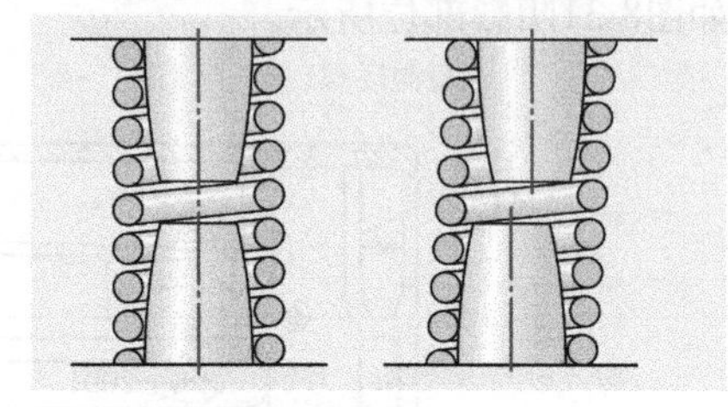

b）高柔度螺旋圆弹簧

图8-32　钢制弹簧形式

8.8.2 钢制螺旋弹簧制造工艺

轨道车辆钢制螺旋弹簧的典型材料为60Si2MnA、60Si2CrV等，采用淬火+中温回火的热处理工艺，目的是得到具有高弹性极限、较高韧性，且有一定硬度的回火屈氏体组织。

典型钢制螺旋弹簧制造工艺流程如下：

材料入厂→下料→碾尖→打磨→卷簧→调整→淬火→回火→磨簧→磁粉检测→试压配车→抛丸→油漆→包装

8.8.3 钢制螺旋弹簧磁粉检测

1. 磁化方法和磁化规范

（1）磁化总则　第一，弹簧的磁粉检测方法应针对潜在不连续的特征、形状和规格的大小、数量和检测速度要求等，选择合适的磁化方式和灵敏度验证方法。推荐使用材质和热处理状态相同的弹簧试件进行磁化验证，该试件应带有细微的人工或自然不连续。若采用标准试片进行磁化验证，应先证明该被检弹簧的磁特性与标准试片具有良好的匹配性。譬如，正火状态下的60Si2MnA。

第二，对常用铁磁性弹簧材质卷制的弹簧，推荐采用连续法；对于具有高矫顽力、高剩磁的弹簧，可使用剩磁法；接触良好下允许采用瞬时电流提高生产效率。

第三，无论采用何种磁化方式，采用何种电流，如：交流、直流等，被检区域的磁通密度应≥1.0 T，磁化切向场强应≥3 kA/m。

第四，通电磁化时，通电电流选择原则是在保证足够灵敏度条件下取其最小值，以保证弹簧与电极接触处不出现烧灼或击穿，防止弹簧过热和介质挥发。

（2）直接通电法　如图8-33所示，采用直接通电法对弹簧进行整体磁粉检测，以检测与弹簧线材轴向夹角<45° 的纵向不连续。

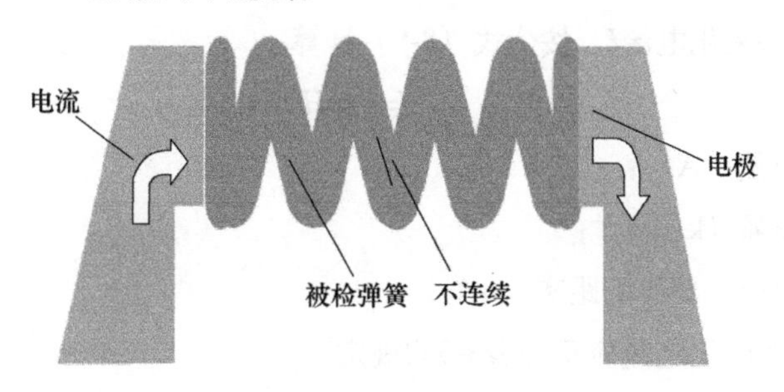

图8-33 直接通电法

第一，理论计算电流：所需磁化电流I，按公式（8-7）计算：

$$I = Hp \tag{8-7}$$

式中 I——磁化电流（A）；

H——切向场强（kA/m）；

p——弹簧线材周长（m）。

对于截面有变化的弹簧，只有当截面最大值与最小值之比小于1.5的情况下，才能用单一电流来磁化。以单一电流来磁化时，电流值应以最大截面来确定。

第二，常用参考磁化电流应符合表8-2的规定。

表8-2 直接通电法磁化电流参考范围

检测磁化方式	一般通电（6 s以上）	快速通电（3～6 s）	瞬时通电（1～3 s）
连续法/A	$10d$～$20d$	$15d$～$25d$	≥$20d$
剩磁法（弹簧钢）/A	$20d$～$30d$	$30d$～$40d$	—

注：d为弹簧材料直径，单位为（mm）。

（3）穿过导体法 如图8-34所示，采用穿过导体法对弹簧进行整体磁粉检测，以检测与弹簧线材轴向夹角≥45° 的横向不连续。

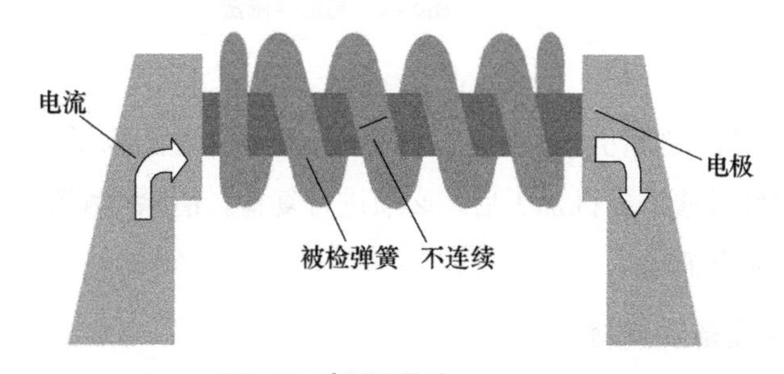

图8-34 穿过导体法

第一，理论计算电流：中心导体法所需磁化电流I，按公式（8-8）计算：

$$I = Hp \tag{8-8}$$

式中 I——磁化电流（A）；

H——切向场强（kA/m）；

p——弹簧中径周长（m）。

偏置导体法所需磁化电流I，按公式（8-9）计算：

$$I=4\pi dH \tag{8-9}$$

式中　I——磁化电流（A）；

H——切向场强（kA/m）；

p——弹簧中径与导体的距离（m）。

第二，常用参考磁化电流应符合表8-3的规定。

表8-3　穿过导体法磁化电流参考范围

名称	弹簧内径＜20 mm	100 mm≥弹簧内径≥20 mm	弹簧内径≥100 mm
磁化电流/A	500±50	40d~50d	采用导体偏置局部磁化方式 500

注：d为弹簧材料直径，单位为（mm）。

（4）局部导磁法　如图8-35所示，采用局部导磁法对弹簧进行局部磁粉检测，以检测与弹簧线材轴向夹角≥45°的横向不连续。

选择合适的磁化器，使被检弹簧表面区域切向场强达到磁化总则的规定。

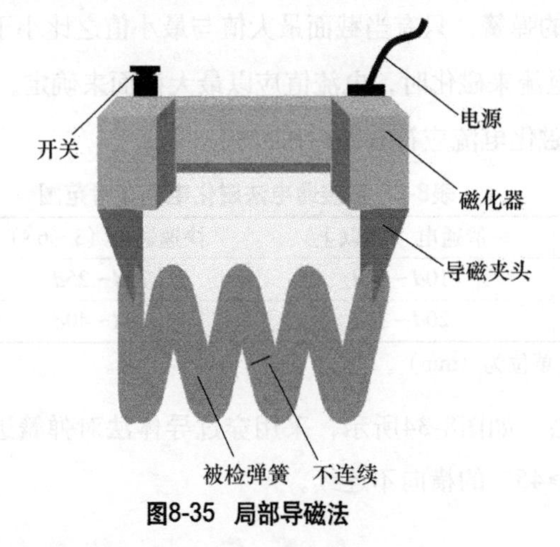

图8-35　局部导磁法

2. 检测规则

弹簧表面不应存在油污、尘垢等影响磁化及显示评定的物质。磁粉检测应在外观检查合格后进行。弹簧经过修磨或机加工后，必须进行复检，清除检测部位的相关显示时，须经磁粉检测确认其已完全消除。

3. 磁粉检测设备及器材

（1）磁粉检测设备　弹簧磁粉探伤机应具有手动和自动两种操作方式，用连续法进行磁粉检测时，磁粉检测设备应具备周向磁化、纵向磁化、复合磁化、自动退磁以及对弹簧表面喷淋磁悬液的功能。采用直接通电法磁化时应防止出现打火烧伤现象。用剩磁法进行磁粉检测时，交流磁粉探伤机应具备断电相位控制功能，以保证零件磁化后有足够并稳定的剩磁。直流和三相全波整流探伤机应配备通电时间控制继电器。采用荧光磁粉检测时，应配备波长为320~400 nm，中心波长为365 nm的紫外光源，被检工件表面紫外辐照度不应低于15 W/m^2（1500 μW/cm^2），环境白光照度不应大于10 lx。采用非荧光磁粉检测时，工件表面处的白光照度不应低于1000 lx。磁粉检测设备退磁效果应满足剩磁≤0.3 kA/m，磁化时间应可调。检测设备应经检定合格后才能投入使用，并定期进行计量检定。

（2）磁粉检测器材　白光照度计、紫外辐照计、磁强计等器材，应经检定合格后才能投入使用，并定期进行计量检定。

4. 检测介质

弹簧磁粉检测主要选择湿法用磁粉，磁粉粒度下限直径为1.5 μm，上限直径为40 μm。磁悬液的载液可采用水、无味煤油或煤油与变压器油的混合物，它应具有防锈、润湿、消泡能力，并且对人体无害、挥发性低、闪点高等特性。油基载液磁悬液的闪点（开口法）需书面告知。磁悬液粘度在（20±2）℃时不应高于5 mPa·s。磁悬液的磁粉与载液的比例为：非荧光磁粉磁悬液15~30 g/L；荧光磁粉磁悬液1~3 g/L。体积浓度的要求一般为：荧光磁悬液0.2mL/100mL~0.6mL/100mL；非荧光磁悬液：1.2mL/100mL~3.0mL/100mL。将磁悬液充分搅拌均匀后，用锥形长颈沉淀管接取从喷嘴喷出的磁悬液100 mL，水基磁悬液静置沉淀30~35 min，油基磁悬液静置沉淀40~45 min后，读出长颈沉淀管中磁粉的体积量。

在检测过程中，将有大量磁粉和载液被工件表面带走，使浓度发生变化，为保证在整个检测过程中，磁悬液浓度始终处于规定的范围内，检测人员应根据磁悬液循环系统的具体情况（主要是磁悬液箱的大小）及检测工作量大小对磁悬液浓度变化情况进行测试，评价在整个检测过程中，磁悬液浓度控制的可靠性，并据此确定开工前浓度调整的理想范围，以及在检测过程中，磁悬液调整或监控频次。另外，由于受到作业环境落尘及工件表面清洁度等多种因素的影响，磁悬液将会受到污染，性能降低，为此应根据季节变化、作业环境及检测工作量的大小，来评价磁悬液的清洁程度，以确定磁悬液的更换周期。在正常生产条件下，磁悬液的最长更换周期不得超过七天。另外，在磁悬液浓度测试过程中或在检测过程中，如发现因磁悬液受到污染，影响缺陷显示时，必须更换磁悬液。磁悬液污染检查可按以下方法进行：对于非荧光磁粉磁悬液，在白光下观察时，如果磁悬液浑浊、变色、被杂质污染，磁粉的辉度或颜色明显减弱而影响缺陷显示时，则说明磁悬液已污染；对于荧光磁粉磁悬液，在紫外光下观察时，如果磁粉沉淀管中沉淀物明显分为两层，若上层（污染层）发荧光，它的体积超过下层（磁粉层）体积的50%时，说明磁悬液已污染。另外在紫外光下观察沉淀物之上的液体，如明显发荧光，或在白光下观察时，发现磁悬液已经浑浊、变色甚至结块，都说明磁悬液已污染，应更换新的磁悬液。

5. 检测要点

弹簧磁粉检测的工艺过程主要包括检测前准备、检测操作、显示评定三个步骤。检测前准备主要目的是：检查并确认检测设备运行状况，调整并测量磁悬液沉淀浓度，测量检测系统光照条件，调整磁化参数，进行系统综合灵敏度试验，以及对检测部位的状态进行检查等相关内容。在连续法磁粉检测操作过程中，检测人员应密切关注磁化规范及喷液状态，确保每个工件都能得到有效磁化，且磁悬液能充分润湿全部检测面，尤其要注意是否有冲刷显示及磁悬液积存现象的存在。

弹簧经磁粉检测合格后，应逐个进行退磁。退磁后，应逐个使用磁强计在距检测设备1 m以外进行剩磁测量，其剩磁应不超过0.3 kA/m。

6. 显示识别

（1）相关显示　其特征为磁痕显示清晰，呈直线状、曲线状或网状密集。其相关缺陷类型可能是裂纹、折叠、划痕、发纹、焊接疤痕及腐蚀坑等。

（2）非相关显示　其特征为松散带状或棱角线上。其可能是因弹簧截面变化、加工硬化、材料成分偏析等引起的。

（3）相关显示缺陷判定　相关显示的缺陷类型的最终判定，还需表面酸蚀试验或金相显微镜观察和定量测试。

7. 质量标准

弹簧不允许存在任何相关显示。

9　磁粉检测质量控制与安全防护

9.1 磁粉检测质量控制

9.1.1 概述

磁粉检测工艺质量的作用因素除了操作者的能力、磁粉检测材料有效性的控制、检测设备与仪器的校验、观察光源的控制外，还包括工艺文件编制质量、检测时磁化方法与磁化规范的选择、工艺步骤的操作过程控制等多个方面，归纳起来，即人、机、料、法、环、测六个方面。实际工作中，应对这六个方面分别进行控制。

9.1.2 人员资格控制

磁粉检测是一种常用的无损检测手段，对确保产品质量具有重要作用。磁粉检测应用的正确性和有效性，即磁粉检测工艺质量控制，在很大程度上取决于对检测人员的能力的控制。对检测人员能力的控制是通过人员资格鉴定与认证过程完成的。

按照EN 473/ISO 9712、GB/T 9445的规定，检测人员的资格等级共分为：1级、2级、3级。国外有的标准中把人员资格等级分为5级或6级，把教师、审核员也归纳进去。

各级人员只能从事与该等级相对应的工作，管理者还应定期对检测人员能力进行评定，一般每年进行一次。

从事磁粉检测的人员应定期进行视力检查，视力检查的周期一般要求每年检查一次。

9.1.3 设备与仪器控制

检测设备及仪器、试块、磁粉须经检测合格后方可投入使用。

磁粉探伤机附属的电流表和电压表、磁轭式磁粉探伤机、磁强计、特斯拉计、光照度计、紫外辐射照度计、托盘天平等须进行计量检定或校准。校验周期如表9-1所示参考表。

检测设备的精度和质量要求应满足工艺要求，其检测准确度一般为工艺允许误差的1/3~1/10。

（1）电流载荷实验　电流载荷实验的目的在于验证该磁粉探伤机所能达到的最大电流与最小电流。一方面是对磁粉检测工艺编制时所规定的最大与最小电流起验证作用；另一方面，是防止超出使用设备额定磁化电流损坏磁粉探伤机。

（2）内部短路检查　内部短路检查的目的是验证该磁粉探伤机是否存在内部短路。磁粉探伤机如果出现内部短路，会使得磁化时产生旁路电流，该电流对磁化效果不产生作用，导致磁化效果达不到预期目的，造成磁粉检测时工件的成批漏检，后果极为严重。

（3）通电计时器校验　为了准确控制磁粉检测时磁化电流的持续时间，磁粉探伤机应安装通电计时器。计时器至少每6个月校验一次，计时器的最低精度要求一般为±0.1 s。

（4）快速断电试验　快速断电试验的目的是验证磁粉探伤机突然切断磁化电流，使迅速消失的磁场在工件中感生低频涡流，以克服线圈纵向磁化时的端部效应的试验。快速断电试验仅限于在三相全波整流电时采用。磁粉探伤机快速断电性能是否正常，对端部横向缺陷的检出有重要影响。快速断电试验一般采用快速断电试验器进行，也可以采用具有记忆功能的示波器进行测试。

磁粉探伤机的快速断电实验，一般应每6个月进行一次。

（5）电流、电压表的校验　磁化电流是磁粉检测工艺过程中需控制的重要工艺参数，电流表校验的目的在于验证磁粉探伤机上两夹头间通过的电流大小与显示的电流大小两者的差异（偏差）。

（6）便携式电磁轭提升力　校验磁轭最常用的方法是测试其提升力。磁轭提升力是磁铁借助其磁性吸力，可提升某一重量的钢块的能力，它表示只要对某一物件有足够提升力就会有足够磁化力。一般美国标准规范和国内标准均推荐用提升力测试作为校验方法。而欧洲特别是德国的观点，磁轭并非是一种提升器具，而且单用提升力来评价磁化力是片面的。但由于提升力测试法使用起来简单，提升力大的磁轭要比提升力小的磁轭磁化力强，为此欧洲设备标准（EN ISO 9934—3）对此作了处理，规定对磁轭的磁化力用磁场强度H_t的量值表示，而提升力测试可作为现场校验磁化力的方法。

便携式电磁轭的磁化能力一般用试块提升力来衡量。提升力试块的重量应控制在标称重量的3%以内。

（7）磁强计校验　用于测量剩磁的磁强计的最低精度应在±0.5 Gs或±0.05 mT。

（8）光照度计校验　用于测量黑光灯与白光灯强度的精度应在±5%或±10%范围内。

（9）特斯拉计与高斯计校验　测量磁化时零件表面的磁场大小的特斯拉计与高斯计，其最低精度要求一般为±10%。

9.1.4 材料有效性控制

磁粉检测常用的辅助器材有反差增强剂、干检测介质、有机载液、水基磁悬液、有机磁悬液以及A型标准试片、E型、B型试块、纵向试块，以及用于磁粉、磁悬液在役检测的参考试块等。这些辅助器材在购进时，必须取得符合相应规范要求的合格证或合格证明文件。

（1）磁悬液浓度　应每日开工前进行测试。磁悬液浓度可采用100 mL梨形沉淀管测定。取样前，磁悬液应至少搅拌30 min，以保证可能沉淀在液槽中筛网、侧壁和槽底的磁粉完全混和。测试方法如下：

1）首先启动循环泵打开喷枪至少30 min使槽液均匀稳定，取100 mL使用中的磁悬液样品注入梨形沉淀管中。

2）将样管垂直，然后使之静置60 min（使用油基载液）或30 min（使用水磁悬液）。

3）水平读取管中沉淀磁粉的体积，即为磁悬液容积浓度。

（2）磁悬液污染测试　磁粉检测过程中，由于载液因化学作用而使品质下降，或者因磁粉探伤机循环泵的旋转力以机械方式引起品质下降。特别是荧光磁粉品质下降后可导致灵敏度降低，而使荧光本底增强。脱落的荧光染料可能造成假显示而干扰检测。为使磁痕与本底亮度保持相对恒定的水平，应将荧光磁粉的亮度保持在规定的范围内。对比度的变化能明显地影响检测效果。对比度不足通常是由下列情况引起：①载液中污染水平增加导致本底荧光增加。②因蒸发作用使载液损耗导致浓度升高。③荧光磁粉荧光衰减。使用带有刻蚀面的环形试样可以观察对比度的变化情况。

磁悬液污染包括载液污染和磁粉污染两种情况：

1）载液污染　载液污染有两种形式：载液本身变质（如：时间太久发生异味或技术指标下降）和异物侵入（如：粉尘、铁屑及纤维头侵入等）。

对于荧光磁悬液，磁粉沉淀后的载液应在黑光下检查，载液将会显示出轻微的荧光。其颜色可以通过采用相同材料配制的新鲜样品进行比较，或同初始配制并保存的未使用过的样品进行比较。如果使用过的样品与对比样品相比有明显的荧光，则磁悬液必须被更换。

2）磁粉污染　磁粉污染主要是长时间使用形成磁粉剩磁吸引及荧光磁粉包裹的染料脱落等。

在黑光（对荧光磁悬液）和可见光（对荧光磁悬液和非荧光磁悬液）下检查梨形管上刻度部分是否存在分层、条带或颜色差异，如果有则表示磁悬液被污染，若污染体积（包括分层、条带）超过沉淀磁粉体积的30%时或载液明显呈荧光，应更换磁悬液。

应定期检查荧光磁悬液和非荧光磁悬液的污染情况，如：灰尘、碎屑、油脂、型砂、松散的荧光染料、水分（对于油磁悬液）和磁粉团聚，上述污染将影响磁粉检测工艺的性能。每次配置新磁悬液时，应取至少200 mL样品装瓶并存放于避光处，用于亮度对比。测试方法是：①首先启动循环泵打开喷枪至少30 min，使槽液均匀稳定，取100 mL使用中的磁悬液样品注入沉淀管中。②将样管退磁，然后使之静置60 min（使用油基载液）或30 min（使用水磁悬液）。③在黑光与白光灯检查梨形管中的沉淀磁粉是否有分层、夹层或颜色的差异，如果有则表示磁悬液被污染。

磁悬液污染控制包括如下要求：①污染的总容积应不超过沉淀的磁粉容积的30%。②磁粉的荧光亮度或颜色不能有明显的降低。③对于荧光磁悬液，混浊的载液达到梨形管5~25 mL的标记处时，这种不透明的载液是不合格的。④对于荧光磁悬液，如果磁悬液呈乳白色或蓝白色，表明被油或润滑脂污染，载液不合格。

（3）磁粉、磁悬液的在役检测　当购进磁粉或需要时应进行磁粉、磁悬液在役性能、颜色检测。磁粉、磁悬液在役检测采用1型或2型参考试块。

对于1型参考试块（见图9-1），当使用某种磁粉或配制磁悬液时，用该试块实验确定该磁粉或磁悬液的磁粉显示，并注意观察磁粉的颜色，与制造商提供的参考磁粉显示照片相对照。当二者的显示一致，则该磁粉或磁悬液是合格的；否则为不合格，应更换磁粉。当需要检验使用中的该种类磁粉、磁悬液或其他种类的磁粉、磁悬液时，也可用该试块实验确定的磁粉显示与参考磁粉显示进行对照。如果二者的磁粉显示基本一致，则该磁悬液合格，如差距太大，则应认为磁悬液不合格，应重新配制磁悬液。

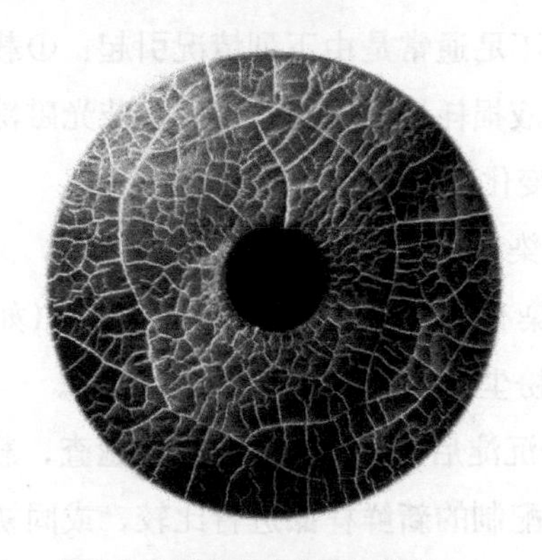

图9-1　1型参考试块显示效果

2型参考试块，如图9-2所示。同1型参考试块一样，当使用某种磁粉或配制磁悬液时，用该试块实验确定左右两侧的磁粉显示的累计长度（应实验3次取其平均值），并注意观察磁粉的颜色，与制造商的参考报告进行对比。如果二者差距甚大，则不合格，应重新配制磁悬液。2型参考试块具有定量特性。

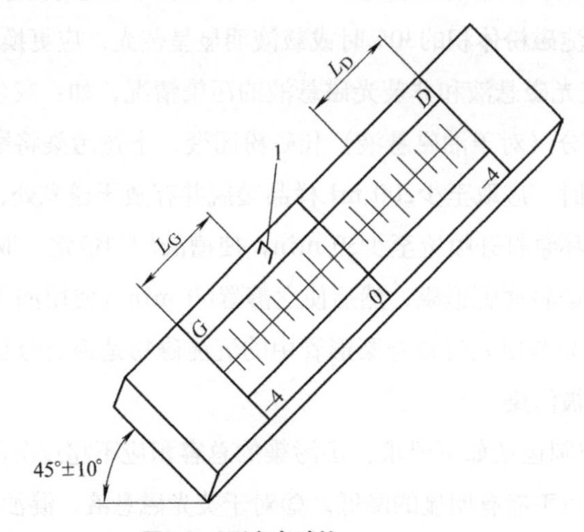

图9-2　2型参考试块

注：1为喷射方向，L_G为左侧显示长度，L_D为右侧显示长度。

（4）水断实验　水基磁悬液应具有良好的湿润性、分散性和防腐蚀性。水断实验方法是将试件（其表面状态与所检零件相同）浸没在磁悬液中，取出后观察被测物体表面的液体薄膜的连续状态。如果被测试件表面的液体薄膜是连续不断的，在整个被测物体表面连成一片，说明该试件表面对测试液体的润湿性能相对良好；如果被测物体表面的液体薄膜分片断开，有裸露表面，即水断表面，说明试件表面的润湿性相对不足。

如果试件磁悬液薄膜间断，零件部分表面裸露，而且磁悬液在零件表面形成许多分开的液滴，则说明需要添加湿润剂。一般说来，湿润光滑表面比粗糙表面需更多的湿润剂。

9.1.5 系统综合性能实验

在初次使用探伤机及每班检测开始前应进行磁粉检测系统灵敏度性能实验，以验证检测规程或磁化技术或检测介质的符合性。

最可靠的综合性能实验是检测一个含有已知的自然或人工不连续类型、位置、大小和分布情况的、具有代表性的工件。被检工件应已退磁，并没有以往检测所残留的显示。

通常可采用下述方法进行综合性能实验：

（1）自然缺陷样件　用一个含有已知的自然缺陷样件，而这些自然缺陷的类型、位置、大小和分布已进行了记录（照相或其他记录方式），则可用于综合性能实验。如果样件上的已知缺陷与记录比较能清晰显示，则综合性能实验合格。

（2）A型标准试片　擦去试片上的防锈油，用胶带纸将试片有槽的一面分别紧贴在工件检测区域（四边贴紧）磁场最弱的地方进行校验。检测完毕后，试片上的人工缺陷痕迹应完整、清晰显示。

9.1.6 文件记录与工艺方法控制

(1) 文件与记录控制　磁粉检测前必须根据上级标准或客户规范要求，编制详细的磁粉检测规程与工艺图表（工艺卡）。

由于磁粉检测规程与工艺图表的编制是否正确和完善对检测结果有着决定性的影响，因此所编制规程与工艺图表，在满足上级标准或客户规范要求的前提下，既要保证具有最佳的实验条件，还应确保操作的可重复性，并能始终如一地达到要求的实验结果和质量级别。磁粉检测规程与工艺图表应由本专业2级资格以上的人员进行编制，审核应由本专业3级人员来完成。

此外，对磁粉检测文件的控制还应注意以下几个方面：如果文件为外来文件，应对其标识并控制其分发，同时还应确保对文件版次的可追踪性，当文件有换版或更改时，能及时得到最新的文件。如果是内部文件，则应严格履行审签手续，并且在发布前进行必要的评审。磁粉检测工作现场应能够得到相关文件的有效版本，应保证文件清晰、易于识别，失效和作废的文件应从工作现场及时撤出，以防止其误用。

检测记录是一种特殊类型的文件，检测记录可能是原始记录，也可能是检测报告。磁粉检测后应对检测结果及时记录，检测记录应能够追踪到具体的零件。检测记录的内容应准确、真实，不能存在歧意。检测记录的填写，应书写工整、内容填写正确完整，签署齐全。检测记录应按质量体系要求进行归档保存，并在保存期内确保完整，随时备查。

（2）工艺方法控制　磁粉检测工艺方法控制要素包括：磁化电流、磁化方法、磁场强度与检测方法四个方面。

磁化电流控制：关键在于所要求检测的缺陷是表面缺陷，还是近表面缺陷。当要求检测表面裂纹，如疲劳裂纹时，采用交流电是适合的，如果要求检测夹杂等近表面缺陷，则应首先考虑使用直流电，对于带有镀层或涂覆层零件的检测，也应考虑使用直流电。

磁化方法控制：关键在于磁化方向的选择，当零件中缺陷取向未知时或零件有特殊要求时，为了确保任何方向缺陷的检出，每个零件应至少在两个相互近似垂直的方向进行磁化。根据零件的几何形状，可采用两个或多个方向的磁化，或采用复合磁化。磁场方向是否合适，可采用人工刻槽试片来确认。

磁场强度控制：关键在于使需要检测的缺陷能够产生可识别的磁痕，为使磁痕具有一致性，零件表面的磁感应强度应被控制在合理的允许范围内。影响磁场强度的因素有零件的尺寸、形状、材料以及磁化技术。由于这些因素变动范围很宽，所以对某一具体的零件外形在确定所施加的磁场强度时需作出综合的考虑。磁场强度的确定通常可以采用特斯拉计或高斯计进行测试或采用人工刻槽试片估计，也可以根据材料的磁特性曲线加以选择，对于形状简单的零件，可根据经验公式进行计算。磁场强度是否足够，应在首次检测前，通过使用特斯拉计或高斯计、人工刻槽试片来确定。

检测方法控制：应根据检测的灵敏度要求、检测效率、材料的磁性、可检性进行综合考虑，一般而言，连续法检测具有最高的检测灵敏度，因此对于细小缺陷的检测，应优先采用连续法。但是，连续法的检测效率低于剩磁法，当检测灵敏度要求不高，且剩磁足够时，可考虑采用剩磁法。此外，对于带螺纹零件螺纹根部的检查，由于使用连续法时磁痕观察判断困难，应考虑采用剩磁法进行检测。

9.1.7 检测环境的控制

1. 光照度控制

（1）白光照度测试　当采用非荧光磁粉检测时，应对用于观察评判的白光光源照度进行定期测试。

白光照度测试实验方法如下：①打开白光灯，使之预热至少15 min的时间。②打开光度计的电源开关，将光度计探头放置在需测试的位置并使探头直接正对光源。③读数并记录结果。

（2）紫外光辐照度测试　当采用荧光磁粉检测时，应对用于观察评判的UV—A源辐照度进行定期测试，当灯泡更换后也必须进行检查。UV—A源辐照度测试采用紫外辐照计。测量时，还应检查滤光片是否划伤、漏白光、损坏以及配合不良等情况。测试方法如下：①打开UV—A源使之预热至少15 min的时间。②关闭所有的白光光源。③分别将紫外辐照计和白光照度计探头放在距滤光片表面400 mm处且直接对着光线，测试紫外辐照度和白光照度值。④读数并记录结果。

2. 环境条件

（1）环境温度　环境温度对磁粉检测质量的影响主要体现在载液的粘度上，如果不能够证明所用的磁粉检测载液在室温工作条件下能够满足规范对载液粘度的要求，应对环境的温度进行控制并记录。

（2）现场管理　在生产现场，除保持环境干净、整洁以外，还应分区域或采用零件架的形式，对待检零件、合格零件、不合格零件、返修零件进行识别，尤其对不合格零件要进行严格的控制，以防止其混入合格零件中。零件的存储应采取适当的方法避免其被损伤或污染，同时还应对不合格零件加以识别与控制。

9.1.8 质量控制周期

磁粉检测的质量控制周期如表9-1所示。所有工艺质量控制记录应在测试后及时记录归档保存，以便随时备查。

表9-1　磁粉检测质量控制项目表

序号	测试项目	测试周期		
		ASTM 1444	NB/T 47013.4	CNAS—CL14
1	电流载荷检查	6个月	—	每年
2	内部短路实验	—	—	每年
3	计时器校验	6个月	—	每年
4	快速断电实验	6个月	—	—
5	安培表读数校验	6个月	6个月	6个月
6	便携式电磁轭实验 提升力/试块	6个月	6个月/或损坏	6个月
7	磁强计校验	—	一年	一年
10	辐射度计/光照度计校验	6个月	一年	一年
9	特斯拉计与高斯计校验	6个月	一年	一年
10	磁悬液浓度测试	10h或每次更换	每次检测前	—
11	磁悬液污染测试	每周	每周	—
12	磁粉、磁悬液在役性能实验	—	—	—
13	水断实验	每天	每次检测前	—
14	系统综合性能实验	每天	每次检测前	每次检测前
15	白光照度检查	每周	—	每次检测前
16	白光照度检查/紫外辐照度	每周/每天	—	每次检测前

9.2 安全防护

9.2.1 概述

《中华人民共和国安全生产法》强调安全生产工作应当以人为本，坚持安全发展，坚持安全第一、预防为主、综合治理的方针，强化和落实生产经营单位的主体责任，建立生产经营单位负责、职工参与、政府监管、行业自律和社会监督的机制。

由于磁粉检测工艺过程需要接触电流、磁场、紫外线、铅蒸气、溶剂和粉尘，操作有可能在高空、野外、水下或装过易燃易爆材料的球罐中，所以磁粉检测人员必须了解并掌握有关磁粉检测工艺过程的安全防护知识，既要安全地进行磁粉检测，又要保护自身不受伤害，避免出现设备和人身事故。

事故的发生绝不是偶然的，必然有其深刻原因。要避免事故的发生，就必须首先了解和认识磁粉检测工艺过程中可能存哪些危险因素或危险源，即必须能够正确辨识危险源。

影响事故发生的因素是多方面的，其中既有人的不安全行为，也有物（设备、器材）的不安全状态，同时也可能是不安全的环境因素以及管理因素。

人的不安全行为通常是违反操作规程或不熟悉操作规程引起的，如操作错误、注意力分散、未戴防护用品等，它是事故的重要致因。物的不安全状态是指防护、保险、信号等装置缺乏或有问题，如设备保养不当、设备失灵、防护用品不符合安全要求等。不安全的环境因素通常包括工作环境不良，即照明、温度、通风、采光等方面的问题。管理的问题是指安全管理措施不到位、监督不力等。

一般而言，磁粉检测工艺过程中的危险因素包括如下几个方面。

9.2.2 机械与操作安全

机械产生的危害是指在使用机械设备过程中，可能对人的健康造成损伤或危害的根源或因素。主要形式有夹挤、刺伤、飞出物打击、碰撞或跌落等。

磁粉检测过程中可能涉及到的机械与安全因素主要包括以下几个方面：

（1）机械夹伤与碰伤　在操作固定式磁粉探伤机或专用磁粉检测系统时，由于自身操作不当或未遵守安全操作规程，磁粉探伤机的夹头机械运动，可能对手指造成夹伤。在操作大型工件时，由于搬运不当或工件夹持不稳，工件发生脱落，可能对人体、人手臂或脚造成碰伤。气压和液压部件失效时，也会引起伤害事故。

（2）高空坠落与滑落　大型工件，特别是临时性支撑物可能在检测时移动或在提升时坠落。此外，操作者应注意在吊索/铰链下或头座/尾座与制件间对身体某一部分造成伤害的可能性。当在高空作业时，由于磁悬液的流淌，在有磁悬液的湿滑的地面存在产生的滑倒与坠落的可能。如在野外或工厂的大型构件上工作，从脚手架或梯子上坠落。

（3）粉尘飞入　当从制件上吹出或在垂直面和顶面工作施加磁粉时，以及用压缩空气清理被检制件表面时，磁粉，特别是干磁粉，以及灰尘、铸造用砂、铁锈、轧屑会进入眼睛和耳朵。干磁粉容易被人吸入，推荐使用呼吸器。

9.2.3 电气安全

磁粉检测过程涉及到磁粉探伤机、退磁机、紫外灯等仪器设备的使用与操作，在操作这些仪器设备时，存在设备漏电并产生电气事故的可能，磁粉检测过程中油基载液与通电产生的电弧作用，存在发生火灾的隐患。磁粉检测过程中的电气安全，可分为触电事故、电磁辐射事故、紫外辐射危害、电气火灾等几个方面。

1. 触电危害

触电事故是电流的能量直接或间接作用于人体造成的伤害。当人体接触带电体时，电流会对人体造成程度不同的伤害，即发生触电事故。磁粉检测中产生触电事故主要分为电击和电伤两类。

（1）电击　电击是指电流通过人体时所造成的身体内部伤害，它会破坏人的心脏、中枢神经系统和肺部的正常工作，使人出现痉挛、窒息、心颤、心脏骤停等症状，甚至危及生命。在低压系统通电电流不大、通电时间不长的情况下，电流引起人体的心室颤动是电击致死的主要原因。在通电电流较小和通电时间较长的情况下，电流会造成人体窒息而导致死亡。一般人体遭受数十毫安工频电流电击，时间稍长即会致命。

绝大部分触电死亡事故都是由电击造成的。磁粉检测过程中可能发生电击的因素如下：①磁粉探伤机整机绝缘电阻不应小于2 MΩ，保证设备在无短路和接线无松动时使用，尤其使用水磁悬液时，绝缘不良会产生电击伤人。②使用冲击电流法磁化时，不得用手接触高压电路，以防高压伤人。③在使用便携式磁粉探伤机进行现场或野外操作时，由于电源电缆破损或设备外壳漏电，也有发生电击伤害的可能。

（2）电伤　电伤是指由电流的热效应、化学效应及机械效应对人体造成的伤害，包括电能转化成热能造成的电弧烧伤、灼伤、高温烫伤等。电伤可伤及人体内部，但多见于人体表面，电伤多数是局部性伤害。

磁粉检测中产生的电伤可分为以下几种：

1）电弧烧伤　当电气设备的电压较高时产生的强烈电弧或电火花会烧伤人体，甚至击穿人体的某一部位，使电弧电流直接通过内部组织或器官，造成深部组织烧死。

磁粉检测中常见的电弧烧伤是在使用通电法或触头法时，当工件与夹头或触头接触并施加磁化电流时，由于接触不良，与电接触部位有铁锈和氧化皮，或使用触头带电时接触工件或离开工件，都会产生电弧打火。火星飞溅，有可能烧伤检测人员的眼睛和皮肤，甚至烧伤工件。

电弧烧伤引起的症状是皮肤发红、起泡，甚至皮肉组织破坏或被烧焦。电弧烧伤一般不会引起心脏纤维性颤动，常见的是人体因呼吸麻痹或人体表面的大范围烧伤而死亡。

2）电灼伤　电灼伤又叫电流灼伤，是人体与带电体直接接触，电流通过人体时产生的热效应的结果。磁粉检测时，如果人体与带电体接触，例如：接触漏电的电源电缆或磁粉探伤机外壳，此时的接触面积一般较小，电流密度可达很大数值，又因皮肤电阻较体内组织电阻大许多倍，故在接触处产生很大的热量，致使皮肤灼伤。

（3）高温灼烫　当工件进行轴向通电法磁粉检测时，如果电流过大会使工件发热，严重的情况下工件表面将达到上百摄氏度，如果操作者直接用手指接触工件，手指会被高温灼烫。

通常黑光灯都会发热，温度甚至高达130 ℃，皮肤在此温度下与灯泡或滤光片接触，将产生严重的烧伤。

2. 电磁辐射危害

在交流电的周围，存在着相互作用的交变电场和磁场，这就是电磁场。所谓电磁辐射就是电磁场的能量以电磁波的形式向周围空间传播的过程，它包括电离辐射（如：X射线、γ射线）和非电离辐射（如：无线电波、微波、红外线和紫外线等）。人们通常所说的电磁辐射一般指非电离辐射。当电磁辐射超过人体或仪器设备所允许的安全辐射量时便形成电磁污染，尽管有广泛的研究，但到目前为止没有证据可以确认在低强度电磁场下的暴露对健康造成影响，但电磁污染带来的危害还是不容低估的。

在当今社会，我们每个人都生活在电磁辐射之中，如打电话、看电视都会受到一定的电磁辐射。所以说，我们只要正确认识并做好充分的保护措施，就能把电磁辐射减少到人体能够承受的最低程度。

3. 紫外辐射危害

紫外辐射是指单色分量的波长小于可见光而大于1 mm的辐射。根据国际照明学委员会的规定，将紫外辐射的频谱范围分类UV—A（320~400 nm，又称黑光或长波紫外线）、UV—B（280~320 nm）和UV—C（100~280 nm）三个波段。其中，UV—A紫外光是无害的，主要是UV—C、UV—B波段的紫外线易对人体造成伤害。国外最新的研究表明，在UV—A辐射下进行多年的磁粉检测，其危险性还比不上在阳光情况下几天的野外日光浴。

磁粉检测所用的黑光灯一般产生的是一个较宽波长范围的辐射，包括紫外线、可见光和红外频谱。通过紫外滤光片过滤后，仅留下UV—A部分。滤光片过滤掉UV—B和UV—C波段的紫外线。人体皮肤在接触了UV—C波段的波长后将发生反应并有致癌的可能；UV—B波长的紫外线对人体也是有害的，接触后，一种情况是使皮肤产生红斑，另一种情况是使眼睛产生角膜炎。

紫外光能对眼睛和皮肤造成伤害。使用黑光灯工作时应注意操作人员不应使眼睛曝露在紫外线下，人眼也应避免直视黑光光源，防止造成眼球损伤。磁粉检测过程中应经常检查滤光片，不准有裂纹，有裂纹的滤光片应及时更换。磁粉检测人员在检测时，应戴上相应的防护眼镜。

9.2.4 磁粉检测器材的安全使用

1. 油基载液

一般而言，用于湿法磁粉检测的载液可以是油基载液、水载液和特殊用途的载液（如：乙醇、重油、 聚合物等）。油基载液的最大缺点是它可能引发火灾，其次是可能产生皮肤刺激，严重的会使操作者产生皮炎；此外，油基载液还会散发出刺鼻的气味。

2. 水基载液

水基载液中的添加剂会对人体造成一定的影响，其所含的润湿剂可以去除油脂与油膏，对皮肤具有一定的去污作用，但长期使用有可能会除去皮肤中的油脂，引起皮肤的干裂或刺激，所以磁粉检测人员应戴防护手套，并避免磁悬液进入人的口腔和眼睛。除了水以外，几乎所有化合物都会刺激眼睛，另外由于许多材料可能会与口腔、喉和胃的组织起反应，所以应通风良好，避免溶剂蒸气吸入太多。

3. 铅衬垫

采用通电法或触头法对工件进行通电磁化时，为了增大电极与工件的接触面积，减少烧伤零件的可能性，要使用到铅垫或铜衬垫。由于铅的熔点较低，通电时如果接触不良或电流过大也会产生打火，导致铅垫会熔化并产生铅蒸气。检测人员如果不小心吸入了铅蒸气，将会引起一系列的危害，铅蒸气轻则使人头昏眼花，重则使人中毒。因此只有在通风良好时才准使用铅皮接触头，并尽量避免产生电弧打火。

9.2.5 防火防爆安全

一般情况下，液体主要用闪点的高低来衡量其可燃性。磁粉检测所用的易燃性化学品主要是油基载液、特殊用途的载液和反差增强剂，如磁粉检测——橡胶铸型法中所用的乙醇载液。

当可燃化学品遇到明火或接近炽热物体时，其表面形成的蒸气与空气的混合物会发生瞬间火苗或闪光，这种现象称为闪燃。

闪点是指易挥发可燃物质表面形成的蒸气与空气的混合物足以引起闪燃时的最低温度。闪点是鉴别可燃液体火灾危险性的一个重要参数。如果可燃液体的温度高于它的闪点， 则随时都有触及火源而被点燃的危险。燃点也叫着火点，它是可燃化学品被加热到其闪点温度以上时，其蒸气与空气的混合物可被点燃并能持续燃烧的最低温度。一般来说，燃点要比闪点高。磁粉检测用载液的闪点一般要求>93 ℃。

即便是使用高闪点的磁粉检测载液，当检测工作在高温环境下时，如果使用油基载液，磁化电流大，连续工作时间长，直接通电法接触不良等，都可能产生火花易引起火灾。因此，磁粉检测时应注意如下几个方面的操作安全性。

（1）在特殊条件下工作时，应选用闪点高的油基载液和安全灯具，并应注意保证工作场所的通风和避免连续工作。

（2）不要使用触头法和通电法检测装过易燃、易爆材料的容器内壁焊缝。因产生电弧起火，曾发生过多起伤亡事故。

（3）在附近有易燃、易爆材料的场所，禁止使用触头法和通电法进行磁粉检测。

（4）磁粉检测使用低闪点油基载液时，在检测环境区内不允许有明火火源。

10 实 验

10.1 通电圆柱导体周围的磁场分布测试

1. 实验目的

（1）了解通电圆柱导体周围的磁场分布。

（2）掌握磁场测量仪器的使用方法。

（3）了解磁场的计算和单位换算。

2. 实验设备器材

（1）交流或脉冲直流探伤机一台，其额定电流为2000~3000 A。

（2）特斯拉计一台。

（3）铜棒一根，尺寸ϕ40 mm × 300 mm。

3. 实验方法

（1）将测量传感器（即霍尔元件）和仪器连接好，并接通特斯拉计电源。调整好特斯拉计零点，根据测量值的预计大小，选择好测量档位。

（2）将铜棒夹持在探伤机两夹头上。

（3）将测量传感元件的平面垂直于磁场方向放置，并按表10-1要求的电流和距离数据，依次从小到大、从近到远进行测量。

4. 实验测试结果

（1）记录测试结果和按公式计算结果于表10-1中。

表 10-1

项目	500 A		1000 A	
	测试值/A·m^{-1}	计算值/A·m^{-1}	测试值/A·m^{-1}	计算值/A·m^{-1}
0.02 m				
0.04 m				
0.06 m				

（2）将测试结果同公式计算结果对照，是否基本一致。

（3）分别绘制H—r关系曲线。

5. 实验结果讨论

10.2 螺管线圈磁场分布和有效磁化范围的测试

1. 实验目的

（1）了解空载螺管线圈横截面和中心轴线上的磁场分布规律。

（2）了解螺管线圈的有效磁化范围的测试方法。

2. 实验设备器材

（1）螺管线圈（或缠绕线圈）一个。

（2）特斯拉计一台。

（3）标准试片（A1型或M1型）一套。

（4）长度≥500 mm钢棒一根。

（5）磁悬液一瓶。

3. 实验方法

（1）用特斯拉计测量空载短螺管线圈横截面上的磁场分布。设线圈中心为0点，从线圈中心0到线圈内壁，测量0 mm、50 mm、100 mm、150 mm及内壁的磁场强度值。

（2）用特斯拉计测量空载有限长螺管线圈横截面上的磁场分布，测量点同（1）。

（3）用特斯拉计测量空载螺管线圈中心轴线上的磁场分布。设线圈中心为0点，从中心向一侧测量，测量 0 mm、50 mm、100 mm、150 mm、200 mm、250 mm、300 mm、400 mm、500 mm处的磁场强度值。

（4）将长度≥500 mm钢棒或工件置于线圈内壁，并与线圈轴线平行，将标准试片贴在钢棒表面不同点，磁化并用湿连续法检测，测试工件表面即能达到2400 A/m，中灵敏度标准试片上磁痕也显示清晰的有效磁化范围。

4. 实验结果

（1）记录短螺管线圈和有限长螺管线圈横截面上的磁场强度如表10-2所示。

表 10-2

测量点/mm	中心0	50	100	150	内壁处
短螺管线圈H/A·m^{-1}					
有限长螺管线圈H/A·m^{-1}					

画出上述两种螺管线圈横截面上磁场分布曲线。

（2）记录螺管线圈中心轴线上各点的磁场强度如表10-3所示。

表 10-3

测量点/mm	中心0	50	100	150	200	250	300	400	500
H/A·m^{-1}									

画出螺管线圈中心轴线上的磁场分布曲线。

（3）记录中灵敏度标准试片磁痕显示清晰的点距线圈中心0的距离，以及表面磁场强度至少达到2400 A/m处距线圈中心0的距离。

5. 实验结果讨论

10.3 线圈开路磁化*L*/*D*值对退磁场影响的实验

1. 实验目的

（1）了解工件长径比*L*/*D*对退磁场的影响。

（2）了解退磁场影响的实验方法。

（3）掌握克服退磁场影响的方法。

2. 实验设备器材

（1）螺管线圈（或缠绕线圈）一个。

（2）特斯拉计一台。

（3）标准试片（A1型或M1型）一套。

（4）带自然缺陷的短工件一件。

（5）直径相同、长度不同，*L*/*D*值分别为2、5、10和15的钢棒各一个，材料为经淬火的高碳钢或合金结构钢。

3. 实验方法

（1）给螺管线圈通电，使线圈中心磁场强度达到20 000 A/m，分别将不同*L*/*D*的4根钢棒放在线圈内壁，使钢棒方向与线圈轴线方向平行，进行磁化。

1）用特斯拉计测量4根钢棒表面磁场强度的差异。

2）用特斯拉计测量4根钢棒端头的剩磁大小。

3）将标准试片分别贴在4个钢棒中间的表面上，用湿连续法检测，观察磁痕显示的差异。

（2）给不同*L*/*D*值的4个钢棒中间表面上，贴上同一型号（如7/50）的标准试片，分别放在线圈中同一位置磁化，用湿连续法检测，通过调节磁化电流大小改变线圈中的磁场强度，当4根钢棒表面标准试片上磁痕显示程度相同时，记录所用磁化电流大小的差异。

（3）将带自然缺陷的短工件，放在线圈中磁化和检测，若磁痕显示不清晰，可在工件两端用直径接近的铁磁性材料将短工件接长，并用同样的磁化电流和检测方法重新检测，能使磁痕显示更清晰。

4. 实验结果

（1）记录螺管线圈内磁场强度相同时，4根钢棒的磁场强度、剩磁和磁痕显示如表10-4所示。

表 10-4

L/D	2	5	10	15
表面切向磁场强度/A·m^{-1}				
剩磁/mT				
磁痕显示				

（2）记录在*L/D*为2、5、10、和15的试样表面贴7/50标准试片，当磁痕显示基本相同时，所需要的磁化电流值。

5. 实验结果讨论

10.4 触头法磁场分布和有效磁化范围测试

1. 实验目的

（1）了解触头法磁化磁场的分布规律。

（2）了解触头法磁化的有效磁化范围。

2. 实验设备器材

（1）触头法磁粉探伤仪一台。

（2）特斯拉计一台。

（3）A1－15/50型标准试片一套。

（4）20号钢制试板（300 mm×400 mm）一块。

（5）磁悬液一瓶。

3. 实验方法

用触头法磁化试板，当触头间距为200 mm，磁化电流为800 A时，用特斯拉计测量试板上各点的磁场分布，并用A1－15/50型标准试片粘贴于试板表面不同位置，用湿连续法检测，测试试板表面即能达到2400 A/m，同时试片上磁痕也显示清晰的有效磁化范围。

4. 实验结果

记录用触头法磁化焊接试板上各点的磁场强度值，并绘制触头法的有效磁化范围。

5. 实验结果讨论

10.5 磁轭法和交叉磁轭法有效磁化范围测试

1. 实验目的

（1）了解磁轭法磁化的有效磁化范围。

（2）了解交叉磁轭法磁化的有效磁化范围。

（3）掌握磁轭法和交叉磁轭法提升力测试方法。

2. 实验设备与器材

（1）交流和直流磁轭式探伤仪各一台。

（2）交叉磁轭探伤仪一台。

（3）A1－15/50型标准试片一套。

（4）非荧光磁悬液一瓶。

（5）20号钢制试板（500 mm × 250 mm × 10 mm 和 500 mm × 250 mm × 20 mm）各一块。

3. 实验方法

（1）分别用交流和直流磁轭法磁化试板（500 mm × 250 mm × 10 mm），用特斯拉计测量试板上各点的磁场分布，并用A1－15/50标准试片粘贴于试板表面不同位置。用湿连续法检测，试片上磁痕显示清晰、工件表面磁场强度又能达到2400 A/m的范围，即为磁轭法的有效磁化区。同时观察交流和直流磁化在标准试片上磁痕显示的差异。

（2）分别用交流和直流磁轭磁化试板（500 mm × 250 mm × 20 mm），用特斯拉计测量试板上各点的磁场分布，并用A1－15/50标准试片粘贴于试板表面不同位置。用湿连续法检测，试片上磁痕显示清晰、工件表面磁场强度又能达到2400 A/m的范围，即为磁轭法的有效磁化区。同时观察交流和直流磁化在标准试片上磁痕显示的差异。

（3）在试板（500 mm × 250 mm × 10 mm）上，沿交叉磁轭的两对磁极连线长度L上粘贴A1－15/50标准试片，用特斯拉计测量试板上各点的磁场分布，用交叉磁轭磁化，湿连续法检测，能在A1－15/50标准试片上清晰显出圆形磁痕、工件表面磁场强度又能达到2400 A/m的区域为该交叉磁轭磁化的有效磁化区。

（4）磁轭在磁极间距为75~200 mm时，交流电磁轭提升力最小为45 N（质量为4.5 kg的钢条或钢板），直流电磁轭提升力最小为177 N（质量为18 kg的钢条或钢板）。

（5）交叉磁轭提升力测试按照（4）方法，交叉磁轭提升力最小为88 N（质量为9 kg的钢条或钢板）。

4. 实验结果

（1）画出交流磁轭在薄钢板和厚钢板上的有效磁化范围示意图。

（2）画出直流磁轭在薄钢板和厚钢板上的有效磁化范围示意图。

（3）画出交叉磁轭在簿钢板上的有效磁化范围示意图。

5. 实验结果讨论

10.6 干法和湿法检测灵敏度对比实验

1. 实验目的

（1）了解干法和湿法的检测工艺。

（2）了解干法和湿法的检测应用。

（3）对比干法和湿法的检测灵敏度。

2. 实验设备与器材

（1）交流和单相半波整流磁粉探伤仪各一台。

（2）非荧光磁悬液一瓶。

（3）干磁粉及喷洒器一个。

（4）带发纹缺陷的工件一件。

（5）带大裂纹的铸钢件、锻钢件或焊接件一件。

（6）B型标准试块一个。

3. 实验方法

（1）用湿法检测，并用交流电磁化带发纹缺陷的工件，观察磁痕显示。

（2）用湿法检测，并用交流电磁化粗糙表面工件上的大裂纹，观察磁痕显示。

（3）用干法检测，并用单相半波整流电磁化带发纹缺陷的工件，观察磁痕显示。

（4）用干法检测，并用单相半波整流电磁化粗糙表面工件上的大裂纹，观察磁痕显示。

（5）用湿法检测，并用交流电磁化工件表面下较深的缺陷，观察磁痕显示。

（6）用干法检测，并用单相半波整流电磁化工件表面下较深的缺陷，观察磁痕显示。

（7）用湿法和干法检测，并用交流电和单相半波整流电分别磁化B型试块，分别观察有磁痕显示的孔数。

4. 实验结果

记录实验方法（1）～（6）的实验结果。

记录实验方法（7）在B型试块有磁痕显示的孔数，如表10-5所示。

表 10-5

检测方法	交流电/A	显示孔数/个	单相半波整流电/A	显示孔数/个
湿法	1400 2500 3400		1400 2500 3400	
干法	1400 2500 3400		1400 2500 3400	

5. 实验结果讨论

10.7 检测介质的检测

1. 实验目的

了解检测介质的在役检测规程，并对新购进的检测介质进行实验，留存参考显示和检测报告。

2. 实验设备与器材

（1）1型参考试块和2型参考试块各一件。

（2）磁悬液喷壶两只，干粉喷枪一只，反差增强剂喷罐一只。

（3）观察条件符合要求。

（4）照相机1台。

3. 实验方法

（1）检测介质的准备　检测介质应按制造商的说明书和使用要求进行准备，将待检的适量干磁粉装入干粉喷枪。按制造商说明书和使用要求配制适量荧光或非荧光水基磁悬液；按制造商的说明书和使用要求配制适量的荧光或非荧光油基磁悬液，分别装入磁悬液喷壶。

（2）参考试块的清洗　1型或2型参考试块应采用酒精进行清洗，以确保其无荧光材料、氧化物、污物和油脂。在采用1型参考试块进行干磁粉实验时，试块应烘干，并喷涂反差增强剂；采用水基磁悬液时，应保证试块充分润湿。

（3）检测介质的施加　检测介质施加于1型或2型参考试块上，喷射3～5 s；试块倾角45°±10°；喷射方向应与被检表面呈 90°±10°。

（4）检测与解释　试块应在观察条件符合要求的条件下进行检测。

对1型参考试块上产生的显示照相，并与制造商所提供的参考照片进行比较，应基本一致。

对2型参考试块上左（*G*）右（*D*）两侧磁粉显示的累计长度做出记录，并出具报告（实验应进行3次，并取其平均值）。同时与制造商的参考报告进行比较，应基本一致。

4. 实验结果

测试结果记录于表10-6中。

表 10-6

特性	干磁粉	水基磁悬液	油基磁悬液	方法
性能				采用参考试块
颜色				采用比较法

5. 实验结果讨论

10.8 对检测室的白光照度和紫外辐照度的测试

1. 实验目的

（1）掌握白光照度计和紫外辐照计的使用方法。

（2）熟悉检测室的白光照度或紫外辐照度的技术要求。

（3）各测定一台符合技术要求的白光灯和紫外灯的辐照区域。

2. 实验设备与器材

（1）白光照度计（ST—85型或ST—80B型）一只。

（2）紫外光辐照计（UV—A型）一只。

（3）UV—A紫外灯一台。

（4）硬纸板（500 mm × 500 mm）一块。

（5）有刻度的直尺一把。

3. 实验方法

（1）对使用非荧光磁粉的检测室，将白光照度计放在工件表面上，测量白光照度值，应≥500 lx；同时测量符合上述技术要求的白光照度值的范围。

（2）对使用荧光磁粉的检测室（应关闭所有的白光源），将紫外辐照计的探测器放在距紫外灯滤光片表面40 cm处，测量紫外辐照度值，应≥1000 $\mu W/cm^2$。同时用白光照度计测量距紫外光源40 cm处的白光照度值，应≤20 lx。

（3）在紫外灯最大辐照度处放硬纸板，将紫外辐照计在硬纸板上移动，测得符合辐照度要求的直径或长×宽，即紫外灯的有效辐照区域。

4. 实验结果

（1）记录工件表面的白光照度值和符合技术要求的白光照度值的范围。

（2）记录距紫外灯滤光片表面40 cm处的紫外辐照度值和白光照度值。

（3）画出紫外灯的有效辐照区域。

5. 实验结果讨论

10.9 退磁方法和退磁效果实验

1. 实验目的

（1）了解各种退磁方法的操作及退磁效果。

（2）熟悉各种剩磁测量仪器的使用方法。

（3）了解工件上剩磁的合格标准。

2. 实验设备与器材

（1）交流探伤机一台。

（2）交流退磁机、三相全波直流退磁机和超低频退磁机各一台。

（3）磁强计一台。

（4）毫特斯拉计一台。

（5）标准退磁试样一件。

（6）检测的工件一件

3. 实验方法

（1）用交流通过法和衰减法分别对标准退磁试样和工件进行退磁。

（2）用直流换向衰减法和超低频（0.39 Hz、1.56 Hz和3.12 Hz）法对标准退磁试样和工件进行退磁。

（3）每次退磁后，分别用磁强计和毫特斯拉计测量标准退磁试样和工件上的剩磁大小。

4. 实验结果

实验结果记录于表10-7中。

表 10-7

退磁方法	磁强计/$A\cdot m^{-1}$		毫特斯拉计/ mT	
	退磁试样	工件	退磁试样	工件
交流电流通过法				
交流电流衰减法				
直流换向衰减法				
直流超低频退磁法				

5. 实验结果讨论

10.10 磁悬液浓度和污染实验

1. 实验目的

（1）掌握磁悬液浓度的测量方法。

（2）熟悉磁悬液浓度范围。

（3）掌握磁悬液污染的特征和磁悬液污染的测量方法。

2. 实验设备与器材

（1）未使用过的荧光磁悬液和非荧光磁悬液试样。

（2）长颈沉淀管两只。

（3）白光灯和紫外灯各一台。

3. 实验方法

（1）磁悬液浓度的测量方法　①开动探伤机的磁悬液搅拌系统，充分搅拌磁悬液，取出100 mL注入沉淀管中。②水基磁悬液静置30 min，油基磁悬液静置60 min。③读出沉淀磁粉的体积（mL/100mL）。应符合书面工艺的要求。

（2）磁悬液污染的测量方法　①～③与测定磁悬液浓度的方法相同。④在白光灯和紫外灯（用于荧光磁悬液）下观察，沉淀管中的沉淀物若明显分成两层，当上层污染物体积超过下层磁粉体积的30%时，说明磁悬液已经受到污染。⑤可使用未使用过的磁悬液进行比较，在紫外灯下观察沉淀管中的荧光磁粉亮度和颜色明显降低，或磁悬液沉淀物之上的载液发荧光，以及磁悬液变色、结团等都说明磁悬液受到污染，应更换磁悬液。

4. 实验结果

（1）记录磁悬液的沉淀体积量（mL/100mL）。

（2）记录磁悬液污染的测试结果，上层体积和下层体积以及污染特征。

5. 实验结果讨论

10.11 磁粉检测综合性能实验

1. 实验目的

（1）掌握使用E型试块和B型试块进行综合性能实验的方法。

（2）了解和比较使用交流电和直流电（或整流电）磁粉检测的检测深度。

2. 实验设备器材

（1）交流磁粉探伤机和直流电（或整流电）磁粉探伤机各一台。

（2）E型试块和B型试块各一个。

(3) 标准铜棒一根。

(4) 荧光磁悬液和非荧光磁悬液各一瓶。

3. 实验方法

(1) 将E型试块穿在标准铜棒上，夹在交流磁粉探伤机两磁化夹头之间，用700 A（有效值）或1000 A（峰值）交流电磁化，并依次将第一、第二、第三孔放在12点钟位置，用湿法连续法检测，观察在试块圆周上有磁痕显示的孔数。

(2) 将B型试块穿在标准铜棒上，夹在两磁化夹头之间，分别用表10-8中所列的磁化规范，用直流电（或整流电）和交流电分别磁化，用湿连续法检测，观察在试块圆周上有磁痕显示的孔数。

4. 实验结果

(1) 记录E型标准试块的实验结果。

(2) 将交流电和直流电（或整流电）磁化B型标准试块的实验结果填入表10-8中。

(3) 按表10-8中的实验结果，画出交流电和直流电（或整流电）的磁化电流与检测缺陷深度（用显示磁痕的孔数换算出相对深度）的坐标曲线。

表 10-8

磁悬液种类	磁化电流/A	交流电显示孔数/个	直流电显示孔数/个
非荧光磁悬液	1400		
	2500		
	3400		
荧光磁悬液	1400		
	2500		
	3400		

5. 实验结果讨论

10.12 焊接产品的磁粉检测

1. 实验目的

(1) 了解和熟悉焊接产品的磁粉检测过程。

(2) 理解和掌握磁粉检测结果的评定和记录。

2. 实验设备器材

(1) 干磁粉及喷洒器一个。

(2) 磁轭式探伤仪一台。

(3) 带表面裂纹的焊接产品实物一件。

(4) A1—15/50型标准试片一个。

（5）4.5 kg提升力试块一块。

3. 实验方法

（1）进行提升力实验。

（2）清理好试件焊缝两侧10 mm 范围内的表面。

（3）将标准试片置于焊缝边缘，试片有槽一面紧贴试件表面，且表面不得覆盖。

（4）采用磁轭式探伤仪磁化试件，使两个磁极横跨焊缝，连续磁化并施加干磁粉。试片磁痕显示清晰，说明磁粉检测系统性能良好，磁化规范有效，工件表面的有效磁化范围满足要求。

（5）采用连续法检测试件，并观察裂纹缺陷的磁痕显示。

4. 实验结果

实验结果记录于表10-9、表10-10中。

例：对如下所述的焊缝实施磁粉检测，检测实施标准依据ISO 17638—2016，选择合适的磁化方法。

根据下述标准分析情况，并在下列表格中记录检测的实施情况和检测结果。

被检试件信息

检测试件编号：　W-MT-E135

说明：　对接

材料：　Q235A

焊接工艺：　焊条电弧焊

主要尺寸：　300 mm × 300 mm × 10 mm

检测范围：　焊缝及其两侧热影响区，横向和纵向缺陷

评价标准：　ISO 23278—2015，允许质量等级 2

表10-9　焊接产品磁粉检测记录

被检试件信息

试件类型	焊件	名称	对接试板 / W-MT-E135
材质	Q235A	主要尺寸/ mm × mm × mm	300 × 300 × 10
制造方法	焊条电弧焊	加工状态	抛光
表面状况	光洁		
补充信息	（如：焊缝形状）		

检测要求

检测标准 /规范	ISO 17638—2016	检测类型	无规定
评定标准 / 技术规范	ISO 23278—2015	质量验收等级	2级
其他技术规范	–		
检测程度 / 区域	焊缝及其两侧热影响区，横向和纵向缺陷		

（续）

检测技术

磁化技术	磁轭法		
检测设备	磁轭式探伤仪		
生产厂家	科力达	型号/编号	CJE—Ⅱ型/EM-03-001
磁化电流/kA	–	磁极/电极间距/mm	75～150
电流形式	□直流电　□交流电		
检测介质	干法黑磁粉	载液：油水　批号	–
反差增强剂	ZPT—5（以实际为准）	批号	131108（以实际为准）
对检测介质的验证	试片　（结果）	对比物编号	A1—15/50
生成图片	□黑色　□白底黑色　□荧光		

检测条件

磁场方向	两个相互垂直的方向进行磁化		
切向磁场强度/kA/m^{-1}	3.5	检测仪器/编号	特斯拉计 / EM-01-014
白光照度/lx	2400	检测仪器/编号	照度计/ EM-01-010
紫外辐照度/$W·m^{-2}$	–	检测仪器/编号	–
环境白光照度/lx	–	检测仪器/编号	–

检测过程

预清洗	擦拭		
后处理	擦拭		
腐蚀防护		退磁/$kA·m^{-1}$	
显示的名称	线性显示		
备注	–		

表10-10　检测结果

序号	显示类型	其他说明	坐标/mm	尺寸/mm	允许的		
					极限值/mm	是	否
1	线性	–	46	15	3		×
2	线性	–	221	9	3		×
–	–	–	–	–	–	–	–
评价/其他措施	□满足要求		□不满足要求				

（续）

图示说明
草图：尺寸，坐标系，有时还要有角度说明，显示的顺序号，注释

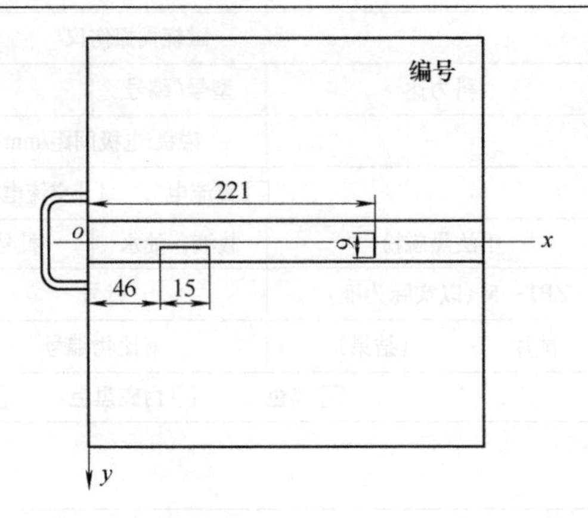

检测地点		检测日期		检测人员	
报告地点		报告日期		签名	

10.13 铸（锻）件产品的磁粉检测

1. 实验目的

（1）了解和熟悉铸（锻）件产品的磁粉检测过程。

（2）理解和掌握磁粉检测结果的评定和记录。

2. 实验设备器材

（1）干磁粉及喷洒器一个。

（2）磁轭式检测仪一台。

（3）带表面裂纹的铸（锻）件产品实物各一件。

（4）A1—15/50型标准试片一个。

（5）4.5 kg提升力试块一块。

3. 实验方法

（1）进行提升力实验。

（2）清理好试件检测范围内的表面。

（3）将A1—15/50型标准试片置于试件上，试片有槽一面紧贴试件表面，且表面不得覆盖。

（4）采用磁轭式检测仪磁化试件，进行两个相互垂直的方向磁化，连续磁化并施加干磁粉。试片磁痕显示清晰，说明磁粉检测系统性能良好，磁化规范有效，试件表面的有效磁化范围满足要求。

（5）采用连续法检测试件，并观察裂纹缺陷的磁痕显示。

4. 实验结果

实验结果记录于表10-11、表10-12中。

例：对某锻造件实施质量检查，检测实施标准采用ISO 9934—2016第1部分至第3部分，请选择适合的磁化方法。

根据下述标准分析情况，并在下列表格中记录检测的实施情况和检测结果。

检测对象信息

检测对象编号：　F-MT-E135

描述：　锻造

材质：　锻钢

锻造工艺：　无

主要尺寸：　180 mm × 130 mm × 20 mm

检测范围：　工件正面

评价标准：　ISO 10228-1—1999， 质量等级2

表10-11　铸（锻）件产品磁粉检测记录

被检试件信息

试件类型	锻件	名称	锻件 / F-MT-E135
材质	锻钢	主要尺寸/mm × mm × mm	180 × 130 × 20
制造方法	–	加工状态	–
表面状况	粗糙		
补充信息	– （如：焊缝形状）		

检测要求

检测标准 /规范	ISO 9934—1—2016	检测类型	无规定
评定标准 / 技术规范	EN 10228.1—1999	质量验收等级	2级
其他技术规范	–		
检测程度 / 区域	工件正面		

检测技术

磁化技术	磁轭法			
检测设备	磁轭式探伤仪			
生产厂家	科力达	型号/ 编号	CJE— II 型/EM-03-001	
磁化电流/kA	–	磁极 / 电极间距/mm		75～150
电流形式	□直流电　□交流电			
检测介质	干法黑磁粉	载液：油水	批号	–
反差增强剂	ZPT—5（以实际为准）	批号		131108（以实际为准）
对检测介质的验证	试片　　（结果）	对比物编号		A1—15/50
生成图片	□黑色　□白底黑色　□荧光			

（续）

检测条件

磁场方向	两个相互垂直的方向进行磁化		
切向磁场强度/$kA\cdot m^{-1}$	3.5	检测仪器/ 编号	特斯拉计 / EM-01-014
白光照度/lx	2400	检测仪器/ 编号	照度计/ EM-01-010
紫外辐照度/$W\cdot m^{-2}$	–	检测仪器/ 编号	–
环境白光照度/lx	–	检测仪器/ 编号	–

检测过程

预清洗	擦拭	
后处理	擦拭	
腐蚀防护		退磁/$kA\cdot m^{-1}$ 0
显示的名称	线性显示	
备注	–	

表10-12　检测结果

序号	显示类型	其他说明	坐标/mm	尺寸/mm	允许的		
					极限值/mm	是	否
1	线性	–	(50，18)	15	8		×
–	–	–	–	–	–	–	–
评价/其他措施		□满足要求		□不满足要求			

图示说明

草图：尺寸，坐标系，有时还要有角度说明，显示的顺序号，注释

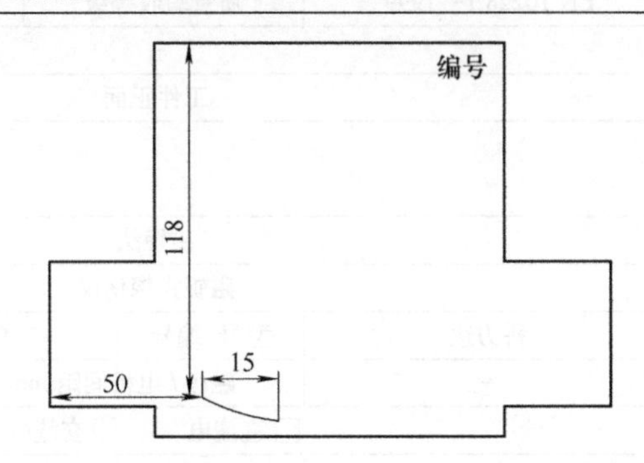

检测地点		检测日期		检测人员	
报告地点		报告日期		签名	

附录A 国内外常用磁粉检测标准目录

GB/T 3935.1《标准化和有关领域的通用术语 第一部分：基本术语》中对标准的定义是：为在一定范围内获得最佳秩序，对活动或其结果规定共同的和重复使用的规则、导则或特性的文件。该文件经协商一致制定并经一个公认机构的批准，它以科学、技术和实践经验的综合成果为基础，以促进最佳社会效益为目的。

国际标准化组织（ISO）的国家标准化管理委员会（STACO）以“指南”的形式给“标准”的定义作出统一规定：标准是由一个公认的机构制定和批准的文件。它对活动或活动的结果规定了规则、导则或特殊值，供共同和反复使用，以实现在预定领域内最佳秩序的效果。

标准的制定和类型按使用范围划分有国际标准、区域标准、国家标准、专业标准、地方标准、企业标准；按内容划分有基础标准（一般包括名词术语、符号、代号、机械制图、公差与配合等）、产品标准、辅助产品标准（工具、模具、量具、夹具等）、原材料标准、方法标准（包括工艺要求、过程、要素、工艺说明等）；按成熟程度划分有法定标准、推荐标准、试行标准、标准草案。

下文列出了常用的磁粉检测相关国家标准、机械行业标准、铁道行业标准、船舶行业标准、能源行业标准、国际标准、欧洲标准和美国标准。

1 国家标准

1.1 通用性标准

GB/T 9445—2015　无损检测 人员资格鉴定与认证

GB/T 12604.5—2008　无损检测 术语 磁粉检测

GB/T 15822.1—2005　无损检测 磁粉检测 第1部分：总则

GB/T 5097—2005　无损检测 渗透检测和磁粉检测 观察条件

1.2 门类、产品检测标准

GB/T 26952—2011　焊缝无损检测 焊缝磁粉检测 验收等级

GB/T 26951—2011　焊缝无损检测 磁粉检测

GB/T 24606—2009　滚动轴承 无损检测 磁粉检测

GB/T 9444—2019　　铸钢件磁粉检测

GB/T 10121—2008　　钢材塔形发纹磁粉检验方法

1.3　仪器、设备、试块标准

GB/T 23907—2009　　无损检测　磁粉检测用试片

GB/T 23906—2009　　无损检测　磁粉检测用环形试块

GB/T 15822.2—2005　　无损检测　磁粉检测　第2部分：检测介质

GB/T 15822.3—2005　　无损检测　磁粉检测　第3部分：设备

2　机械行业标准

2.1　门类、产品检测标准

JB/T 10338—2002　　滚动轴承零件磁粉探伤规程

JB/T 11784—2014　　往复式内燃机　大功率柴油机　连续纤维锻钢曲轴检验方法：湿法连续法磁粉检测

JB/T 5391—2007　　滚动轴承　铁路机车和车辆滚动轴承零件　磁粉探伤规程

JB/T 5442—2017　　容积式压缩机重要零件的磁粉检测

JB/T 6012.3—2008　　内燃机 进、排气门　第3部分：磁粉探伤

JB/T 6439—2008　　阀门受压件磁粉探伤检验

JB/T 6721.2—2007　　内燃机　连杆　第2部分：磁粉探伤

JB/T 6729—2007　　内燃机　曲轴、凸轮轴磁粉探伤

JB/T 6912—2008　　泵产品零件无损检测　磁粉探伤

JB/T 7293.4—2010　　内燃机　螺栓与螺母　第4部分：连杆螺栓　磁粉检测

JB/T 7367—2013　　圆柱螺旋压缩弹簧　磁粉检测方法

JB/T 8118.3—2011　　内燃机　活塞销　第3部分：磁粉检测

JB/T 8468—2014　　锻钢件磁粉检测

JB/T 9628—1999　　汽轮机叶片　磁粉探伤方法

JB/T 9630.1—1999　　汽轮机铸钢件　磁粉探伤及质量分级方法

JB/T 9736—2013　　喷油嘴偶件、柱塞偶件、出油阀偶件　磁粉探伤方法

JB/T 9744—2010　　内燃机零、部件磁粉检测

2.2　仪器、设备、试块标准

JB/T 12727.4—2016　　无损检测仪器试样　第4部分：磁粉检测用试样

JB/T 6063—2006　　无损检测　磁粉检测用材料

JB/T 7411—2012 无损检测仪器 电磁轭磁粉探伤仪技术条件

JB/T 8290—2011 无损检测仪器 磁粉探伤机

3 铁道行业标准

3.1 门类、产品检测标准

TB/T 1558.1—2020 机车车辆焊缝无损检测 第1部分：总则

TB/T 1558.5—2018 机车车辆焊缝无损检测 第4部分：磁粉检测

4 部分其他行业标准

4.1 门类、产品检测标准

CB/T 3958—2004 船舶钢焊缝磁粉检测、渗透检测工艺和质量分级

CB 819—1975 柴油机零件磁粉探伤

NB/T 20003.5—2010 核电厂核岛机械设备无损检测 第5部分：磁粉检测

NB/T 47013.4—2015 承压设备无损检测 第4部分：磁粉检测

5 国际标准

5.1 通用性标准

ISO 9712—2012 无损检测 无损检测人员资格鉴定与认证

ISO 12707—2016 无损检测 磁粉检测 术语

ISO 9934.1—2016 无损检测 磁粉检测 第1部分：总则

ISO 3059—2012 无损检测 渗透检测和磁粉检测 观察条件

5.2 门类、产品检测标准

ISO 17638—2016 焊缝无损检测 磁粉检测

ISO 23278—2015 焊缝无损检测 磁粉检测 验收等级

ISO 4986—2010 钢铸件 磁粉检测

ISO 10893.5—2011 钢管无损检测 第5部分：无缝和焊接铁磁钢管的磁粉检验表面缺陷检测

ISO 6933—1986 铁路车辆材料 磁粉验收检验

5.3 仪器、设备、试块标准

ISO 9934.2—2015 无损检测 磁粉检测 第2部分：检测介质

ISO 9934.3—2015 无损检测 磁粉检测 第3部分：设备

6 欧洲标准

6.1 通用性标准

EN 1330.1—2014　　无损检测　术语　第1部分：一般术语列表

6.2 门类、产品检测标准

EN 10228.1—2016　　锻钢件的无损检测　第1部分　磁粉检测
EN 1369—2012　　铸造磁粉检测

7 美国标准

7.1 通用性标准

ASTM E709—2015　　磁粉检测的标准指南
ASTM E1444/E1444M—2016e1　　磁粉检测标准操作规程
ASTM E3024/E3024M—2016　　通用工业磁粉检测标准

7.2 门类、产品检测标准

ASTM A275/275M—2018　　锻钢件磁粉检测标准
ASTM E125—63（2013）　　铁铸件的磁粉检测用参考照片
ASTM A456/A456M-08（2018）　　大型曲轴锻件的磁粉检测标准规范
ASTM A966/A966M-15　　使用交流电的钢铸件磁粉检测标准
ASTM A986/A986M-01（2016）　　连续晶粒流动曲轴锻件磁粉检测标准规范
ASTM A903/A903M-99（2017）　　钢铸件，磁粉和渗透检测的表面验收标准规范

7.3 仪器、设备、试块标准

ASTM E2297—2015　　用于渗透检测和磁粉检测的UV—A、可见光和仪表的标准规范
ASTM E3022—2018　　用于荧光渗透和荧光磁粉检测中黑光灯的发射特性测量和要求的标准规范

8 我国标准对国外标准的采用

我国标准在起草时，常将国际上先进的标准进行分析研究，将适合我国的部分纳入到我国的国家标准中加以执行，称为采用国际标准。

采用国际标准为区域或国家标准，按照一致性程度可分为如下三种：

（1）等同采用（identical），代号为：IDT；国家标准与相应国际标准的一致性程度是“等同”时，应符合下列条件：

1）国家标准与国际标准在技术内容和文本结构方面完全相同。

2）国家标准与国际标准在技术内容上相同，但可以包含小的编辑性修改。

（2）修改采用（modified），代号为：MOD；国家标准与相应国际标准的一致性程度是“修改”时，应符合下列条件：

1）国家标准与国际标准之间允许存在技术性差异，这些差异应清楚地标明并给出解释。

2）国家标准在结构上与国际标准对应。只有在不影响对国家标准和国际标准的内容及结构进行比较的情况下，才允许对文本结构进行修改。

一个国家标准应尽可能仅采用一个国际标准。个别情况下，在一个国家标准中采用几个国际标准可能是适宜的，但这只有在使用列表形式对所做的修改做出标识和解释并很容易与相应国际标准做比较时，才是可行的。“修改”还可包括“等同”条件下的编辑性修改。

（3）非等效采用（not equivalent），代号为：NEQ。

国家标准与相应国际标准在技术内容和文本结构上不同，同时它们之间的差异也没有被清楚地指明。“非等效”还包括在国家标准中只保留了少量或不重要的国际标准条款的情况。可见，“非等效”与“修改”最重要的区分标志就是技术性差异或结构的变化是否被清楚地指明，即使国家标准与国际标准仅有一点技术性差异，但若不指明也只能属于“非等效”；当然如果国家标准与国际标准的技术性差异太大，以至国家标准仅保留了国际标准中少量或不重要的条款，那么无论技术性差异或结构的变化是否被清楚地指明，都只能属于“非等效”。

表A-1是我国部分磁粉检测国家标准采用国际标准的情况。

表A-1　我国部分磁粉检测国家标准采用国际标准情况

序号	国家标准	采用国际标准	采用程度
1	GB/T 9445—2015　无损检测　人员资格鉴定与认证	ISO 9712—2012	IDT
2	GB/T 15822.1　无损检测　磁粉检测　第1部分：总则	ISO 9934.1—2001	IDT
3	GB/T 5097　无损检测　渗透检测和磁粉检测　观察条件	ISO 3059—2001	IDT
4	GB/T 26952—2011　焊缝无损检测　焊缝磁粉检测　验收等级	ISO 23278—2006	MOD
5	GB/T 26951—2011　焊缝无损检测　磁粉检测	ISO 17638—2003	MOD
6	GB/T 9444—2019　铸钢件磁粉检测	ISO 4986—1992	IDT
7	GB/T 15822.2—2005　无损检测　磁粉检测　第2部分：检测介质	ISO 9934.2—2002	IDT
8	GB/T 15822.3—2005　无损检测　磁粉检测　第3部分：设备	ISO 9934.3—2002	IDT

9　部分欧洲标准的版本变化

近几年中，部分欧洲标准逐渐作废，其作用被国际标准所取代。但是在产品标准、规范等技术文件中仍引用欧洲标准，表A-2列出了部分被国际标准取代的磁粉检测欧洲标准。

表A-2 部分被国际标准取代的磁粉检测欧洲标准

序号	现行国际标准	原欧洲标准
1	ISO 9712—2012 无损检测 人员资格鉴定与认证	EN 473
2	ISO 17638—2016 焊缝无损检测 磁粉检测	EN 1290
3	ISO 3059—2012 渗透探伤和磁粉探伤 观察条件	EN 1956
4	ISO 23278—2015 焊缝无损检测 磁粉检测 验收等级	EN 1291
5	ISO 12707—2016 无损检测 磁粉检测 术语	EN 1330.7

附录B　部分常用钢材磁特性

钢种牌号	试样状态	剩余磁通密度 B_r/T	矫顽力 H_c/A·m^{-1}	工件表面磁通密度至少为1T时的切向场强参考值 H/kA·m^{-1}
10	冷拉状态	0.46	360	2.0
15	860℃水淬，250℃回火，910℃渗碳	1.02	224	2.0
25	冷拉状态	0.63	856	2.4
40	860℃水淬，460℃回火	1.45	720	2.0
40	860℃油淬，360℃回火	1.11	900	2.0
45	材料供应状态	0.89	360	2.0
45	860℃油淬，560℃回火	1.58	1120	2.0
45	850℃水淬，390℃回火	1.562	1224	2.0
45	860℃水淬，180℃回火	0.06	2080	3.2
ZG45	正火	0.83	744	2.0
ZG45	860℃油淬，650℃回火	1.55	1128	2.0
ZG45	860℃油淬，560℃回火	1.58	1336	2.0
ZG45	860℃油淬，400℃回火	1.54	1256	2.0
ZG45	860℃油淬，300℃回火	1.25	1496	2.0
50	材料供应状态	1.10	496	2.0
50	材料冷拉状态	1.01	992	2.4
ZG50	860℃油淬，500℃回火	1.39	1216	2.0
50BA	840℃油淬，650℃回火	1.34	984	2.0
20Cr	800℃油淬，200℃回火， 930℃渗碳	1.0	1240	3.2
40Cr	正火	0.84	1256	3.2
40Cr	860℃油淬，350℃回火	1.14	1520	2.0
2Cr13	正火	0.7	1200	7.0
2Cr13	1050℃油淬，550℃回火	0.74	3400	7.4
45Cr	材料供应状态	0.985	456	2.0
45Cr	840℃油淬，580℃回火	1.233	664	2.0
38CrSi	910℃油淬，650℃回火	1.5	736	2.0
38CrSi	890℃油淬，580℃回火	1.548	992	2.0
25CrMnSi	材料供应状态	1.13	696	2.0
25CrMnSi	880℃正火，860℃油淬，460℃回火	1.14	976	2.0
30CrMnSiA	正火	1.23	280	2.0
30CrMnSiA	880℃油淬，520℃回火	1.5	960	2.0
30CrMnSiA	920℃油淬，460℃回火	1.249	1560	2.0
30CrMnSiA	880℃油淬，300℃回火	1.1	2280	3.2

（续）

钢种牌号	试样状态	剩余磁通密度 B_r/T	矫顽力 H_c/A·m^{-1}	工件表面磁通密度至少为1T时的切向场强参考值 H/kA·m^{-1}
30CrMnSiA	880℃油淬，220℃回火	0.98	2712	4.0
30CrMnSiNi2A	材料供应状态	1.44	984	2.0
30CrMnSiNi2A	880℃油淬，290℃回火	0.762	3040	5.4
20CrMo	材料供应状态	1.1	448	2.0
20CrMo	820℃油淬，200℃回火	1.01	1600	3.0
PCrMo	860℃油淬，550℃回火	1.43	1144	2.0
ZG22CrMnMo	正火	1.2	448	2.0
ZG22CrMnMo	880℃油淬，220℃回火	0.9	640	3.0
ZG22CrMnMo	880℃油淬，180℃回火	1.01	2080	3.0
30CrMnMoTiA	材料供应状态	0.9	1392	2.8
30CrMnMoTiA	875℃油淬，440℃回火	1.27	1528	2.0
30CrMnM.oTiA	880℃油淬，350℃回火	1.15	1576	2.4
30CrMnMoTiA	880℃油淬，260℃回火	1.11	1736	2.6
30CrMnMoTiA	880℃油淬，200℃回火	1.02	2416	3.8
35CrMo	860℃油淬，260℃回火	1.11	1376	2.4
60Cr2MoA	850℃油淬，440℃回火	1.13	1520	2.0
PCrMoV	880℃正火，860℃油淬，600℃回火	1.565	1304	2.0
12CrNi3A	材料供应状态	1.23	368	2.0
12CrNi3A	930℃渗碳，800℃油淬，160℃回火	0.96	1744	3.2
38CrMoAlA	材料供应状态	0.85	640	2.0
38CrMoAlA	940℃油淬，650℃回火	1.43	920	2.0
20Cr2Ni4A	材料供应状态	1.25	744	2.0
20Cr2Ni4A	850℃油淬，190℃回火	0.95	1664	3.2
30CrNi3A	正火	1.02	1304	2.4
30CrNi3A	820℃油淬，680℃回火	1.37	1048	2.0
30CrNi3A	830℃油淬，550℃回火	1.628	1160	2.0
30CrNi3A	830℃油淬，470℃回火	1.365	1168	2.0
30CrNi3A	830℃油淬，410℃回火	1.175	1304	2.0
30CrNi3A	830℃油淬，230℃回火	1.02	2176	3.8
40CrNi	860℃油淬，230℃回火	1.15	1520	2.0
45CrNi	材料供应状态	1.55	1136	2.0
40CrNiMcA	860℃油淬，500℃回火	1.4	1120	2.0
40CrNiMoA	850℃油淬，410℃回火	1.334	1960	2.0
40CrNiMoA	860℃油淬，200℃回火	1.0	2480	4.5
60CrNiMcA	860℃油淬，440℃回火	1.11	1640	2.4
45CrNiMoVA	材料供应状态	1.535	824	2.0
45CrNiMoVA	860℃油淬，440℃回火	1.3	1456	2.0
30CrNi2MoVA	材料供应状态	1.345	944	2.0
30CrNi2MoVA	860℃油淬，640℃回火	1.315	1160	2.0
30CrN2MoVA	860℃油淬，270℃回火	0.97	1848	4.0

（续）

钢种牌号	试样状态	剩余磁通密度 B_r/T	矫顽力 H_c/A·m^{-1}	工件表面磁通密度至少为1T时的切向场强参考值 H/kA·m^{-1}
30CrNi2MoVA	860℃油淬，220℃回火	0.97	1872	3.6
Cr3NiMo	900℃正火，680℃回火	0.84	880	3.0
18CrNiMnMo	830℃油淬，200℃回火	0.955	1880	3.6
18CrNiWA	正火，640℃回火	1.06	1200	2.0
18CrNiWA	850℃油淬，550℃回火	0.96	1568	3.2
18CrNiWA	850℃油淬，220℃回火	0.815	1800	5.0
18CrNiWA	830℃空冷，170℃回火	0.77	1920	5.6
25CrNiWA	860℃正火，640℃回火	1.28	1080	2.0
25CrNiWA	870℃油淬，500℃回火	1.155	1440	2.4
25CrNiWA	870℃油淬，450℃回火	1.059	1520	2.4
25CrNiWA	850℃油淬，300℃回火	0.92	1728	3.6
25CrNiWA	860℃油淬，260℃回火	0.997	1872	3.6
25CrNiWA	850℃油淬，200℃回火	0.84	2344	5.0
GCrl5	材料供应状态	1.27	896	2.0
GCrl5	840℃油淬，360℃回火	1.26	443	2.4
GCrl5	840℃油淬，190℃回火	0.7335	3120	8.0
GCrl5	830℃油淬，110℃回火	1.26	1472	8.0
GCr9	材料供应状态	1.23	1040	2.0
GCr9	840℃油淬，390℃回火	0.872	3400	2.0

附录C　磁粉检测使用的单位制及换算关系

中华人民共和国法定计量单位（简称法定单位）是以国际单位制单位为基础，同时选用了一些非国际单位制的单位构成的。

国际单位制是在米制基础上发展起来的单位制，简称为SI。国际单位制包括SI单位、SI词头和SI单位的十进倍数与分数单位三部分。SI制的基本单位是米（m）、千克（kg）、秒（s）、安培（A）、开尔文（K）、摩尔（mol）和坎德拉（cd）。在电磁学方面，国际单位制SI与米千克秒制（MKS制）是一致的，属于米制范围的单位制常见的还有厘米克秒制（CGS制）。我国推行法定计量单位和国际单位制，因为这是现在单位制中最完善和通用的单位制。考虑到一些非法定计量单位沿用多年，并在国内外一些标准和资料中出现，所以这里列出了国内、外磁粉检测的常用单位及换算关系，如表C-1所示。

表C-1　常用单位及换算

物理量名称	物理量符号	法定计量单位		非法定计量单位		单位换算
		单位名称	单位符号	单位名称	单位符号	
长度	l（L）	米	m	—	—	1 Å =10^{-10} m 1 ft=0.304 8 m 1 in=25.4 mm
		—	—	埃	Å	
		—	—	英尺	ft	
		—	—	英寸	in	
质量	m	千克	kg	—	—	1 kg=1000 g 1 g=10^{-3} kg 1 lb=0.453 593 kg 1 oz=2.834 95 × 10^{-2} kg
		克	g	—	—	
		—	—	磅	lb	
		—	—	盎司	oz	
时间	t	秒	s	—	—	1 min=60 s 1 h=60min=3 600 s 1 d=24h=86 400 s 1周 week=7 d
		分	min	—	—	
		[小]时	h	—	—	
		天[日]	d	—	—	
		—	—	—	—	
磁场强度 磁化强度	H	安[培]每米	A/m	—	—	1 A/m=4π × 10^{-3} Oe 1Oe=79.578 A/m
		—	—	奥[斯特]	Oe	
磁通[量]	Φ	韦[伯]	Wb	—	—	1 Wb=10^{8} Mx 1 Mx=10^{-8} Wb
		—	—	麦[克斯韦]	Mx	

（续）

物理量名称	物理量符号	法定计量单位		非法定计量单位		单位换算
		单位名称	单位符号	单位名称	单位符号	
磁感应强度 磁通密度	B	特[斯拉]	T	—	—	$1T=10^4$ Gs $1\ mT=10^{-3}T=10$ Gs $1\ Gs=10^{-4}T$
		毫特[斯拉]	mT	—	—	
		—	—	高[斯]	Gs	
磁导率	μ	亨[利]每米	H/m	高[斯]/奥[斯特]	Gs/Oe	—
真空磁导率	μ_0	亨[利]每米	—	H/m	—	$1\ \mu_0=4\pi\times10^{-7}$ H/m
相对磁导率	μ_r	无量纲	—	—	—	—
力、重力	F	牛[顿]	N	—	—	1 kgf=9.806 65 N
		—	—	千克力	kgf	
电流	I	安[培]	A	—	—	$1\ kA=10^3A$ $1\ \mu A=10^{-6}A$
		千安[培]	kA	—	—	
		微安[培]	μA	—	—	
电压 （电动势）	U (E)	伏[特]	V	—	—	$1\ mV=10^{-3}V$
		毫伏[特]	mV	—	—	
电阻	R	欧[姆]	Ω	—	—	$1\ M\Omega=10^6\ \Omega$
		兆欧[姆]	MΩ	—	—	
[光]亮度	L	坎[德拉] 每平方米	cd/m^2	—	—	—
发光强度	I	坎[德拉]	cd	—	—	—
光通量	Φ	流[明]	lm	—	—	—
[光]照度	E	勒[克斯]	lx	—	—	1 fc=10.764 1x 1 ft·cd=10.764 1x
		—	—	英尺烛光	fc	
		—	—	英尺坎[德拉]	ft·cd	
辐[射]照度	E	瓦[特] 每平方米	W/m^2	—	—	$1\ W/m^2=100\ \mu W/cm^2$
		微瓦每平方厘米	$\mu W/cm^2$	—	—	
波长	λ	米	m	—	—	$1\ nm=10^{-9}m=10$ Å 1 Å$=10^{-10}m=0.1$ nm
		纳米	nm	—	—	
		埃	Å	—	—	
运动粘度	ν	二次方米每秒	m^2/s	—	—	$1\ mm^2/s=10^{-6}\ m^2/s$ $1\ St=10^{-4}m^2/s$ $1\ cSt=10^{-6}m^2/s$
		二次方毫米每秒	mm^2/s	—	—	
		—	—	斯[托克斯]	St	
		—	—	厘斯[托克斯]	cSt	
周期	T	秒	s	—	—	—
频率	f	赫[兹]	Hz	—	—	$1\ Hz=l\ s^{-1}$
摄氏温度	t	摄氏度	℃	—	—	—

（续）

物理量名称	物理量符号	法定计量单位		非法定计量单位		单位换算
		单位名称	单位符号	单位名称	单位符号	
体积 容积	V	立方米	m^3	—	—	
		升	L (l)	—	—	1 L=1 dm^3=10^{-3} m^3
				美加仑	USgal	1 USgal=3.785 41 L
				英加仑	UKgal	1 UKgal= 4.546 09 L
				美液盎司	USoz	1 USoz=29.537 5 cm^3
				英液盎司	UKoz	1UKoz=28.413 1 cm^3
材料强度	—	兆帕[斯卡]	MPa	千克力每平方毫米	kgf/mm^2	1 kgf/mm^2=9.806 65 MPa
	—	兆帕[斯卡]	MPa	千克力每平方厘米	kgf/cm^2	1 kgf/cm^2=0.098 066 5 MPa
	—	千帕[斯卡]	kPa	吨力每平方米	tf/m^2	1 tf/m^2 =9.806 65 kPa
平面角	—	弧度	rad	—	—	1° =60' = (π/180) rad
	—	度	(°)	—	—	
密度	ρ	千克每立方米	kg/m^3	—	—	1 g/cm^3=10^3 kg/m^3
		克每立方厘米	g/cm^3	—	—	
磁极化强度	J、B_i	特[斯拉]	T	—	—	—

注：（1）[ ]内的字，是在不致混淆的情况下，可以省略的字。

（2）( )内的字为前者的同义语。

（3）周、月、年（年的符号为a），为一般常用时间单位。

（4）符号=表示相当于。

（5）r为转的符号。

参考文献

[1]万升云，等. 磁粉检测[M]. 北京：中国铁道出版社，2015.

[2]中国机械工程学会无损检测分会. 磁粉检测[M]. 2版. 北京：机械工业出版社，2004.

[3]宋志哲. 磁粉检测[M]. 北京：中国劳动社会保障出版社，2007.

[4]万升云. 机车车辆零部件磁粉检测磁痕分析图谱[M]. 北京：中国铁道出版社，2012.

[5]李家伟. 无损检测手册[M]. 北京：机械工业出版社，2012.

[6]美国无损检测学会. 美国无损检测子册：磁粉卷[M]. 上海：世界图书出版公司，1994.

[7]兵器工业无损检测人员技术资格鉴定考核委员会. 常用钢材磁特性曲线速查手册[M]. 北京：机械工业出版社，2003.

[8]计量测试技术手册编辑委员会. 计量测试技术手册：第七卷 电磁学[M]. 北京：中国计量出版社，1996.

[9]计量测试技术手册编辑委员会. 计量测试技术手册：第十卷 光学[M]. 北京：中国计量出版社，1996.

[10]美国金属学会. 金属手册：第十卷 无损检测与质量控制[M]. 8版. 北京：机械工业出版社，1988.

[11]任吉林. 电磁无损检测[M]. 北京：航空工业出版社，1989.

[12]特洛费姆丘克. 钢材缺陷[M]. 何学纯，译. 北京：冶金工业出版社，1960.

[13]日本无损检测协会. 无损检测概论[M]. 戴端松，译. 上海：上海科学技术出版社，1981.

[14]复旦大学，上海师范大学物理系. 物理学（电磁学）[M]. 上海：上海科学技术出版社，1979.

[15]美国无损检测学会. 磁粉、渗透检测Ⅲ级学习指南[M]. 蒋寒青，译. 哈尔滨：汽轮机技术编辑部，1985.

[16]万升云，郑小康，章文显，等. 关于摇枕、侧架磁粉探伤磁化规范问题的探讨[J]. 机车车辆工艺，2009，(04)：32-34.

[17]张世远，路权，薛荣华，等. 磁性材料基础[M]. 北京：北京科学出版社，1988.

[18]庄文忠，孙桂儿. 磁粉和渗透探伤技术[M]. 北京：国防工业出版社，1982.

[19]刘贵民. 无损检测技术[M]. 北京：国防工业出版社，2006.

[20]国防科技工业无损检测人员资格鉴定与认证培训教材编审委员会. 无损检测综合知识[M]. 北京：机械工业出版社，2005.

[21]胡天明. 表面探伤[M]. 武汉：武汉测绘科技大学出版社，1994.